国家"双高计划"建设院校
人工智能技术应用专业群课程改革系列教材

> 本书是"智能工厂"系列教材之一，是国家"双高计划"建设院校人工智能技术应用专业群课程改革成果。

人工智能导论

主　编　李桂秋
副主编　余　宏　陈培中　徐帅东

北京理工大学出版社
BEIJING INSTITUTE OF TECHNOLOGY PRESS

内 容 简 介

本书是为人工智能初学者量身打造的一本人工智能的入门级教程。本书以通俗易懂的方式,对人工智能的基本技术进行简要讲解。本书由"人工智能概念建构""人工智能技术浅探""人工智能算法语言浅尝"和"人工智能典型应用案例简析"4个模块构成。主要内容有人工智能的知识表示方法;搜索、推理、智能仿生算法等机器思维技术;人工神经网络、卷积神经网络等机器学习和深度学习算法。扩展内容是人工智能的主流算法——Python 语言和人工智能典型应用案例。本书采用模块化的内容结构,是为了方便高职院校根据具体情况选择内容。本书既可作为高职院校人工智能相关专业的专业基础课程教材,也可作为人工智能通识课程教材,还可供热衷于人工智能技术的初学者学习使用。

版权专有　侵权必究

图书在版编目(CIP)数据

人工智能导论 / 李桂秋主编. -- 北京:北京理工大学出版社,2022.4(2024.8 重印)
  ISBN 978 - 7 - 5763 - 1300 - 0

Ⅰ.①人… Ⅱ.①李… Ⅲ.①人工智能 Ⅳ.①TP18

中国版本图书馆 CIP 数据核字(2022)第 071301 号

出版发行 /	北京理工大学出版社有限责任公司
社　　址 /	北京市海淀区中关村南大街 5 号
邮　　编 /	100081
电　　话 /	(010)68914775(总编室)
	(010)82562903(教材售后服务热线)
	(010)68944723(其他图书服务热线)
网　　址 /	http://www.bitpress.com.cn
经　　销 /	全国各地新华书店
印　　刷 /	唐山富达印务有限公司
开　　本 /	787 毫米×1092 毫米　1/16
印　　张 /	16.75
彩　　插 /	2
字　　数 /	395 千字
版　　次 /	2022 年 4 月第 1 版　2024 年 8 月第 3 次印刷
定　　价 /	48.00 元

责任编辑 / 钟　博
文案编辑 / 钟　博
责任校对 / 刘亚男
责任印制 / 施胜娟

图书出现印装质量问题,请拨打售后服务热线,本社负责调换

微课资源列表（51个）

1.1　走近人工智能
1.2　人工智能的发展与应用
1.3　人工智能研究的内容
  2.1.1　知识的一阶谓词表示法（1）
  2.1.1　知识的一阶谓词表示法（2）
  2.1.2　知识的产生式表示法
  2.1.3　结构性知识的表示方法
  2.2.1　推理概述
  2.2.2　自然演绎推理
  2.2.3　归结反演
  2.2.3　（拓展）谓词公式化为子句集的方法
  2.2.4　可信度推理（1）
  2.2.4　可信度推理（2）
  2.2.5　似然推理（1）——方法及步骤
  2.2.5　似然推理（2）——应用举例
  2.2.6　模糊推理（1）
  2.2.6　模糊推理（2）
  2.3.1　搜索的概念及策略
  2.3.2　宽度优先搜索
  2.3.3　深度优先搜索
  2.3.4　启发式搜索策略
  2.3.5　A 及 A* 算法
  2.4.1　（1）基本遗传算法
  2.4.1　（2）基本遗传算法及其应用
  2.4.2　改进遗传算法
  2.5.1　粒子群优化算法
  2.5.2　蚁群优化算法及应用
2.6　机器学习简介
  2.7.1　神经网络概述

2.7.2　BP 神经网络学习算法及其应用
2.7.3　（1）Hopfield 神经网络
2.7.3　（2）Hopfield 神经网络的应用
2.8.1　深度学习与卷积神经网络
2.8.2　胶囊网络简介
2.8.3　生成对抗网络简介
3.1　初识 Python
3.2.1　Python 程序格式基本规范
3.2.2　Python 语法要素
3.2.3.1　数据类型——数值
3.2.3.2　数据类型——字符串
3.2.3.3　数据类型——列表
3.2.3.3　数据类型——元组
3.2.3.7　数据类型应用转换
3.3.1.2　选择结构程序设计
3.3.1.3　循环结构程序设计
3.3.2.1　列表推导式及应用
3.3.2.2　元组的打包与解包
3.3.4.1　函数应用程序设计
4.1　手写数字识别系统的算法及实现
4.2　花卉分类系统的算法及实现
4.4　基于深度学习的人脸表情识别系统的算法及实现

前言

2016年3月,谷歌公司旗下DeepMind公司的阿尔法狗(AlphaGo)以4∶1的比分战胜了世界围棋冠军李世石,在围棋界掀起了轩然大波,引起了人们对人工智能的高度重视,也将人工智能的研究推向了新的高潮。

在互联网、大数据、云计算、物联网等技术的驱动下,近年来人工智能技术正在飞速发展,被应用于现代工业生产和社会生活的多个领域,深刻地改变着人类社会生活,创造着巨大的商业价值。关于人工智能的研究已成为当今和未来世界科技的一大热点。人工智能技术逐渐成为信息化时代的必需技术。

为了贯彻国务院《新一代人工智能发展规划》(国发〔2017〕35号)精神,2018年4月2日,教育部印发了《高等学校人工智能创新行动计划》,提出了"面对新一代人工智能发展的机遇,高校要进一步强化基础研究、学科发展和人才培养方面的优势,要进一步加强应用基础研究和共性关键技术突破,要不断推动人工智能与实体经济深度融合,为经济发展培育新动能;不断推动人工智能与人民需求深度融合,为改善民生提供新途径;不断推动人工智能与教育深度融合,为教育变革提供新方式,从而引领我国人工智能领域科技创新、人才培养和技术应用示范,带动我国人工智能总体实力的提升"的总体要求。根据这一要求,常州机电职业技术学院于2019年开始在物联网应用技术专业(人工智能方向)开设"人工智能导论"课程,2020年后又逐渐延伸到软件技术、计算机网络技术、模具技术、数控技术、车辆工程技术等专业的专业选修课,并计划在2022年将"人工智能导论"课程调整为覆盖学校各专业的通识课程。在此背景下,教材组依据人工智能通识教育的需求调研,组织编写了本书。

本书拟采用模块式编写体例,通过4个模块引领学习者建构人工智能的基本概念,探究人工智能的关键技术,体验人工智能的算法语言,解析人工智能的应用实现。

模块一为"人工智能概念建构",主要从身边的人工智能应用着眼,体会人工智能的应用价值,领略其战略意义,并通过对人工智能由来的追溯,建构人工智能的基本概念,探究人工智能的研究内容。

模块二为"人工智能技术浅探",该模块是本书的核心模块,以较通俗的语言及表现形式,简要阐述人工智能的知识表示方法,推理及搜索技术,遗传算法、群智能算法等智能仿生算法,人工神经网络等机器学习算法,卷积神经网络、胶囊网络、生成对抗网络等深度学习算法。

模块三为"人工智能算法语言浅尝",该模块是本书的扩展模块,主要对人工智能的主流算法——Python语言的格式、语法及典型应用进行简单介绍,以便为没有程序设计基础的学习者提供方便的人工智能的算法语言学习资源,也为模块四的学习奠定基本的算法语言基础。

模块四为"人工智能典型应用案例简析",该模块是本书的拓展模块,主要通过"手写数字识别""花卉分类""动物识别专家系统"和"人脸表情识别"等人工智能的典型应用案例,解析人工智能应用系统的实现方法和路径,为学习者今后从事人工智能应用系统的研究、开发引路导航。

本书的主要特色如下。

(1) 本书是以高职学生为本的人工智能入门级教材。

本书通过目标导向、问题导向、任务导向、流程导向等方式,对人工智能的基本原理、相关技术、算法等比较抽象、深奥的理论内容从解析、模拟的角度,以任务驱动、思维引领的方式进行简明扼要的表述,引领学习者由浅入深地认识和理解人工智能的原理和技术。与国内外现有的人工智能相关教材相比,本书就内容和结构而言,更适合初学者的入门学习和通识教育。

(2) 本书是纸媒与数媒融合的新形态一体化教材。

本书提供核心模块的全部内容及扩展模块、拓展模块主要内容的微课视频和覆盖全书的优质教学课件,运用数字识别技术,满足学习者移动、泛在的学习需求。

(3) 本书是校企"双元"共建教材。

本书由常州机电职业技术学院的专业骨干教师与北京华晟经世信息技术有限公司产业学院的兼职教师合作编写,能够确保理论内容科学、精准和实践内容真实、先进。

(4) 本书是启智与树人同步的双效教材。

本书立足于"立德树人"的根本任务,从学科思政和工程伦理的视角,以延伸阅读和"画龙点睛"的方式有效融入课程思政内容,突出了启智树人的教育教学功能。

本书模块化的内容结构,可供使用院校根据具体需要选择,既可作为高职院校人工智能专业的专业基础课教学用书,也可用于其他专业的通识课程教学用书和人工智能初学者的学习用书。作为教学用书,建议根据各校的具体情况开设32~64学时,主体学习内容和扩展、拓展学习内容可视院校的具体情况和教学安排选择。

本书由常州机电职业技术学院李桂秋教授、余宏老师、陈培中老师及北京华晟经世信息技术有限公司的徐帅东工程师合作编写。其中,余宏老师编写了模块三,陈培中老师编写了模块二中的机器学习与深度学习部分,徐帅东工程师编写了模块四,李桂秋教授编写了其余部分并进行了全书统稿。常州机电职业技术学院沈琳教授审阅了本书。本书在编写过程中还得到了常州机电职业技术学院黄慷明老师和相关领导的大力支持,在此深表感谢。由于本书是一本关于人工智能技术的探索性教材,教材组在内容及组织形式上虽经认真研究和精心设计,仍难免存在一些不足、不当之处,恳请广大读者批评指正。

编 者

目录

模块一 人工智能概念建构 ... 1

1.1 走近人工智能 ... 2
- 1.1.1 会下围棋的阿尔法狗 ... 2
- 1.1.2 能听会说的智能精灵 ... 3
- 1.1.3 能识会辨的智能识别系统 ... 4
- 1.1.4 善解人意的智能客服 ... 4
- 1.1.5 高仿真的智能媒体 ... 5
- 1.1.6 高精准的智能医疗 ... 6
- 1.1.7 多才多艺的智能机器人 ... 7
- 1.1.8 日臻完善的机器翻译 ... 7
- 1.1.9 技术娴熟的自动驾驶 ... 8
- 1.1.10 才学过人的专家系统 ... 9

1.2 人工智能的由来与发展 ... 10
- 1.2.1 图灵测试 ... 10
- 1.2.2 人工智能的正式诞生 ... 10
- 1.2.3 人工智能的定义 ... 11
- 1.2.4 人工智能的发展历程 ... 11
- 1.2.5 我国人工智能的发展及现状 ... 14

1.3 人工智能的主要技术内容 ... 19
- 1.3.1 知识表示 ... 19
- 1.3.2 机器感知 ... 19
- 1.3.3 机器思维 ... 20
- 1.3.4 机器学习 ... 20
- 1.3.5 机器行为 ... 20

模块二 人工智能技术浅探 ... 22

2.1 知识表示技术 ... 23
2.1.1 一阶谓词表示法 ... 23
2.1.2 产生式规则表示法 ... 26
2.1.3 结构性知识的表示方法 ... 27

2.2 推理技术 ... 33
2.2.1 推理概述 ... 33
2.2.2 自然演绎推理 ... 35
2.2.3 归结反演推理 ... 36
2.2.4 可信度推理 ... 40
2.2.5 似然推理 ... 43
2.2.6 模糊推理 ... 50
2.2.7 推理技术的典型应用 ... 54

2.3 搜索技术 ... 56
2.3.1 搜索概述 ... 56
2.3.2 盲目搜索技术 ... 56
2.3.3 启发式搜索策略 ... 59
2.3.4 A 搜索算法与 A* 搜索算法 ... 61
2.3.5 搜索技术的典型应用场景 ... 62

2.4 遗传算法 ... 65
2.4.1 基本遗传算法 ... 65
2.4.2 改进遗传算法简介 ... 72

2.5 群智能算法简介 ... 74
2.5.1 粒子群优化算法 ... 74
2.5.2 蚁群优化算法 ... 77

2.6 机器学习简介 ... 83
2.6.1 机器学习的主要类型 ... 83
2.6.2 机器学习的常用算法 ... 85

2.7 人工神经网络简介 ... 90
2.7.1 神经网络概述 ... 90
2.7.2 BP 神经网络学习算法及其应用 ... 93
2.7.3 Hopfield 神经网络及其应用 ... 97

2.8 深度学习算法简介 ... 102
2.8.1 卷积神经网络简介 ... 102
2.8.2 胶囊网络简介 ... 109
2.8.3 生成对抗网络简介 ... 110

模块三 人工智能算法语言浅尝 ... 117

3.1 初识 Python ... 118

  3.1.1　Python 语言概述 …………………………………………………… 118
  3.1.2　Python 语言的特点 ………………………………………………… 118
  3.1.3　Python 开发环境搭建 ……………………………………………… 119
  3.1.4　Python 程序运行方法 ……………………………………………… 121
 3.2　Python 语法要素认知 ……………………………………………………… 122
  3.2.1　Python 程序格式基本规范 ………………………………………… 122
  3.2.2　Python 语法要素 …………………………………………………… 127
  3.2.3　数据类型 …………………………………………………………… 130
 3.3　Python 程序设计尝试 ……………………………………………………… 153
  3.3.1　流程控制类程序设计体验 ………………………………………… 153
  3.3.2　列表与元组应用程序设计体验 …………………………………… 165
  3.3.3　字典与集合应用程序设计体验 …………………………………… 171
  3.3.4　函数应用程序设计体验 …………………………………………… 175
  3.3.5　第三方库应用程序设计体验 ……………………………………… 183

模块四　人工智能典型应用案例简析 …………………………………………… 215

 4.1　手写数字识别 ……………………………………………………………… 216
  4.1.1　案例简介 …………………………………………………………… 216
  4.1.2　相关技术 …………………………………………………………… 216
  4.1.3　算法思想 …………………………………………………………… 217
  4.1.4　算法实现 …………………………………………………………… 217
 4.2　花卉分类 …………………………………………………………………… 222
  4.2.1　案例简介 …………………………………………………………… 222
  4.2.2　相关技术 …………………………………………………………… 222
  4.2.3　算法思想 …………………………………………………………… 223
  4.2.4　算法实现 …………………………………………………………… 224
 4.3　动物识别专家系统 ………………………………………………………… 228
  4.3.1　案例简介 …………………………………………………………… 228
  4.3.2　相关技术 …………………………………………………………… 228
  4.3.3　算法思想 …………………………………………………………… 231
  4.3.4　算法实现 …………………………………………………………… 236
 4.4　人脸表情识别 ……………………………………………………………… 241
  4.4.1　案例简介 …………………………………………………………… 241
  4.4.2　相关技术 …………………………………………………………… 241
  4.4.3　算法思想 …………………………………………………………… 242
  4.4.4　算法实现 …………………………………………………………… 246

参考文献 …………………………………………………………………………… 255

模块一

人工智能概念建构

2016年3月,谷歌公司旗下DeepMind公司的戴密斯·哈萨比斯(Demis Hassabis)团队研发的阿尔法狗(AlphaGo)以4:1的比分战胜了世界围棋冠军李世石,在围棋界掀起了轩然大波,引起了人们对人工智能的高度重视,也将人工智能的研究推向了新的高潮。近年来,随着智能产品在生活中的逐渐普及应用,人工智能开始进入寻常百姓家。人脸识别技术在智能门禁、电子支付等领域的应用,极大地方便了人们的生活,能够进行语音交互的智能音箱、智能机器人等也丰富了人们的精神世界,提升了人们的生活质量。目前在大数据等技术的驱动下,人工智能技术正在飞速发展,被应用于现代工业生产和社会生活的多个领域,深刻地改变着人们的生活,创造着巨大的商业价值。关于人工智能的研究也已成为当今和未来世界科技的一大热点。人工智能技术即将成为信息化时代的必需技术。那么,什么是人工智能?人工智能能做什么?人工智能涉及哪些内容和技术?本模块带着这些问题开启对人工智能的探究之旅。

学习目标

(1) 概观身边的人工智能,总结人工智能的功能及特点;
(2) 追溯人工智能的由来,建构人工智能的概念及研究内容;
(3) 综观人工智能的发展,培养家国情怀和专业理想。

学习内容

本模块的学习内容及逻辑关系如图1-1所示。

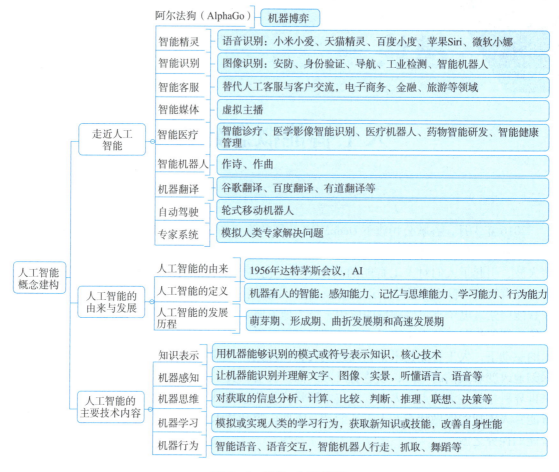

图 1-1 模块一知识导图

1.1 走近人工智能

微课1.1 走近人工智能

1.1.1 会下围棋的阿尔法狗

2016 年 3 月，谷歌公司旗下 DeepMind 公司研发的基于大数据和深度学习等技术的阿尔法狗以 4∶1 的比分战胜了世界围棋冠军李世石（如图 1-2 所示），震惊了世界。2017 年 5 月，在中国乌镇围棋峰会上阿尔法狗再次以 3∶0 的比分战胜了排名第一的世界围棋冠军柯洁（如图 1-3 所示）。这次比赛不仅将以深度学习为重点的人工智能的研究推向了新高潮，也使人工智能的概念为更多人知晓。其实，作为人工智能研究的"试验田"，早在 1956 年，人工智能的创始人之一——塞缪尔就研制了跳棋程序，并分别在 1959 年和 1962 年击败了他自己和美国一个州的跳棋冠军；1996 年，IBM 公司的"深蓝"计算机战胜了国际象棋冠军卡斯帕罗夫。人工智能在机器博弈领域中取得的成绩，向世人证明了计算机能以人类远不能及的速度和准确性完成属于人类的智能任务。

图1-2　2016年3月阿尔法狗对战李世石

图1-3　2017年5月阿尔法狗对战柯洁

1.1.2　能听会说的智能精灵

2014年7月30日，Windows Phone 8.1 Update正式发布全球第一款个人智能助理Cortana"小娜"中文版，并于2014年8月4日正式上线，实现了手机用户与智能助手的对话式交互。

随着语音识别技术日趋成熟，智能语音设备相继推出并逐渐进入寻常百姓的生活。百度公司自从2015年9月发布了"度秘系统"后，相继推出了多款智能助手。百度公司于2018年3月27日发布的首款带屏智能音箱"小度在家"集智能音箱、视频通话、视频播放、远程监控、家具控制于一身，为用户提供了特色儿童分龄伴学、大屏可触音箱、视频语音通话、智能拍照等人工智能新体验，其外形如图1-4所示。

2017年7月5日，阿里云智能事业群发布了人工智能终端品牌——天猫精灵，让用户以自然语言对话的交互方式，实现影音娱乐、购物、信息查询、生活服务等功能，成为消费者的家庭助手，其外形如图1-5所示。

图1-4　小度在家

图1-5　天猫精灵

小米公司的"小爱同学"（如图1-6所示）以及各种可以进行语音交互的智能机器人等都备受人们的喜爱和推崇，极大地提升了人们的生活兴趣和精神享受。

1.1.3 能识会辨的智能识别系统

图1-6 小爱同学

图像识别技术是研究用计算机识别图像中的各种不同模式的目标和对象的技术，是人工智能的一个重要领域。目前广泛应用的图像识别技术包括用于身份验证的人脸识别；用于公安刑侦等领域的现场照片、指纹、手迹、印章、人像等的处理和辨识；用于医疗诊断领域的生物医学图像识别；用于机器视觉领域的智能服务机器人、产品无损检测；地形地质探查、自然资源分析、灾害预测、环境污染监测、气象卫星云图处理等；用于军事领域的目标侦察、制导和警戒系统；用于通信领域的图像传输、电视电话、电视会议等。

中央电视台《机智过人》节目中展示的中国科学院云从科技的"御眼重明"智能机器人（如图1-7所示），从最初的跨年龄人脸识别逐步成长为局部人脸识别、人脸重建等，成为图像识别技术应用的典范。

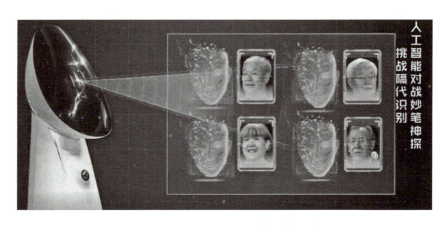

图1-7 "御眼重明"挑战隔代识别

1.1.4 善解人意的智能客服

在"互联网+"时代，电子商务的快速发展和应用普及已经彻底改变了人们的购物方式，极大地方便了人们的生活。客服在沟通商家与客户关系中发挥着重要作用。但随着电子商务销售业务量的增大，客服的工作量也随之增大，经常出现应接不暇的情况，影响客户的购物体验。智能客服在电子商务领域的应用，很好地解决了这一问题。智能客服能够听懂客户的问题，并能对问题进行分析，准确得体地回应客户，大大提高了处理客户问题的效率，而且智能客服24小时在线不间断服务，弥补了人工客服的不足。

除了电子商务领域外，智能客服目前也应用于金融、通信、物流、旅游等领域，提升了客户的体验。

2015年8月，中国交通银行首次使用由江苏南大电子信息技术股份有限公司研发的银行客服机器人"娇娇"（如图1-8所示），开启了银行业人工智能服务时代。银行客服机器人能通过语音识别、触摸交互、肢体语言等方式，开展迎宾、业务引导、业务咨询等多种服务。

2018年4月，长沙石燕湖首推"智能机器人导游"服务，如图1-9所示。智能导游机器人"优优"带领游客在石燕湖"天空玻璃廊桥"上进行游览，同时用标准普通话向游客介绍景区景点，期间还穿插歌舞表演，深受游客喜爱。

图1-8　银行客服机器人"娇娇"

图1-9　长沙石燕湖智能导游机器人"优优"

目前，我国已推出多款智能客服机器人。深圳易网行人工智能电话机器人、百应电话机器人、上海言通电话机器人、竹间智能对话机器人、智齿科技客服机器人、晓多科技机器人、吾来对话机器人、Udesk智能客服、云问客服机器人等是智能客服机器人的典型产品。

1.1.5　高仿真的智能媒体

智能媒体在数字多媒体的基础上，应用人工智能的语音识别、合成技术，根据声纹特征将不同的声音识别成文字；根据特定人的声音特征，将文本转换成特定人的声音，并在不同的语言间进行实时翻译；将语音合成技术和视频技术结合，形成能播报新闻的虚拟主播等。目前我国在智能媒体研究领域已经取得了许多令人瞩目的成就。比如：科大讯飞的"讯飞听见"App和讯飞翻译机，能将语音实时转换为文字；纪录片《创新中国》中应用语音合成技术重现了已故著名配音演员李易的经典旁白；2018年11月7日，由搜狗公司与新华社联合发布的全球首个全仿真人工智能主持人在第五届世界互联网大会上亮相，之后相继推出站立女主播"新小萌"；全球首个能走动、能换妆容的3D合成人工智能女主播"新小薇"在2020年"两会"期间亮相；科大讯飞多语种人工智能虚拟主播"小晴"于2019世界制造业大会上亮相（如图1-10所示）。这些都是人工智能在媒体领域的重大研究成果。

图 1-10 人工智能主播

1.1.6 高精准的智能医疗

人工智能在医疗领域的应用主要集中在智能诊疗、医学影像智能识别、医疗机器人、药物智能研发和智能健康管理 5 个方面。

1. 智能诊疗

智能诊疗就是通过大数据和深度挖掘等技术，用计算机帮助医生进行病理、体检报告等的统计，自动识别病人的临床变量和指标，模拟医生的思维和诊断推理，给出可靠的诊断和治疗方案。

2. 医学影像智能识别

医学影像智能识别是通过人工智能的机器学习功能大量学习医学影像，帮助医生进行病灶区域定位，以减少漏诊、误诊等问题。

3. 医疗机器人

医疗机器人的研究主要集中在外科手术机器人、康复机器人、护理机器人和服务机器人等方面。

国外手术机器人的代表产品主要有美国直觉外科公司（Intuitive Surgical）的达·芬奇手术机器人、日本 Cyberdyne 公司的外骨骼机器人和 Honda Robotics 公司的远程医疗机器人、德国的配药机器人、以色列的外骨骼机器人等。

在"中国制造 2025"战略规划的驱动下，我国医疗机器人的研究经历了快速发展，目前已取得了许多令人称赞的成果，并进入市场应用阶段。

2013 年 11 月，哈尔滨工业大学机器人研究所研制的"微创腹腔外科手术机器人系统"，通过了国家"863"计划专家组的验收，打破了进口达·芬奇手术机器人技术垄断局面。

2014年3月,由妙手机器人科技集团和天津大学合作研发的"S妙手"机器人首次用于临床并成功地为3位患者进行了胃穿孔修补术和阑尾切除术。

2018年4月,由北京柏惠维康科技有限公司研发的"睿米"神经外科手术机器人(Remebot)正式通过国家食品药品监督管理总局①(China Food and Drug Administration,CFDA)三类医疗器械审查,成为国内首个正式获批的神经外科手术机器人,Remebot在辅助神经外科医生进行高难度的帕金森电极植入手术时,在30分钟内就能完成手术方案规划,定位误差小于0.1 mm。

4. 药物智能研发

药物智能研发是依托大量患者的大数据信息,通过人工智能技术快速、准确地挖掘和筛选出适合的药物,并通过计算机模拟对药物的活性、安全性和副作用进行预测,找出与疾病匹配的最佳药物,以缩短药物研发周期,降低新药成本并且提高新药的研发成功率。

5. 智能健康管理

智能健康管理是用人工智能设备监测人们的饮食、身体健康指数、睡眠等基本身体特征,对身体素质进行评估,提供个性健康管理方案,及时识别疾病发生的风险。其主要应用有风险识别、虚拟护士、精神健康、在线问诊、健康干预、基于精准医学的健康管理。

1.1.7 多才多艺的智能机器人

诗词曲赋一直被认为是人类抒发情感的一种"专利",但智能机器人目前的表现,彻底颠覆了人类原有的认知。2017年6月,由乔治数码音乐技术中心设计的会作曲的机器人Shimon在阿斯彭思想节上首次现场表演;2017年8月,由中央电视台和中国科学院共同主办、中央电视台综合频道和北京长江文化股份有限公司联合制作的科学挑战类节目《机智过人》首播,相继推出了会作诗的机器人"九歌"、诗词曲赋全能的音乐人"小冰"、会作对联的机器人"小微"、会作画的机器人"道子"、会设计的机器人"鹿班"、会写毛笔字的书法机器人等(如图1-11所示),向人们展示了人工智能在琴棋书画等文化创作领域的应用成就。

1.1.8 日臻完善的机器翻译

机器翻译是利用计算机技术实现从一种自然语言(源语言)到另一种自然语言(目标语言)的转换(翻译),是人工智能在自然语言理解领域中的一项重要应用。

1954年,美国乔治敦大学(Georgetown University)与IBM公司合作,用IBM-701计算机首次完成英俄机器翻译试验,展示了机器翻译的可行性,从此拉开了机器翻译研究的序幕。但由于当时机器翻译方法、技术的局限性,加之一些社会原因,机器翻译的研究在20世纪60年代陷入低谷。直到20世纪70年代,随着科技的发展和各国科技情报交流需求的增加,加上计算机科学、语言学研究发展的推动,机器翻译研究才得以复苏。特别是20世纪90年代后,随着Internet的普及、世界经济一体化进程的加速以及国际社会交流的日益频繁,机器翻译的需求空前增长,机器翻译的研究进入高速发展阶段。关于机器翻译研究的国

---

① 现国家市场监督管理总局。

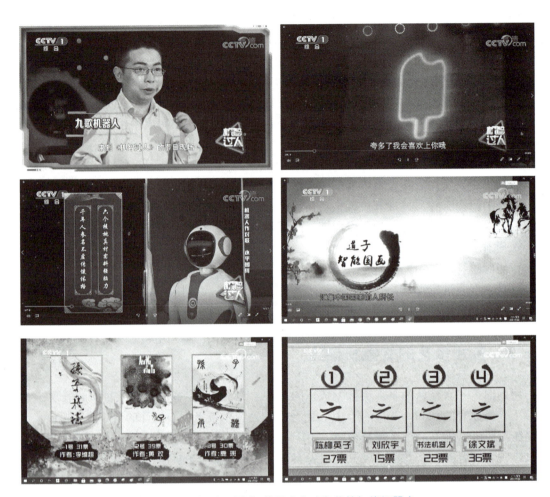

图1-11 《机智过人》节目中多才多艺的智能机器人

际性会议频繁召开,"谷歌翻译""百度翻译""有道翻译"等基于互联网大数据的机器翻译系统相继推出,使机器翻译技术日趋成熟,真正走向实用化阶段。

1.1.9 技术娴熟的自动驾驶

自动驾驶汽车也称为无人驾驶汽车或轮式移动机器人,是一种通过计算机系统实现无人驾驶的智能汽车。自动驾驶汽车依靠人工智能、视觉计算、雷达、监控装置和全球定位系统协同合作,让计算机可以在没有任何人类主动操作的条件下,自动安全地操作机动车辆。

由于自动驾驶汽车具有广阔的市场前景,许多汽车生产商和互联网行业巨头都加入自动驾驶汽车的研究领域,并加大了研究力度。目前从事自动驾驶技术研究的主要有福特、通用汽车、雷诺-日产、戴姆勒、大众、宝马、Google Waymo、沃尔沃、特尔斐、现代、标致雪铁龙、特斯拉、丰田、ZF、本田、Uber、nuTonomy 和百度等企业。

我国对自动驾驶技术的研究虽起步较晚,但从 2017 年起,我国在自动驾驶领域取得了一些显著的研究成果。2017 年 4 月,我国自主研发的解放牌无人驾驶智能卡车首次亮相,并于2019年成功地通过了《机智过人》节目的检验。2017年12月2日，海梁科技有限公司携手深圳巴士集团、深圳福田区政府、安凯汽车股份有限公司、东风襄阳旅行车公司、速腾聚创科技有限公司、中兴通讯股份有限公司、南方科技大学、北京理工大学、北京联合大学共同研发的阿尔法巴（Alphabus）自动驾驶客运巴士正式在深圳福田保税区的开放道路上进行线路信息采集和试运行。2018年7月，由中国交通建设集团旗下振华重工研制的全球首台带有自动驾驶导航系统的集装箱跨运车成功下地。2019年9月3日，百度公司和中国一汽联手打造的首批量产L4级自动驾驶乘用车——红旗EV，获得5张北京市自动驾驶道路测试牌照。2019年9月22日，国家智能网联汽车（武汉）测试示范区正式揭牌，百度公司、海梁科技有限公司、深兰科技有限公司等企业获得全球首张自动驾驶车辆商用牌照。2019年9月26日，百度公司在长沙宣布，自动驾驶出租车队Robotaxi开启试运营。

除了工业及商用领域外，自动驾驶智能农机也已应用于插秧、收割等农业生产中，减少了农民的劳作量，提升了农业生产效率。

1.1.10 才学过人的专家系统

专家系统是人工智能的早期应用成果之一，也是人工智能最有成效的应用领域。所谓专家系统就是模拟人类专家求解问题的思维过程，求解不同领域内的各种问题的智能系统，其水平可以达到甚至超过人类专家水平。自1968年费根鲍姆团队研究成功第一个专家系统——DENDRAL（化合物分子结构分析专家系统）之后，各领域的专家系统研究成果相继推出且日趋完善。比较有代表性的专家系统有：斯坦福大学肖特里菲等人研制的MYCIN（诊断和治疗感染性疾病的专家系统）、斯坦福研究所开发的PROSPECTOR（探矿专家系统）、拉特格尔大学开发的CASNET（青光眼诊断与治疗的专家系统）、斯坦福大学开发的AM（模拟人类概括、抽象和归纳推理，发现某些数论的概念和定理的专家系统）等。

中国科学院合肥智能机械研究所的熊范纶团队，从1985年推出我国农业生产领域第一个专家系统——砂姜黑土小麦施肥计算机专家咨询系统之后，经过多年苦耕不辍的探索，在1990年研制成功国内外首创的基于智能引导的人工知识获取策略的施肥专家系统，取得了重大的经济、社会和生态效益。1999年，浙江大学刘祥官教授领导的系统优化技术研究所开发的高炉炼铁优化专家系统取得了控制理论应用上的开拓性成果，创造了巨大的经济

熊范纶－我国首个农业智能专家系统开创者1

效益。截至目前，我国已研发出多个领域的专家系统，如华中科技大学研制的用于汽轮机组工况监测和故障诊断的智能系统DEST、哈尔滨工业大学和上海发电设备成套设计研究所联合研制的汽轮发电机组故障诊断专家系统MMMD-2、清华大学研制的用于锅炉设备故障诊断的专家系统、中国人民大学研制的税收案例分析系统、中国科学院南京天文仪器研制中心研制的城市突发事件应急系统、南京理工大学研制的自行火炮故障诊断专家系统、安徽农业大学与中国科学院合肥智能机械研究所联合研制的农作物病虫害预报专家系统等。

专家系统现已被广泛应用于医疗诊断、地质勘探、石油化工、农业、工业、环境监测、信息安全风险评估、教学、军事、司法等各领域。

1.2 人工智能的由来与发展

微课1.2 人工智能的发展与应用

1.2.1 图灵测试

自古以来，人类就一直渴望让一些人造物拥有人的智能，并试图用机器代替人。例如：公元 8 年，罗马诗人奥维德（Ovid）在《变形记》中将象牙雕刻少女变成了鲜活的少女；1818 年，玛丽·雪莱（Mary Shelly）的科幻小说《弗兰肯斯坦》（又译《科学怪人》）讲述了人造人的故事，等等。早在公元前，古希腊哲学家亚里士多德（Aristotle）就在其著名的《工具论》中提出了"三段论"的形式逻辑定律，该定律现已成为现代人工智能自然演绎推理的依据。但这些只是人工智能的萌芽时期人类的美好憧憬，真正具有划时代意义的是"图灵测试"的提出。

在计算机诞生之后，英国数学家、逻辑学家艾伦·麦席森·图灵（Alan Mathison Turing）于 1950 年 10 月发表了一篇题为《计算机与智能》（Computing Machinery and Intelligence）的论文，以"机器能思考吗"开篇，论述并提出了"图灵测试"。

图灵测试的基本思想是：如果把一个测试人和被测试的机器隔开，他们可以对话，但彼此看不到，如果测试方区分不出被测试的是人还是机器，就认为被测试的机器具有智能。

> 图灵测试曾一度遭到一些人的质疑，许多人认为图灵测试仅反映结果，不涉及思维过程，即使机器通过了图灵测试，也不能说机器有智能。其中最具代表性的反对思想是美国哲学家约翰·塞尔勒提出的"中文屋"试验。即便如此，到目前为止还没有一个方法超越图灵测试。中央电视台的《机智过人》节目中，对"九歌""小冰""鹿斑"等机器人的测试就是图灵测试。

拓展视频1：图灵测试

拓展视频2：中文屋实验

1.2.2 人工智能的正式诞生

"人工智能"（Artificial Intelligence，AI）这一名词诞生于 1956 年的达特茅斯会议。

> 1956 年夏，由麦卡锡（J. McCarthy）、明斯基（M. L. Minsky）、罗切斯特（N. Rochester）和香农（C. E. Shannon）发起，邀请莫尔

拓展视频3：达特茅斯会议

(T. Moore)、塞缪尔（A. L. Samuel）、塞尔夫里奇（O. Selfridge）、索罗莫夫（R. Solomonoff）、纽厄尔（A. Newell）、西蒙（H. A. Simon）等年轻学者，在美国的达特茅斯学院召开了为期两个月的研讨会，讨论关于机器智能的问题，史称"达特茅斯会议"。会上麦卡锡提议，将"人工智能"作为独立学科，"人工智能"名称正式诞生。

1.2.3 人工智能的定义

对于人工智能，不同的学者曾给出不尽相同的定义。其中比较通俗的定义是美国麻省理工学院的温斯顿（Patrick Winston）教授给出的：人工智能就是研究如何使计算机做过去只有人才能做的智能工作。

关于人类智能，古今中外的专家、学者在研究中也提出了不同的理论，其中比较直观的定义是：智能是知识与智力的总和。其中知识是智能行为的基础，智力是获取知识并应用知识求解问题的能力。

因此，人类智能应包括以下能力。

1. 感知能力

感知能力是通过视觉、听觉、触觉、嗅觉、味觉等感知外部世界的能力。人类的知识基本上都是通过感知获取信息，再经过大脑加工形成的，没有感知，人脑就得不到可以加工的信息，也就无法形成知识。因此，感知是人类获取知识的途径，是智能活动的前提。

2. 记忆与思维能力

记忆是将感觉器官感知的外部信息及已形成的知识存储在脑中的人脑活动。思维则是利用记忆中已有的知识对记忆的信息进行分析、计算、比较、判断、推理、联想、决策等加工的人脑活动。因此，记忆和思维是人脑的重要功能，是人类智能的主要表现。

3. 学习能力

学习是人类智能的重要方面。人类几千年的文明史充分证明，人只有通过不断地学习，积累知识，才能更好地改造世界，适应环境。

4. 行为能力

行为能力是指人在神经系统的控制下通过语言、表情、眼神、肢体等动作对外部刺激做出反应，传达信息的能力。行为能力表现了人类智能的水平。

综上所述，人工智能可解释为具有感知能力、记忆与思维能力、学习能力、行为能力等人类智能的人造机器系统。人工智能技术是研究、开发用于模拟、延伸和扩展人类智能的理论、方法、技术及应用系统的一门新的学科技术。

1.2.4 人工智能的发展历程

纵观人工智能的发展史，可将人工智能的发展历程概括为萌芽期、形成期、曲折发展期和高速发展期4个阶段。

1. 人工智能的萌芽期（1956年前）

人工智能的萌芽期是指1956年达特茅斯会议以前的时期。人工智能的萌芽期的典型事件见表1-1。

表1-1 人工智能的萌芽期的典型事件

序号	时间	典型事件
1	欧洲文艺复兴时期	英国哲学家培根（F. Bacon）提出"归纳法"和"知识就是力量"的观点
2	17世纪后期	德国数学家、哲学家莱布尼兹（G. W. Leibniz）提出了万能符号和推理思想
3	1854年	英国逻辑学家布尔（G. Boole）创立了布尔代数
4	1936年	英国数学家图灵提出一种理想计算机的数学模型——图灵机
5	1950年	英国数学家图灵提出了"图灵测试"
6	1943年	美国神经生理学家麦克洛奇（W. McCulloch）和数理逻辑学家皮兹（W. Pitts）建立了第一个神经网络模型（M-P模型），奠定了人工神经网络的研究基础
7	1937—1942年	美国爱荷华州立大学的阿塔纳索夫（J. V. Atanasoff）和其研究生贝瑞（C. Berry）发明了世界上第一台电子计算机，命名为阿塔纳索夫-贝瑞计算机（Atanasoff-Berry Computer，简称ABC计算机）

> 阿塔纳索夫-贝瑞计算机是世界上第一台电子计算机，由美国科学家阿塔纳索夫在1937年开始设计。该计算机仅能用于求解线性方程组，不可以编程，并在1942年成功进行了测试，但直到1960年才被认可，并且陷入了"谁才是第一台电子计算机"的冲突中，这是因为在同一时期，另外两位科学家莫齐利和艾克特借鉴并发展了阿塔纳索夫-贝瑞计算机的思想，制成了第一台数字电子计算机ENIAC。因为ENIAC采用了可重复使用的内存、逻辑电路、二进制运算、用电容作存储器等思想，在1990年被认定为IEEE的里程碑之一，所以被普遍认为是第一台现代意义上的计算机。

2. 人工智能的形成期（1956—1969年）

1956年，达特茅斯会议后人工智能的概念正式诞生，人工智能的研究进入第一个鼎盛时期。在这一时期，人工智能的研究在机器学习、定理证明、模式识别、问题求解、专家系统等方面取得了令人瞩目的成就，见表1-2。

表1-2 人工智能的形成期的主要成就

序号	时间	主要成就
1	1957年	美国学者罗森勃拉特（F. Rosenblatt）研制成功用于神经元识别的感知器，推动了人工智能连接机制的研究
2	1958年	美籍华人数理学家王浩在IBM-704计算机上用3~5 min的时间证明了《数学原理》的命题演算的全部定理
3	1965年	鲁滨逊（J. A. Robinson）提出了归结原理，使机器证明得到了较大突破
4	1959年	塞尔夫里奇（O. Selfridge）开发了第一个模式识别程序

续表

序号	时间	主要成就
5	1965 年	罗伯特（F. Roberts）编制了可分辨积木构造的程序
6	1960 年	艾伦·纽厄尔（A. Newell）等人编制了通用问题求解程序 GPS
7	1965—1968 年	美国斯坦福大学的费根鲍姆（E. A. Feigenbaum）小组研制成功了用于分析化合物分子结构的 DENDRAL 专家系统
8	1960 年	麦卡锡研制了人工智能的编程语言 LISP
9	1969 年	第一届国际人工智能联合会议（International Joint Conference on Artificial Intelligence，IJCAI）在美国华盛顿州西雅图召开，它为人工智能的国际研究交流提供了平台，推动了人工智能的发展

3. 人工智能的曲折发展期（1970—2010 年）

同其他所有新兴学科一样，人工智能的发展也几经起落。早期的人工智能虽被研究者寄予了热情和期望，但由于方法的局限性，这一时期的人工智能经历许多困难和瓶颈。特别是用句法分割方法实现的机器翻译，在几种不同的语言间翻译时，出现了十分荒谬的歧义。因此，先前一些资助机器翻译的项目被迫停止，人工智能的研究陷入低潮，但人工智能研究者的研究工作并没有就此停止。这一时期人工智能的主要成就见表 1-3。

表 1-3 人工智能的曲折发展期的主要成就

序号	时间	主要成就
1	1972 年	法国马塞大学的科麦瑞尔（A. Comerauer）开发了逻辑程序设计语言 PROLOG； 斯坦福大学的肖特利夫（E. H. Shorliffe）等人开始研究用于诊断和治疗传染性疾病的专家系统 MYCIN
2	1977 年	费根鲍姆在第五届国际人工智能联合会议上提出了"知识工程"的概念； 多个领域的专家系统研究取得了重大突破，人们成功地研发了地矿勘探专家系统 PROSPECTOR、传染疾病诊断及治疗专家系统 MYCIN、计算机配置专家系统 XCON 等
3	1986 年	人工智能进入集成发展期。计算智能（Computational Intelligence，CI）的更新和人工智能理论框架的丰富，使人工智能进入一个新的发展时期
4	2006 年	谷歌公司副总裁兼工程研究员辛顿（G. Hinton）等提出了著名的深度学习算法，并将其应用于人机博弈、图像识别、机器翻译、语音识别、自动问答、主题分类等领域，再次掀起了人工智能研究的热潮

4. 大数据驱动的高速发展期（2011 年后）

2011 年后，随着大数据、云计算、物联网等信息技术的飞速发展，人工智能的算法、算力、算料（数据）等都有了重大突破，人工智能进入以深度学习为代表的大数据驱动的高速发展期。人工智能的高速发展期的主要成就见表 1-4。

表1-4 人工智能的高速发展期的主要成就

序号	时间	主要成就
1	2017年	辛顿等人在提出深度学习10年后,进一步提出了比卷积神经网络更接近人脑的胶囊网络
2	2019年	牛津大学博士科西奥雷克(Adam R. Kosiorek)等人提出了堆叠胶囊自动编码器(Stacked Capsule Auto-Encoder, SCAE),被辛顿称为非常好的胶囊网络新版本

1.2.5 我国人工智能的发展及现状

我国的人工智能研究起步相对较晚,但在国家一系列政策的引导下,发展势头非常强劲。1978年,"智能模拟"被作为国家科技发展的主要研究课题之一。1981年成立中国人工智能学会(Chinese Association for Artificial Intelligence, CAAI)。截至目前,我国在专家系统、模式识别、机器人、汉语的机器理解等方面都取得了令世人瞩目的研究成果。

1. 人工智能理论研究领域

我国在人工智能理论研究领域具有显著国际影响的主要成就见表1-5。

表1-5 我国在人工智能理论研究领域的主要成就

序号	主要成就	简介
1	"吴方法"	1978年,著名数学家吴文俊发明的几何定理机器证明方法,使欧氏几何定理证明完全实现了机械化
2	"泛逻辑学"	西北工业大学何华灿教授创建,逻辑学发展史上的又一次飞跃
3	"案例学习方法"	清华大学李衍达院士在生物自组织现象研究中提炼,被国际学术界高度重视
4	"信息-知识-智能转换理论"	北京邮电大学钟义信教授提出,被国际学术界高度重视
5	大型数据挖掘和信息检索系统	中国科学院计算所史忠植研究员开发,被国际学术界高度重视
6	"网络化智能"研究	中国工程院院士李德毅教授倡导,直击当今人工智能理论研究的前沿命题
7	"人工情感和拟人系统"	北京科技大学涂序彦教授等的研究成果,中日韩国际学术交流会的主题
8	"倒立摆控制"研究	重庆大学李祖枢教授和北京师范大学李洪兴教授等各自创造了国际领先的纪录
9	仿生模式识别模型	2002年中国科学院半导体所王守觉院士提出

2. 人工智能产品研究领域

1)起步阶段

我国从1972年开始工业机器人的自主研究。"七五"期间,在国家资金投入的支持下,我国对工业机器人及其零部件进行了攻关，完成了示教再现式工业机器人成套技术的开发，研制出了喷涂、点焊、弧焊和搬运机器人。

2）国家高技术研究发展计划（863计划）期间

1986年，国家高技术研究发展计划（863计划）开始实施，跟踪世界机器人技术前沿，我国的工业机器人在几年间的实践中又迈进一大步。863计划期间我国人工智能产品领域的主要成就见表1-6。

延伸阅读1：863计划

表1-6　863计划期间我国人工智能产品领域的主要成就

序号	研发单位	主要成就
1	机械工业部北京机床研究所	建立一条以FANNUC产品为主体的数控机床工业机器人和由自动运输车组成的示范加工线
2	中国科学院沈阳自动化研究所	研制成功我国第一台重2.5 t、潜水深度为200 m的水下机器人HR-01，初步研制成功可用于机器人的语音识别系统，识别率初步达到95%
3	哈尔滨工业大学	初步研制成功"天龙"5自由度弧焊机器人
4	华南理工大学	应用TOKICO喷涂机器人建成用于钻石牌风扇的自动喷涂生产线，全线长38 m

在此阶段，我国实际应用的工业机器人还是以进口为主。据世界机器人联合会统计，2013年我国购买了36 560台工业机器人，超过了日本和美国，成为全球最大的工业机器人购买国。2008—2013年，我国每年机器人进口量平均增幅达36%。

3）制造强国战略实施阶段

2015年5月19日，国务院印发了《中国制造2025》，部署全面推进实施制造强国战略，明确提出重点发展工业机器人、服务机器人、新一代机器人及管件零部件。《中国制造2025》催生了新一代服务机器人。制造强国战略实施阶段新一代机器人领域的主要成就见表1-7。

表1-7　制造强国战略实施阶段新一代机器人领域的主要成就

序号	时间	研发单位	主要成就
1	2015年6月	Niurobot（牛人机器人）	第一代智能送餐机器人，填补了中国西部企业化智能服务机器人自主研发、生产的空白；之后相继推出商业办公机器人、娱乐互动机器人等
2	2016年6月	北京积水潭医院	自主创新了国际上唯一能够开展四肢、骨盆骨折以及脊柱全节段（颈椎、胸椎、腰椎、骶椎）手术的骨科机器人系统

4）自主创新飞速发展阶段

2017年7月，国务院发布了《新一代人工智能发展规划》，将人工智能的研究上升到国家战略层面，人工智能研究步入快车道。我国的人工智能不再是跟踪国外水平，而是大力开展自主创新研究。人工智能在计算机视觉、语音交互、自然语言处理、机器学习、深度学习、算法平台等技术领域和智能机器人、智能驾驶、无人机、AI+、大数据及数据服务等行业领域，都取得了突飞猛进的发展。

北京的地平线公司在2017年12月推出中国首款针对自动驾驶汽车领域的嵌入式人工智能视觉芯片，迈出中国人工智能芯片制造的关键一步。

眼擎科技公司在2018年1月发布全球首个人工智能视觉成像芯片，全面提升了机器人的视觉能力，可以应用于弱光、逆光、反光等各个场景，把人工智能的视觉系统提升到超越人类的水平。

各显神通的人工智能产品纷纷面世，"赋能"制造、医疗、交通、金融等行业。表1-8所示为部分领域的人工智能产品代表。

表1-8 部分领域的人工智能产品代表

产品类别	产品名称	应用领域
身份识别	"御眼重明"	中国科学院云从科技研发的人脸识别系统，从跨年龄人脸识别逐步成长为局部人脸识别、人脸重建等
	人脸识别门禁系统	旷视科技有限公司研发的智能身份识别产品，支持本地10万人级别的身份验证功能与端上离线识别；能够适应强/逆光和暗光等复杂室内外环境，人脸识别精度>99.5%，识别时间<200 ms，支持活体防伪，可应对照片欺诈问题
	"水滴慧眼"步态识别系统	集成地图追踪、地图布控、视频检索、实时布控、步态抓拍、步态提取、步态比对、步态采集等功能模块，基本满足公共安全领域的基础需求，广泛应用于平安城市（公安系统、车站机场、博物馆、学校、景区、商场等）、重要基础设施（核电站、发电站、石油石化基地等）、海关等场景。在2017年准确度全球领先
	生物识别机器人"蚂蚁佐罗"	蚂蚁集团研发的金融级人脸识别系统，融合了眼纹识别技术，误识率为1/100 000
	"笔迹精灵"	上海磐度科技信息有限公司研发的笔迹识别产品，由具备精确坐标和压感的电子签名设备采集动态电子手写签名，与事先采集好的具备签名者手写生物特征的数字签名数据进行对比，完成签名者的身份识别
	"阿尔法鹰眼"	宁波阿尔法鹰眼安防科技有限公司研发的情绪识别、辨别身份的产品
	"小思"	思必驰科技股份有限公司研发的声纹识别机器人，用于辨别身份
	"灵鹊"	中国科学院云从科技研发的跨代识别的寻亲系统
	"优听"	可进行声纹识别，辨别骚扰电话
	慧眼"小薇"	中国科学院计算技术研究所研发的唇语识别系统，在高噪声甚至无声环境下，通过视觉信息进行准确的语音识别

续表

产品类别	产品名称	应用领域
智慧医疗	"啄医生"	杭州健培科技有限公司研发的阅片机器人，可帮助医生做影像初步筛查，标注坏病灶，提升医生的工作效率；能对疾病进行量化分析，给出比较准确的指标；能给出肺病领域等的进一步定性判断报告
	百度医疗大脑	基于海量医疗数据、专业文献的采集与分析，为百度医生在线问诊提供智能协助，为医院提供帮助以及为患者建立用户画像，进行慢病管理
	"腾讯觅影"	腾讯公司研发的人工智能与医学结合的人工智能医学影像产品。通过对各类医学影像（内窥镜、病理、钼靶、超声、CT、MRI等）的学习训练，有效地辅助医生诊断和早期筛查食管癌、宫颈癌、早期肺癌、乳腺癌（乳腺癌淋巴切片病理图像）、糖尿病性视网膜病变等多个病种
	"睿米"	北京柏惠维康科技有限公司研发的神经外科手术机器人，是外科手术的GPS系统，帮助医生在不开颅的情况下定位到颅内的细微病变，实现精准的微创手术；系统定位精度达到1 mm，创口只有2 mm；已经在全国20多家医院成功应用于2万余例脑出血、帕金森、癫痫等疾病的治疗
智能服务机器人	FOODOM机器人餐厅	碧桂园千玺餐饮机器人，2020年6月22日，广东顺德机器人餐厅综合体正式开业，迎宾、点餐、配餐、烹饪全部由机器人完成
	"阿里小密"	阿里巴巴集团研发的智能机器人，应用于交通预测、智能客服、法庭速记、气象预测等领域，提供智能导购和客服、快速转录、仓储物流等智慧化服务
自动驾驶	"Apollo Go"	百度自动驾驶平台，2020年9月10日在北京正式开放
	无人驾驶智能卡车	中国一汽集团公司解放牌自动驾驶智能卡车
	"阿尔法巴（Alphabus）"	海梁科技有限公司携手深圳巴士集团、深圳福田区政府、安凯汽车股份有限公司、东风襄阳旅行车公司、速腾聚创科技有限公司、中兴通讯股份有限公司、南方科技大学、北京理工大学、北京联合大学共同研发的自动驾驶客运巴士
	智能集装箱跨运车	中国交通建设集团旗下振华重工研制的全球首台带有自动驾驶导航系统的集装箱跨运车
城市大脑	杭州城市大脑	阿里巴巴集团产品，可全面感知和指挥城市交通、预测景区游客数量、解决拥堵问题
智慧物流	东莞"亚洲一号"	我国自主研发的"智能大脑"，具备调度、统筹和数据监控等多种功能；以无人仓、无人机和无人车为三大支柱，自动立体仓库可同时存储超过2 000万件中件商品，集自动入库、存货、打包、分拣、出库等全流程作业于一体

续表

产品类别	产品名称	应用领域
无人机	"一飞"	一飞智控科技有限公司研发的无人机大脑。装上大脑的无人机,可无人飞行,自动工作
	无人机捕手	上海交通大学研发的在空中追捕违法无人机的多旋翼网捕无人机
智能创作机器人	"九歌"	清华大学研发的诗歌创作机器人
	"小冰"	微软公司研发的全能音乐机器人,能作诗、作词、作曲、配音、播音
	"道子"	清华大学未来实验室推出的作画机器人
	"小微"	中科汇联科技股份有限公司与清华大学联合开发的作对联机器人
	"鹿班"	阿里巴巴智能设计实验室推出的设计机器人
特种产品	"闪电哨兵"	国家能源集团的发电厂智能巡检机器人,能及时捕捉设备的缺陷和故障,为电力安全保驾护航
	智能机械手	强脑科技(BrainCo)公司开发的基于肌电神经电感应和深度学习算法的智能假肢,具有本体感知能力和自主智能,用户可以像控制自己的手一样直观地控制假手,有一些"本能反应",会保护自己,也会保护被抓取的物体;荣登《时代周刊》"2019 全球一百大最佳发明"榜单
	智能肌电手	上海傲意信息科技有限公司的倪华良团队研发的智能肌电手,由 280 多个高精密零部件组装而成,可实现全关节仿生,做出 20 多种自然手势组合;可通过多肌电传感、肌电生物信号机器学习和模式识别算法等,建立新型人机交互技术,可以让使用者越用越得心应手
运动机器人	"锐速"	广州锐速智能科技有限公司研发的投篮机器人,最远投篮距离为 10 m 左右,高稳定性和高精准度的投篮距离约为 8 m,精度可达 0.05 mm
	羽毛球机器人	电子科技大学研制的世界首款羽毛球机器人,借助计算机视觉技术和独创的轨迹跟踪预测算法,精准实现羽毛球定位预测,精度可达到毫米级
	"庞伯特"	新松公司和中国乒乓球学院研发的第二代乒乓球机器人,能像人一样精准地回球,其高速双目立体视觉系统可以"看到"来球的轨迹,并且根据看到的一小段轨迹,在毫秒之间预判球之后的飞行轨迹,同时在对打过程中不断搜集对打数据,快速学习对方的击球路线,利用人工智能算法形成回球策略

续表

产品类别	产品名称	应用领域
预测	慧眼识人"小慧"	松鼠AI智适应教育的职业分析预测系统,可通过被测试者回答问题的信息,预测一些通用素质和某些明显的个性素质,给出职业建议
语音输入	"灵犀"	中国移动通信集团公司和科大讯飞股份有限公司联合推出的智能语音输入软件。

1.3 人工智能的主要技术内容

微课1.3 人工智能研究的内容

1.3.1 知识表示

人工智能是让计算机完成人类的智能工作,而人类的智能活动则是获取和运用知识解决问题。要想让机器有人类的智能,就需要让机器获取知识。人类的知识是用语言和文字表示的,而机器无法直接识别,因此人工智能研究的首要问题是知识表示,即用机器能够识别的模式或符号表示知识。

知识表示是人工智能研究的基础,也是核心技术,因此知识库与推理机一起构成了专家系统的关键技术。

> 我国第一个农业专家系统创始人熊范纶在其"砂姜黑土小麦施肥计算机专家咨询系统"的研究中,针对当时国际上通行的"规则基"表示方法不适宜农业专家系统的施肥经验和知识表示的问题,经过苦心钻研,创新了由推理性规则与运算性规则合成的规则组的知识表示方法,突破了"砂姜黑土小麦施肥计算机专家咨询系统"的研究瓶颈。

延伸阅读:熊范纶——我国首个农业智能专家系统开创者

1.3.2 机器感知

机器感知是指让机器具有类似人的视、听、触等感知能力,也就是让机器能识别并理解文字、图像、实景、听懂语言、语音、声音,感知面部表情、躯体姿势及运动、肌肉和关节的位置及运动等。

感知是获取信息的基本途径,是人工智能不能缺少的重要功能。人工智能领域关于机器感知的研究,就是要使机器配备能听会看的敏感的感知器。如自动驾驶汽车中的感知器主要是主、辅摄像头及车身底部的雷达和超声波传感器,它们用于采集和分析地面数据,分析路况;智能机械手、遥感手套等需要通过多肌电传感器感知人体肌肉的生物电信号以控制肢体运动;人脸识别设备需要感知人脸的生物特征以进行身份识别;交互运动机器人需要感知运动物体（如羽毛球、乒乓球等）的运动轨迹以判断、学习对方的球路，采取应对策略等。

1.3.3 机器思维

机器思维是使计算机对通过感知器获取的外部信息进行分析、计算、比较、判断、推理、联想、决策等有目的的活动。机器思维是决定人工智能的智能化程度的关键技术，主要涉及推理、搜索、智能计算等技术。如在机器博弈中，机器需要根据当前的棋局，推理、判断对手的棋路，得到自己下一步的最佳走步；在进行人脸识别时，机器需要将采集到的人脸特征信息与数据库中的人脸特征信息进行比对，从而得到识别结论；交互运动机器人需要根据感知器采集到的运动物体（如羽毛球、乒乓球等）的局部运动轨迹信息，进行分析、计算后，得出运动物体的运动路线，做出决策，给出应对策略。

1.3.4 机器学习

机器学习是使计算机模拟或实现人类的学习行为，以获取新的知识或技能，重新组织已有的知识结构，使之不断改善自身的性能。机器学习能力的强弱，决定了人工智能产品的智能化程度的高低。

机器的知识可以由人通过某种表示方式输入，但这种知识不能及时更新以适应环境的变化，这样的机器并不具备真正的智能。

机器学习是一门多领域交叉学科，涉及概率论、统计学、逼近论、凸分析、算法复杂度理论等多门学科，是人工智能研究中难度较大的重点领域。

1.3.5 机器行为

机器行为是指智能机器的表达能力和行动能力，如智能语音助手、智能音箱、智能机器人的语音交互能力，智能机器人的移动、行走、操作、避障、写字、绘画、舞蹈等能力。

单元小结

人工智能作为正式学科起源于1956年的达特茅斯会议，其定义是：使计算机能从事人类的智能工作。

人工智能的发展经历了萌芽期、形成期、曲折发展期和高速发展期4个阶段。

人工智能目前广泛应用于机器翻译、语音识别、图像识别、机器博弈、自动驾驶、医疗健康、智能检索、智能媒体、智能客服、智能制造、智能设计等领域。

人工智能的主要技术内容有知识表示、机器感知、机器思维、机器学习和机器行为。

练习思考

一、填空题

1. "人工智能"一词是在_____年的_____会议上被正式提出的。
2. 要使机器具有人类的智能,需要使机器具备感知能力、记忆和_____能力、_____能力和行为能力。
3. 智能是_____和智力的总和。
4. 人工智能的发展经历了萌芽期、形成期、_____发展期和高速发展期4个阶段。
5. 人工智能的主要技术内容有:知识_____、机器感知、机器思维、机器_____和机器行为。

二、单项选择题

1. 模拟人类专家求解问题的思维过程,求解不同领域内的各种问题的系统是(　　)。
   A. 专家系统　　　B. 机器翻译系统　　C. 智能检索系统　　D. 智能制造系统
2. 身份验证中的人脸识别是人工智能在(　　)领域中的应用。
   A. 语音识别　　　B. 图像识别　　　　C. 智能检索　　　　D. 智能媒体
3. 使计算机对感知获取的外部信息进行分析、计算、比较、判断、推理、联想、决策等有目的的活动,是(　　)。
   A. 机器感知　　　B. 机器思维　　　　C. 机器学习　　　　D. 机器行为
4. 诊断和治疗感染性疾病的专家系统是(　　)。
   A. DENDRAL　　　B. MYCIN　　　　　C. PROSPECTOR　　D. CASNET
5. 人工智能是通过(　　)不断改善自身性能的。
   A. 机器感知　　　B. 机器思维　　　　C. 机器学习　　　　D. 机器行为

模块二

人工智能技术浅探

人工智能是研究知识表示、机器感知、机器思维、机器学习、机器行为的技术。其中，知识表示是基础，机器思维是核心，机器学习是关键。机器思维包括推理、搜索技术及遗传等智能仿生算法。本模块的学习任务是对人工智能的知识表示、推理技术、搜索技术、遗传算法、群智能算法、机器学习、人工神经网络、深度学习算法等内容要点进行浅显的学习。

学习目标

（1）学会用一阶谓词、产生式规则、框架、知识图谱、状态空间图表示人工智能知识；

（2）能理解人工智能的推理技术要点，模仿人工智能的相关推理算法求解问题；

（3）能理解人工智能的搜索技术要点，模仿人工智能的相关搜索算法求解问题；

（4）能理解基本遗传算法和改进遗传算法的基本思想，模仿基本遗传算法求解问题；

（5）能理解粒子群优化、蚁群优化等群智能算法的基本思想，模仿群智能算法求解问题；

（6）能理解人工神经网络的概念、模型及BP、Hopfield神经网络的算法思想、算法模型，会描述其训练过程；

（7）能描述机器学习的相关概念，区分不同类型的机器学习的算法思想；

（8）能理解卷积神经网络等深度学习算法思想，会描述其训练过程及应用要领。

学习内容

本模块的学习内容及逻辑关系如图2-1所示。

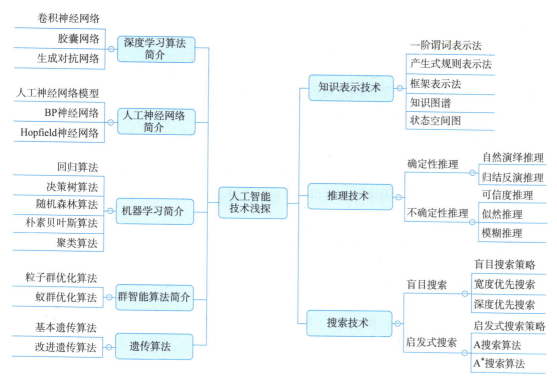

图 2-1 模块二知识导图

2.1 知识表示技术

根据"智能是知识与智力的总和"的定义,要使机器具有人类的智能,必须要有知识,但机器无法直接识别人类用语言、文字等表示的知识,因此,用机器可以识别的方式表示知识是人工智能的基础和关键。

不同的人工智能系统所解决的问题不同,所采用的知识表示方法也有所不同。人工智能常用的知识表示方法主要有一阶谓词表示法、产生式规则表示法、框架表示法、知识图谱、状态空间图等。

2.1.1 一阶谓词表示法

谓词表示法常用于演绎推理。

1. 谓词表示格式

谓词表示法是基于命题中谓词分析的一种逻辑。命题是关于客观事物非真即假的陈述。例如:"中国的首都是北京"值为真(True);"水往高处流"值为假(False)。

谓词由谓词名和个体组成。其一般形式为

微课 2.1.1 知识的一阶谓词表示法(1)

$$P(x_1, x_2, \cdots, x_n)$$

其中：

P 是谓词名，用于刻画个体的性质、状态或个体间的关系；

$x_1, x_2, \cdots, x_n$ 是个体，是某个独立存在的事物或者抽象的概念。

谓词中个体的数目称为谓词的元数，如 $P(x)$，$P(x, y)$，$P(x_1, x_2, \cdots, x_n)$ 分别为一元谓词、二元谓词和 n 元谓词。

谓词名由用户自定义，一般用具有相应意义的英文单词、大写英文字母或其他符号表示。

例如：$S(x)$ 可以表示 x 是一名学生，也可以表示 x 是一条船，或其他字头为"S"的单词。

个体通常用小写英文字母表示，可以是常量、变量或函数。

例如：

"张华是医生"，可表示为 Doctor（ZhangHua），个体 ZhangHua 是常量；

$x>1$，可表示为 Greater（x, 1），个体 x 是变量；

"王超的父亲是作家"，可表示为 Writer（Father（WangChao）），个体 Father（WangChao）是函数；

"李想的祖父是农民"，可表示为 Farmer（Father（Father（LiXiang））），个体 Father（Father（LiXiang））是函数递归，等等。

2. 一阶谓词

在谓词 $P(x_1, x_2, \cdots, x_n)$ 中，如果个体 $x_i(i=1, 2, \cdots, n)$ 是常量、变量或函数，则称其为一阶谓词；如果 x_i 本身也是一个一阶谓词，则称其为二阶谓词。如"王芳华的姐姐和李惠中的哥哥是同学"的二阶谓词可表示为 Classmate（Sister（WangFangHua），Brother（LiHuiZhong）），个体 Sister（WangFangHua）和 Brother（LiHuiZhong）是一阶谓词。

3. 谓词公式

含义比较复杂的知识通常是用谓词公式表示的。谓词公式是将单个谓词通过相应的连接词及量词等连接起来构成的复合命题。

1）连接词

（1）¬：否定连接词，表示"非"关系，如果命题 P 为真，则 ¬P 为假。

例如："鲸鱼不是鱼"，可表示为 ¬Fish（Whale）。

（2）∨：析取运算符，表示"或"关系。

例如："史敬业或者在实验室，或者在教室"，可表示为 InLaboratory（ShiJingYe）∨ InClassroom（ShiJingYe）。

（3）∧：合取运算符，表示"与"关系。

例如：张健喜欢游泳和篮球，可表示为 Likes（ZhangJian, Swim）∨ Likes（ZhangJian, Basketball）。

（4）→：蕴涵连接词。$P→Q$ 的含义是：如果 P，则 Q，P 为前件或条件，Q 为后件或结果。

例如："因为优秀，徐辉被选为班长"，可表示为 Excellent（XuHui）→Elect（XuHui, Monitor）。

（5）↔：等价连接词，双条件。$P↔Q$ 的含义是：P 当且仅当 Q，即 P 为真，则 Q 为真；Q 为真，则 P 为真。

谓词公式中连接词的优先级别从高到低是：¬、∧、∨、→、↔。

2）量词

量词是用于描述谓词与个体约束关系的符号，分为全称量词和存在量词。

（1）$\forall x$：全称量词，表示个体域中的所有个体。

例如："所有优秀的人都很自律"，可表示为 $(\forall x)[\text{Excellent}(x) \to \text{Autonomy}(x)]$。

（2）$\exists x$：存在量词，表示个体域中存在个体。

例如："有人登上了月球"，可表示为 $(\exists x)\text{Landed}(x, \text{Moon})$。

在实际使用时，全称量词和存在量词可以出现在同一命题中，如 Teach (x, y) 表示 x 教过 y。

请思考下述谓词公式的含义：

$(\forall x)(\forall y)$ Teach (x, y)；

$(\exists x)(\forall y)$ Teach (x, y)；

$(\forall x)(\exists y)$ Teach (x, y)；

$(\exists x)(\exists y)$ Teach (x, y)。

量词后的单个谓词或括弧里的谓词公式，称为量词的辖域。辖域内与谓词中同名的变量为约束变量，不受约束的变量为自由变量。

例如：$(\exists x)(P(x, y) \to Q(x, y)) \vee R(x, y)$，辖域是 $(P(x, y) \to Q(x, y))$，$R(x, y)$ 中的 x 是自由变量，不受约束。

4. 谓词公式的性质

（1）单个谓词的谓词公式称为原子谓词公式。

（2）若 A 是谓词公式，则 ¬A 也是谓词公式。

（3）若 A，B 都是谓词公式，则 $A \wedge B$，$A \vee B$，$A \to B$，$A \leftrightarrow B$ 也都是谓词公式。

（4）若 A 是谓词公式，则 $(\forall x)A$，$(\exists x)A$ 也是谓词公式。

（5）有限步应用（1）~（4）生成的公式也是谓词公式。

微课 2.1.1　知识的一阶谓词表示法（2）

5. 谓词公式的相关概念

1）谓词公式的解释

对谓词公式中个体的一次真值指派称为一个解释。

2）谓词公式的永真性

如果谓词公式 P 对个体域 D 的任何一个解释真值都为 T，则称 P 在 D 上是永真的；如果 P 在非空个体域 D 上均永真，则称 P 永真。

3）谓词公式的可满足性和不可满足性

对于谓词公式 P，如果至少存在一个解释使 P 在此解释下的真值为 T，则称 P 是可满足的，否则称 P 是不可满足的。

4）谓词公式的等价性

设 P 与 Q 是两个谓词公式，D 是它们共同的个体域，若对 D 上的任何一个解释，P 与 Q 都有相同的真值，则称谓词公式 P 和 Q 在 D 上是等价的。如果 D 是任意个体域，则称 P 和 Q 是等价的，记为 $P \Leftrightarrow Q$。

谓词公式的等价定律见表 2-1。

表 2-1 谓词公式的等价定律

定律名称	定律内容
交换律	$P \vee Q \Leftrightarrow Q \vee P, P \wedge Q \Leftrightarrow Q \wedge P$
结合律	$(P \vee Q) \vee R \Leftrightarrow P \vee (Q \vee R)$ $(P \wedge Q) \wedge R \Leftrightarrow P \wedge (Q \wedge R)$
分配律	$P \vee (Q \wedge R) \Leftrightarrow (P \vee Q) \wedge (P \vee R)$ $P \wedge (Q \vee R) \Leftrightarrow (P \wedge Q) \vee (P \wedge R)$
德·摩根律	$\neg (P \vee Q) \Leftrightarrow \neg P \wedge \neg Q, \neg (P \wedge Q) \Leftrightarrow \neg P \vee \neg Q$
对合律	$\neg \neg P \Leftrightarrow P$
吸收律	$P \vee (P \wedge R) \Leftrightarrow P, P \wedge (P \vee R) \Leftrightarrow P$
否定律	$P \vee \neg P \Leftrightarrow T, P \wedge \neg P \Leftrightarrow F$
连接词化归律	$P \rightarrow Q \Leftrightarrow \neg P \vee Q$
逆否律	$P \rightarrow Q \Leftrightarrow \neg Q \rightarrow \neg P$
量词转换律	$\neg (\exists x) P \Leftrightarrow (\forall x)(\neg P), \neg (\forall x) P \Leftrightarrow (\exists x)(\neg P)$
量词分配律	$(\forall x)(P \wedge Q) \Leftrightarrow (\forall x)P \wedge (\forall x)Q$ $(\exists x)(P \vee Q) \Leftrightarrow (\exists x)P \vee (\exists x)Q$

5) 谓词公式的永真蕴涵

对于谓词公式 P 与 Q，如果 $P \rightarrow Q$ 永真，则称公式 P 永真蕴含 Q，Q 为 P 的逻辑结论，P 为 Q 的前提，记为 $P \Rightarrow Q$。

常用的永真蕴涵式如下：

(1) 假言推理：$P, P \rightarrow Q, Q$；

(2) 拒取式推理：$\neg Q, P \rightarrow Q, \neg P$；

(3) 假言三段论：$P \rightarrow Q, Q \rightarrow R \Rightarrow P \rightarrow R$；

(4) 全称固化：$(\forall x)P(x) \Rightarrow P(y)$；

(5) 存在固化：$(\exists x)P(x) \Rightarrow P(y)$；

(6) 反证法：$P \Rightarrow Q$，当且仅当 $P \wedge \neg Q \Leftrightarrow F$；$Q$ 为 $P_1, P_2, \cdots, P_n$ 的逻辑结论，当且仅当 $P_1 \wedge P_2 \wedge \cdots \wedge P_n \wedge \neg Q \Leftrightarrow F$。

6. 一阶谓词表示法的优、缺点

(1) 优点：自然、精确、严密、容易实现。

(2) 缺点：效率低，不能表示不确定性知识。

2.1.2 产生式规则表示法

产生式规则是目前专家系统中应用最普遍一种知识表示方法，它不仅可以表达事实，而且可以附上置信度因子来表示对事实的可信程度，从而实现专家系统的不确定性推理。

产生式规则可以表示事实性知识、规则性知识及不确定性知识。

1. 产生式规则表示形式

1）确定性规则知识的产生式

$$\text{IF} \quad P \quad \text{THEN} \quad Q$$

例如：IF 细菌性上呼吸道感染 THEN 白细胞高

2）不确定性规则知识的产生式

$$\text{IF} \quad P \quad \text{THEN} \quad Q \text{（置信度）}$$

例如：IF 白细胞高 AND 咽痛 THEN 细菌性上呼吸道感染（0.7）

3）确定性事实知识的产生式

确定性事实知识的产生式是一个三元组，即（对象，属性，值）。

例如："魏华强的职业是工人"，可表示为（WeiHuaQiang, Occupation, Worker）。

4）不确定性事实知识的产生式

不确定性事实知识的产生式是一个四元组，即（对象，属性，值，置信度）。

例如："明天八成要下雨"，可表示为（Tomorrow, Weather, Rain, 0.8）。

微课2.1.2 知识的产生式表示法

2. 产生式规则表示法的特点

产生式规则表示法具有自然性、模块性、有效性、清晰性等优点，但也存在效率低、不能表示结构性知识的缺点。

3. 产生式规则表示法的适用范围

（1）相互关系不密切，不存在结构关系的领域知识。

（2）相关领域中没有严格、统一的理论的经验性及不确定性的知识。

（3）问题的求解过程可被表示为一系列相对独立的操作，且每个操作可被表示为一条或多条产生式规则的领域知识。

2.1.3 结构性知识的表示方法

结构性知识是指事物（事件或概念）是一个相互关联的集合。结构性知识需要表示清楚事物间的相互关系。

常用的结构性知识的表示方法有框架表示法、知识图谱、状态空间图等。

微课2.1.3 结构性知识的表示方法

2.1.3.1 框架表示法

框架理论是在1975年由明斯基提出的，该理论认为人们对现实世界中各种事物的认识都是按框架结构存储在记忆中的，如人们对一本书的认知结构为：书名、作者、出版社、封面、目录、章、节、内容等。

1. 框架的一般结构

框架表示法是一种结构性的知识表示方法，是一个描述表示对象（一个事物、事件或概念）属性的数据结构。框架的一般结构见表2-2。

表 2-2 框架的一般结构

<框架名>				
槽名1:	侧面名$_{11}$	侧面值$_{111}$,	…,	侧面值$_{11P1}$
…	…			
	侧面名$_{1m}$	侧面值$_{1m1}$,	…,	侧面值$_{1mPm}$
槽名n:	侧面名$_{n1}$	侧面值$_{n11}$,	…,	侧面值$_{n1P1}$
…	…			
	侧面名$_{nm}$	侧面值$_{nm1}$,	…,	侧面值$_{nmPm}$
约束:	约束条件$_1$			
	…			
	约束条件$_n$			

由表 2-2 可见，框架的结构特点如下。

（1）框架一般由槽和侧面构成；

（2）在一个框架表示的知识系统中，可以包含多个框架；

（3）一个框架可包含有限多个不同的槽，每个槽用于描述表示对象的某一方面的属性；

（4）一个槽可由有限多个侧面组成，每个侧面用于描述相应属性的某一方面；

（5）不同的槽和侧面需要用不同的槽名和侧面名表示；

（6）槽和侧面的属性值分别称为槽值和侧面值，槽值和侧面值可以是数值、字符串、逻辑值、满足给定条件的动作或过程，也可以是另一个框架的名字；

（7）槽和侧面都可以附加一些诸如约束条件的说明信息，约束条件用于指出什么值才能填入槽和侧面。

表 2-3 所示为一个学生框架的表示形式，"（）"中的内容即约束条件。通信地址的值是一个"学生-地址"子框架。

表 2-3 学生框架的表示形式

框架<学生>				
姓名：单位（姓，名）				
性别：范围（男，女）默认：男				
年龄：单位（岁） 　　如果需要，询问赋值				
通信地址：<学生-地址>				
电话：家庭电话单位（号码） 　　手机单位（号码） 　　如果需要，询问赋值				

图 2-2 所示为一个自然灾害事件框架示意，地震框架是自然灾害事件框架的子框架，地形改变框架是"地形改变"的槽值。

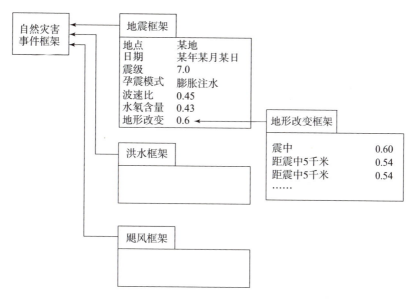

图 2-2　自然灾害事件框架示意

2. 框架表示法的主要优点

1）具有结构性

框架表示法能将知识的内部结构关系和知识间的联系表示出来，适合表示结构性知识。

2）具有继承性

在框架系统中，下层框架可以继承上层框架的槽值，也可以进行补充和修改，这既减少了知识的冗余，也保证了知识的一致性。

3）具有自然性

框架表示法与人观察事物的思维活动一致，容易理解。

2.1.3.2 知识图谱

互联网内容具有大规模、异质多元、组织结构松散等特点，给人们有效获取信息和知识提出了挑战。为了提高搜索引擎的能力、改善用户的搜索质量以及搜索体验，2012 年 5 月 16 日，谷歌公司发布了知识图谱（Knowledge Graph），紧随其后我国搜狗公司的"知立方"、微软公司的 Probase 和百度公司的"知心"相继推出。

1. 知识图谱的定义

知识图谱又称为科学知识图谱，是一种互联网环境下的知识表示方法，其本质是一种语义网络。简单地说，知识图谱就是用各种不同的图形可视化技术描述知识资源及其载体，挖掘、分析、构建、绘制和显示知识及它们之间的相互联系的一种图形，如图 2-3 所示。

2. 知识图谱的表示形式

由图 2-3 可知，知识图谱是由一些相互连接的实体及其属性构成的。在知识图谱中，实体或概念用节点表示，属性或关系用边表示。

知识图谱的通用表示方式是三元组，其表示形式如下：

（实体 - 关系 - 实体），如：中国 - 首都 - 北京；

（实体 - 属性 - 属性值），如：北京 - 人口 - 2 069 万。

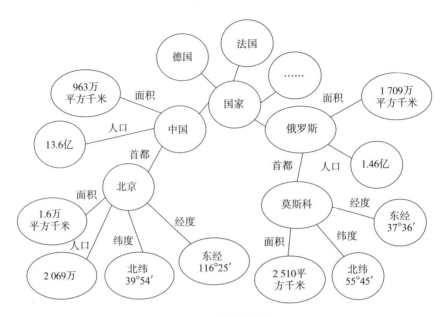

图 2－3　知识图谱示意

3. 知识图谱的主要特点

1）优点

（1）知识图谱可以最有效、最直观地表达实体间的关系。

（2）知识图谱可以通过自助的推理机制和机器学习丰富自身的架构。

（3）三元组的知识图谱结构路径清晰，容易让人和机器理解。

2）缺点

（1）比较依赖大量的结构化数据。知识图谱需要一个庞大的数据网，根据用户的信息，通过实体信息，找到一个最接近用户需要的信息，推荐给用户。

（2）依赖实体识别的准确性。实体识别的准确性是最后能否解决用户问题的基础。

（3）需要构建清晰的知识库遍历的逻辑，以便能快速地搜索到需要的信息。

（4）存在实体的歧义性问题。相同的实体在不同的场景下，可能意思不一样，消除实体的歧义性是知识图谱构建过程中需要重视的环节。

4. 知识图谱的典型应用

知识图谱的应用比较广泛，涉及如风控反欺诈、信贷审核等金融行业，搜索引擎，推荐系统，问答系统（Question Answering System，QA）等。其中搜索引擎、推荐系统、问答系统的应用比较成熟，典型的应用如下。

1）维基百科（Wikipedia）

维基百科是由维基媒体基金会负责运营的一个自由内容、自由编辑的多语言知识库。

2）XLORE

XLORE 是由清华大学构建的基于中、英文维基百科和百度百科的开放知识平台的第一个大规模中、英文知识图谱。

3）Google Knowledge Graph 和百度"知心"

Google Knowledge Graph 和百度"知心"是搜索引擎的代表,是通过用户信息,在语言层、语义层、技术层、执行层 4 个层面进行处理的相对完善的搜索系统。

4) 谷歌、百度、淘宝的推荐系统

谷歌、百度、淘宝的推荐系统可实现个性化推荐、场景化推荐、任务型推荐、跨领域推荐、知识型推荐等。

(1) 个性化推荐是根据每个用户平时的搜索习惯,当用户进入页面时,自动给出一些个性化的推荐实物。如在进入淘宝页面后,用户能看到一些平时经常搜索的实物推荐。

(2) 场景化推荐是在用户搜索某一个实物时,根据用户的搜索内容,推荐同一场景下的实物。如当用户搜索球鞋时,网站能推荐球衣等物品。

(3) 任务型推荐是指当搜索某一个实体时,系统会根据用户的问句以及系统的语义解析,将一个完整的过程展现在推荐内容中,用户可以根据自己的兴趣获取相应的知识推荐。

(4) 跨领域推荐是指当用户输入一个场景中的实体时,系统在给出相应的回复之后,能推荐另一领域中和用户所输入场景相近的场景下实物。如当用户搜索"杭州到北京的动车"时,推荐系统可能推荐北京的相关景点。

(5) 知识型推荐系统是一种交互性非常强的会话式系统,它通过引导用户在大量的候选项中找到自己感兴趣的实物。

5) 问答系统

问答系统是信息检索系统的一种高级形式,能用准确、简洁的自然语言回答用户用自然语言提出的问题。问答系统是人工智能和自然语言处理领域中一个备受关注并具有广泛发展前景的研究方向。问答系统的典型产品有微软小冰、网易七鱼、支付宝的小蚂答、度秘、阿里小蜜等。

2.1.3.3 状态空间表示法

1. 状态空间的定义

状态空间表示法是一种基于解答空间的问题表示和求解方法,常用于组合优化、路径规划、智能搜索及工程控制等领域。

状态空间是利用状态变量和操作符号,表示系统或问题的有关知识的符号体系。

状态变量是表示系统状态、事实等叙述型知识的字符串、向量、多维数组、树、表等数据结构及其他符合状态特性的符号。

状态空间用一个四元组表示,格式为

$$四元组\ (S, O, S_0, G)$$

其中,S 为状态集合,O 为操作集合,S_0 为初始状态,G 为目的状态。

操作符号也称为算子,是表示引起状态变化的过程型知识的一组关系或函数。

图 2-4 所示为 3×3 华容道问题,其操作符号(算子)为:

(1) 如空格上面有数字,则空格向上移——Up;
(2) 如空格左边有数字,则空格向左移——Left;
(3) 如空格右边有数字,则空格向右移——Right;
(4) 如空格下面有数字,则空格向下移——Down。

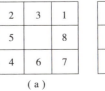

图 2-4 3×3 华容道问题
(a) 初始状态;(b) 目标状态

2. 状态空间图

状态空间用有向图表示，称为状态空间图，如图 2-5 所示。

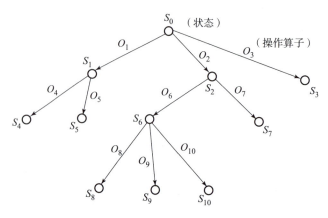

图 2-5　状态空间图

状态空间图的节点表示问题的状态，弧表示状态之间的关系。问题的已知信息是初始状态，为图中的根节点。状态空间图中从一种状态转换为另一种状态的操作符号序列，即问题的求解路径。

单元小结

知识表示方法主要有一阶谓词表示法、产生式规则表示法、框架表示法、知识图谱和状态空间图等。

谓词表示法是基于命题中谓词分析的一种逻辑，表示形式为 $P(x_1, x_2, \cdots, x_n)$，其中 P 为谓词名，$x_1, x_2, \cdots, x_n$ 为个体组成。

产生式规则表示法是专家系统中应用最普遍的一种知识表示方法，可以表示事实性知识、规则性知识及不确定性知识。确定性规则知识的产生式为 IF P THEN Q；不确定性规则知识的产生式为 IF P THEN Q（置信度）。

知识图谱是用各种不同的图形可视化技术显示知识及它们之间的相互联系的一种图形。知识图谱的通用表示方式是三元组，表示形式为（实体 - 关系 - 实体）或（实体 - 属性 - 属性值）。

状态空间是利用状态变量和操作符号，表示系统或问题的有关知识的符号体系。状态空间用一个格式为 (S, O, S_0, G) 的四元组表示。其中，S 为状态集合，O 为操作集合，S_0 为初始状态，G 为目的状态。

练习思考

一、填空题

1. 谓词表示法是基于命题中_____分析的一种逻辑。
2. 知识的不确定性用_____表示其不确定性程度，证据的不确定性用_____表示其不确定性程度。

3. 图 2-3 所示知识图谱中的三元组（中国，面积，963 万平方千米）分别是_____、_____和_____。

4. 框架表示法具有_____性、继承性和自然性等优点。

二、单项选择题

1. "赵晶不在教室"，用一阶谓词可表示为（　　）。

A. ¬InCalssroom（ZhaoJing） B. ¬Calssroom（ZhaoJing，In）

C. ¬ZhaoJing（InCalssroom） D. ZhaoJing（NotInCalssroom）

2. "如果 x 是金属，则 x 能导电；铜是金属，则铜能导电"运用的推理规则是（　　）。

A. 假言推理　　　　B. 拒取式推理　　　　C. P 规则　　　　D. T 规则

3. 下述可用于表示不确定性知识的表示方法是（　　）。

A. 命题 B. 一阶谓词表示法

C. 产生式规则表示法 D. 框架表示法

2.2　推理技术

微课 2.2.1　推理概述

2.2.1　推理概述

1. 推理的定义

所谓推理是从初始证据（已知的事实）出发，按某种策略不断运用知识库中的已知知识，逐步推出结论的过程。

2. 推理的类型

（1）按推出结论的途径，推理可分为演绎推理、归纳推理、默认推理。

①演绎推理是一种从一般到个别的推理方法。演绎推理最常见的形式是三段论式，例如：

胎生动物都是哺乳动物（大前提）；

大熊猫是胎生动物（小前提）；

大熊猫是哺乳动物（结论）。

②归纳推理是一种由个别到一般的推理。根据前提所考察对象范围的不同，归纳推理又可分为完全归纳推理和不完全归纳推理。完全归纳推理考察某类事物的全部对象；不完全归纳推理只考察某类事物的部分对象。如产品质检中的全检为完全归纳推理，而抽检则为不完全归纳推理。

③默认推理又称为缺省推理，是在知识不完全的情况下假设某些条件已经具备所进行的推理。例如，在条件 A 已成立的情况下，如果没有足够的证据能证明条件 B 不成立，则默认条件 B 是成立的，并在此默认的前提下进行推理，推导出某个结论。

（2）按事实和结论的确定性，推理可分为确定性推理、不确定性推理。

①确定性推理：在推理时所用的知识与证据都是确定的，推出的结论也是确定的，其真

值或者为真，或者为假。

②不确定性推理：在推理时所用的知识与证据不全是确定的，推出的结论也是不确定的。不确定性推理又可分为基于概率论的似然推理和基于模糊逻辑的模糊推理。

（3）按是否接近目标，推理可分为单调推理、非单调推理。

①单调推理是随着推理向前推进及新知识的加入，推出的结论越来越接近最终目标的推理。

②非单调推理是由于新知识的加入，不仅没有加强已推出的结论，反而要否定它，使推理退回前面的某一步，重新开始的推理。

（4）按是否使用启发性知识，推理可分为启发式推理、非启发式推理（盲目推理）。

①启发式推理是使用与问题有关的启发性知识来加快推理过程、提高搜索效率的推理。

②非启发式推理是不使用启发性知识的推理。

（5）按推理方向，推理可分为正向推理、逆向推理、混合推理、双向推理。

①正向推理是从以已知事实为出发点的推理。其基本思想如下。

a. 从初始已知事实出发，在知识库中找当前可适用的知识，构成可适用知识集。

b. 从可适用知识集中选出一条知识进行推理，并将推出的新事实加入数据库作为下一步推理的已知事实，再在知识库中选取可适用知识构成可适用知识集。

c. 重复步骤 b. 直到求得问题的解或知识库中再无可适用的知识。

②逆向推理是以某个假设目标作为出发点的推理。其基本思想如下。

a. 选定一个假设目标。

b. 寻找支持该假设的证据，若所需的证据都能找到，则原假设成立；若无论如何都找不到所需要的证据，则说明原假设不成立，需要另作新的假设。

逆向推理适用于已知的事实不充分、正向推理推出的结论可信度不高和希望得到更多结论等情况。

③混合推理是正向推理与逆向推理混合使用的推理。混合推理的方式是先进行正向推理，从已知事实演绎出部分结果，然后用逆向推理证实该目标或提高其可信度。也可以先假设一个目标进行逆向推理，再利用由逆向推理所得到的信息进行正向推理，以推导出更多结论。

④双向推理是正向推理与逆向推理同时进行，且在推理过程中的某一步骤"碰头"的一种推理。其基本思想如下。

a. 根据已知的事实进行正向推理，但不推至最终结论。

b. 从假设的目标出发进行逆向推理，但不推至原始事实。

c. 当正向推理和逆向推理在中途相遇，且正向推理的结论恰好是逆向推理此时所要求的证据时，推理结束。

3. 推理的冲突及冲突消解策略

在推理过程中，系统不断地用当前已知事实与知识库中的知识匹配，如果已知事实与知识库中的多个知识匹配成功，或者同时有多个事实与知识库中的某一个知识匹配成功，又或者有多个事实与知识库中的多个知识匹配成功，则称为冲突。当发生冲突时，系统需从匹配成功的多个知识中挑选一个知识用于当前的推理，称为冲突消解，所用的策略称为冲突消解策略。常用的冲突消解策略如下。

(1) 按规则的针对性排序，优先选择针对性较强的产生式规则。如规则 r_1 包含了规则 r_2 的全部条件，则 r_1 的针对性强，优先选择 r_1。

(2) 按已知事实的新鲜性排序，优先选择数据库中新增加的事实。

(3) 按匹配度排序，优先选择匹配度高的知识。

(4) 按条件个数排序，优先选择应用条件少的知识，以缩短匹配花费的时间。

2.2.2　自然演绎推理

1. 定义

自然演绎推理是从一组已知为真的事实出发，运用经典逻辑的推理规则推出结论的确定性推理。

微课 2.2.2　自然演绎推理

2. 推理规则

(1) P 规则。在推理的任何步骤上都可引入前提。

(2) T 规则。在推理过程中，如果前面步骤中有一个或多个公式永真蕴含公式 S，则可以把 S 引入推理过程。

(3) 假言推理。

$$P,\ P \Rightarrow Q,\ Q$$

例如："如果 x 是鸟类，则 x 会生蛋"，由"鸵鸟是鸟类"推出"鸵鸟会生蛋"。

(4) 拒取式推理。

$$\neg Q,\ P \rightarrow Q \Rightarrow \neg P$$

"如果 x 是鸟类，则 x 会生蛋"，由"x 不会生蛋"推出"x 不是鸟类"。

使用拒取式推理规则时，需避免两种错误。

错误 1：否定前件，即 $P \rightarrow Q$，$\neg P \Rightarrow \neg Q$。

错误 2：肯定后件，即 $P \rightarrow Q$，$Q \Rightarrow P$。

3. 推理举例

已知事实：

凡是有意义的事刘明都喜欢做；

公益活动是有意义的；

志愿者工作是一项公益活动。

求证：刘明喜欢做志愿者工作。

证明：

(1) 定义谓词。

Meaning（x）：x 是有意义的事；Likedo（x，y）：x 喜欢做 y；PBA（x）：x 是一项公益活动；Volunteer：志愿者。

(2) 已知事实和结论的谓词公式表示。

（∀x）(Meaning（x）→Likedo（LiuMing，x））

（∀x）(PBA（x）→Meaning（x））　　已知事实

PBA（Volunteer）

Likedo（LiuMing，Volunteer）　　　　求证结论

（3）推理证明。

（∀x）（Meaning（x）→Likedo（LiuMing, x））⇒Meaning（z）→Likedo（LiuMing, z）——全称固化

（∀x）（PBA（x）→Meaning（x））⇒PBA（y）→Meaning（y）——全称固化

PBA（Volunteer），PBA（y）→Meaning（y）⇒Meaning（Volunteer）——P 规则、假言推理

Meaning（Volunteer），Meaning（z）→Likedo（LiuMing, z）⇒Likedo（WangYong, Volunteer）——T 规则、假言推理

4. 自然演绎推理的特点

1）优点

（1）表达定理证明过程自然，容易理解。

（2）有丰富的推理规则，推理过程灵活。

（3）便于嵌入启发式知识。

2）缺点

推理的中间结论一般呈指数形式递增。

2.2.3 归结反演推理

微课 2.2.3 归结反演

1. 推理规则

归结反演推理是一种基于谓词表示法的确定性推理方法。其推理规则是反证法，即

$P \Rightarrow Q$，当且仅当 $P \wedge \neg Q \Leftrightarrow F$

Q 为 P_1，P_2，…，P_n 的逻辑结论，当且仅当 $(P_1 \wedge P_2 \wedge \cdots \wedge P_n) \wedge \neg Q$ 是不可满足的。

2. 推理依据

1）海伯伦理论

谓词公式不可满足的充分必要条件是其子句集不可满足。

（1）子句集：是由子句的合取构成的集合。如 $\{Q(x), P(x) \vee S(y,f(y)), P(w) \vee B(w)\}$ 是一个由子句 $Q(x)$，$P(x) \vee S(y,f(y))$，$P(w) \vee B(w)$ 合取构成的，连接各子句的逗号","表示"合取"。

（2）子句：是任何文字及其析取式，如 $Q(x), P(x) \vee S(y,f(y))$。

（3）文字：是原子谓词公式及其否定，其中 P 为正文字，$\neg P$ 为负文字。

（4）原子谓词公式：是没有连接词、不能再分解的命题。

2）鲁滨逊归结原理

（1）若 C_1 与 C_2 是子句集中的任意两个子句，如果 C_1 中的文字 L_1 与 C_2 中的文字 L_2 互补，那么从 C_1 和 C_2 中分别消去 L_1 和 L_2，并将两个子句中余下的部分析取，构成一个新子句 C_{12}。

例如：$C_1 = \neg P \vee Q$，$C_2 = P \vee R$，则归结后 $C_{12} = Q \vee R$。

（2）若 C_1 与 C_2 是两个没有相同变元的子句，L_1 和 L_2 分别是 C_1，C_2 中的文字，则用 L_1 和 $\neg L_2$ 的最一般合一 σ 进行变元代换，得到 $C_{12} = (C_1\sigma - \{L_1\sigma\}) \vee (C_2\sigma - \{L_2\sigma\})$。

最一般合一就是一个替换式，用其替换两个表达式中的变量后，使其变为等价表达式。

例如：$C_1 = P(x) \lor Q(a)$，$C_2 = \neg P(b) \lor R(y)$。

若取 $L_1 = P(x)$，$L_2 = \neg P(b)$，则用其最一般合一 $\sigma = \{b/x\}$ 替换后，C_1 与 C_2 的归结式为

$$C_{12} = (P(b) \lor Q(a)) \lor (\neg P(b) \lor R(y)) = Q(a) \lor R(y)$$

3. 归结反演推理步骤

（1）将已知前提表示为谓词公式 F。

（2）将待证明的结论表示为谓词公式 Q，并否定得到 $\neg Q$。

（3）把谓词公式化为子句集 S。

（4）应用鲁滨逊归结原理对子句集 S 中的子句进行归结，并将归结式并入 S。如此反复，若出现空子句，则停止归结，Q 为真得证。

4. 谓词公式化为子句集

在归结反演推理过程中，把谓词公式化为子句集是一项重要工作。谓词公式化为子句集的方法、步骤与案例见表 2-4。

微课 2.2.3 （拓展）谓词公式化为子句集的方法

表 2-4 把谓词公式化为子句集的方法、步骤与案例

方法与步骤	案例：$(\forall x)((\forall y)P(x,y) \rightarrow \neg(\forall y)(Q(x,y) \rightarrow R(x,y)))$
（1）运用连接词化归律，消去谓词公式中的"$\rightarrow$"和"$\leftrightarrow$"符号。 连接词化归律： $P \rightarrow Q \Leftrightarrow \neg P \lor Q$ $P \leftrightarrow Q \Leftrightarrow (P \land Q) \lor (\neg P \land \neg Q)$	$(\forall x)(\neg(\forall y)P(x,y) \lor \neg(\forall y)(\neg Q(x,y) \lor R(x,y)))$
（2）运用对合律、德·摩根律、量词转换律等，把否定移到紧靠谓词的位置上。 对合律：$\neg \neg P \Leftrightarrow P$ 德·摩根律： $\neg(P \lor Q) \Leftrightarrow \neg P \land \neg Q$ $\neg(P \land Q) \Leftrightarrow \neg P \lor \neg Q$ 量词转换律： $\neg(\exists x)P \Leftrightarrow (\forall x)(\neg P)$，$\neg(\forall x)P \Leftrightarrow (\exists x)(\neg P)$	$(\forall x)((\exists y)\neg P(x,y) \lor (\exists y)(Q(x,y) \land \neg R(x,y)))$
（3）变量标准化，即重新命名变量，使不同量词约束不同的变量。 $(\forall x)(P(x) \equiv (\forall y)(P(y)$ $(\exists x)(P(x) \equiv (\exists y)(P(y)$	$(\forall x)((\exists y)\neg P(x,y) \lor (\exists z)(Q(x,z) \land \neg R(x,z)))$

续表

方法与步骤	案例：$(\forall x)((\forall y)P(x,y) \rightarrow \neg(\forall y)(Q(x,y) \rightarrow R(x,y)))$
（4）消去存在量词，实现 Skolem 化。 Skolem 化就是用 Skolem 函数替换受存在量词约束的变量。Skolem 函数是把受存在量词约束的变量映射为存在的 y 中。 对于形如 $(\forall x_1)(\forall x_2)\cdots(\forall x_n)(\exists y)(P(x_1,x_2,\cdots,x_n),y)$ 的谓词公式，其 Skolem 函数为 $y = f(x_1,x_2,\cdots,x_n)$ Skolem 化的方法： ①若存在量词不出现在全称量词的辖域范围内，则用新的个体常量替换受存在量词约束的变量。 ②若存在量词在全称量词的辖域范围内，则用一个 Skolem 函数替换受存在量词约束的变量	取式中的 y 和 z 的 Skolem 函数 $y=f(x)$，$z=g(x)$，则谓词公式消去存在量词后，可表示为 $(\forall x)(\neg P(x,f(x)) \vee (Q(x,g(x)) \wedge \neg R(x,g(x))))$
（5）化为前束型（所有全称量词前移）。 所谓前束型，就是将所有全称量词都移到公式前面，使每个量词的辖域都包括公式后的部分。全称量词前移后构成一个量词串，余下的不含量词的公式称为"母式"	$(\forall x)(\neg P(x,f(x)) \vee (Q(x,g(x)) \wedge \neg R(x,g(x))))$ 已经是前束型
（6）化为 Skolem 标准型 $(\forall x_1)(\forall x_2)\cdots(\forall x_n)M$。 Skolem 标准型是应用分配律将母式 M 化为标准的合取式。 分配律： $P \vee (Q \wedge R) \Leftrightarrow (P \vee Q) \wedge (P \vee R)$ $P \wedge (Q \vee R) \Leftrightarrow (P \wedge Q) \vee (P \wedge R)$	$(\forall x)(\neg P(x,f(x)) \vee Q(x,g(x)) \wedge (\neg P(x,f(x)) \vee \neg R(x,g(x))))$
（7）略去全称量词	$(\neg P(x,f(x)) \vee Q(x,g(x)) \wedge (\neg P(x,f(x)) \vee \neg R(x,g(x)))$
（8）消去合取词，母式用子句集表示。 所谓子句集就是将母式中的合取符号用","替换，构成集合	子句集： $\{\neg P(x,f(x)) \vee Q(x,g(x)), \neg P(x,f(x)) \vee \neg R(x,g(x))\}$
（9）根据谓词公式的性质，将子句标准化，使每个子句中的变量符号不同。 谓词公式的性质： $(\forall x)(P(x) \wedge Q(x)) \equiv (\forall x)(P(x) \wedge (\forall y)Q(y))$	$\{\neg P(x,f(x)) \vee Q(x,g(x)), \neg P(y,f(y)) \vee \neg R(y,g(y))\}$

5. 归结反演推理举例

案例 2.1 某公益组织推选爱心形象大使，根据选拔条件和三名候选人的资质，拟采用如下规则。

（1）三人之中至少推选一人；

（2）如果推选 B 而不推选 C，则一定推选 A；

（3）如果推选 C，则一定推选 A。

求证：A 一定被推选。

证明：

（1）推选规则的谓词定义：Elect（x）表示推选 x。

（2）推选规则及求证结论否定式的谓词公式。

①Elect（A）∨Elect（B）∨Elect（C）；

②Elect（B）∧¬Elect（C）→Elect（A）；

③Elect（C）→Elect（A）。

求证结论否定式：¬Elect（A）。

（3）各谓词公式对应的子句。

①Elect（A）∨Elect（B）∨Elect（C）；

②¬Elect（B）∨Elect（C））∨Elect（A）；

③¬Elect（C）∨Elect（A）；

④¬Elect（A）。

（4）归结反演。

子句①与②归结得：C_{12} = Elect(A) ∨ Elect(C)。

子句 C_{12} 与③归结得：C_{123} = Elect(A)。

子句 C_{123} 与④归结得：C_{1234} = NIL，得证 A 一定被推选。

案例 2.2　在 A，B，C 三人中，有人从不说真话，也有人从不说假话，某人分别问三人：谁是说谎者？

A 答：B 和 C 都是说谎者；

B 答：A 和 C 都是说谎者；

C 答：A 和 B 至少有一个人是说谎者。

求：谁是老实人，谁是说谎人。

解：

（1）定义：T（x）表示 x 说真话。

（2）前提与结论的谓词公式。

①A 说真话，有 $T(A) \to \neg T(B) \land \neg T(C)$；

②A 说假话，有 $\neg T(A) \to T(B) \lor T(C)$；

③B 说真话，有 $T(B) \to \neg T(A) \land \neg T(C)$；

④B 说假话，有 $\neg T(B) \to T(A) \lor T(C)$；

⑤C 说真话，有 $T(C) \to \neg T(A) \lor \neg T(B)$；

⑥C 说假话，有 $\neg T(C) \to T(A) \land T(B)$。

（3）各谓词公式对应的子句集。

① $\{\neg T(A) \lor \neg T(B), \neg T(A) \lor \neg T(C)\}$；

② $T(A) \lor T(B) \lor T(C)$；

③ $\{\neg T(B) \lor \neg T(A), \neg T(B) \lor \neg T(C)\}$；

④ $T(B) \lor T(A) \lor T(C)$；

⑤ $\neg T(C) \lor \neg T(A) \lor \neg T(B)$；

⑥ $T(C) \lor T(A), T(C) \lor T(B)$。

根据谓词公式的性质,删除一些重复和无用的子句,最终得子句集的子句为:

① $\neg T(A) \vee \neg T(B)$;

② $\neg T(A) \vee \neg T(C)$;

③ $\neg T(B) \vee \neg T(C)$;

④ $T(C) \vee T(A)$;

⑤ $T(C) \vee T(B)$。

(4) 归结反演

①假设 A 是老实人,则结论否定式的子句为:

⑥ $\neg T(A)$。

⑥和④和归结得 $C_{64} = T(C)$,而 C_{64} 无论与哪个子句都归结不出空子句,故 A 是说谎的人。

②假设 B 是老实人,则结论否定式的子句为:

⑦ $\neg T(B)$。

⑤和⑦归结得 $C_{57} = T(C)$,而 C_{57} 无论与哪个子句都归结不出空子句,故 B 是说谎的人。

③假设 C 是老实人,则结论否定式的子句为:

⑧ $\neg T(C)$。

①和⑤归结得 $C_{15} = \neg T(A) \vee T(C)$;

C_{15} 和④归结得 $C_{154} = T(C)$;

C_{154} 和⑧归结得 NIL。

故 C 是老实人。

在使用归结原理时,一个子句可多次运用,也可以不用,只要能推出空子句就可以,但结论否定式的子句一定要用到。

2.2.4 可信度推理

2.2.4.1 不确定性推理概述

可信度推理、似然推理、模糊推理是 3 种典型的不确定性推理方法。

所谓不确定性推理是从不确定性的初始证据出发,通过运用不确定性的知识,最终推出具有一定程度的不确定性但却合理或者近乎合理的结论的思维过程。

不确定性推理除了与确定性推理一样,需要考虑推理方向、推理方法、控制策略等问题以外,还需解决下列问题。

1. 不确定性的表示与度量

不确定性推理中的不确定性有两种情况:一是知识的不确定性,二是证据的不确定性。

知识的不确定性一般由领域专家给出一个表示相应知识不确定性程度的数值,称为静态强度。静态强度可以是该条知识的可信度,也可以是相应知识在应用中成功的概率或其他属性。

证据的不确定性用一个表示其不确定程度的数值表示,称为动态强度。不确定性证据包括用户提供的初始证据和作为当前推理证据的前面推理的结论。其中，初始证据的不确定性由用户给出，而作为当前推理证据的前面推理的结论的不确定性，需要根据不确定性的传递算法计算得到。

不同的知识及不同的证据，需要用一定取值范围的不同数据度量，以使其有意义。如用可信度表示知识和证据的不确定性，取值范围为［-1, 1］，当可信度的值大于 0 时，值越接近 1 表示相应的知识和证据越接近"真"。当可信度的值小于 0 时，值越接近 -1 表示相应的知识和证据越接近"假"。

2. 不确定性的匹配

在不确定性推理中，由于证据实际的不确定性程度与知识所要求的不确定性程度不一定相同，因此需要用算法计算二者的相似程度，并指定一个相似的限度，该限度称为阈值。如果二者的相似程度在指定的范围内，就称为匹配。

3. 不确定性的组合及传递算法

在基于产生式规则的不确定性推理中，知识的前提可能是由多个证据的合取（AND）或析取（OR）后形成的组合证据，因此需要用一定的算法计算组合证据的不确定性，并且在不确定性推理时需要通过一定的算法将初始证据的不确定性和每一步推出的结论的不确定性传递给最终结论。

4. 不确定性的合成

在推理过程中如果出现不同的知识推理得出了相同的结论，但对于不确定性的程度不同的情况，需要用一定的算法进行不确定性的合成。不同的不确定性推理合成的算法也不相同，目前常用的有可信度方法、证据理论及 Bayes 方法等。

2.2.4.2 可信度推理

> 1975 年，肖特里菲（E. H. Shortliffe）等人在确定性理论（theory of confirmation）的基础上，结合概率论等提出了一种不确定性推理方法，即可信度推理，并将其成功应用于 MYCIN 专家系统。
>
> 可信度推理简单、直观、效果良好，得到了人们的重视。

1. 可信度推理的基本步骤

可信度推理的基本方法是 C-F 模型，一般包括以下 5 个步骤。

（1）知识的不确定性表示；

（2）证据的不确定性表示；

（3）组合证据的不确定性计算；

（4）不确定性的传递；

（5）结论的不确定性合成。

2. 可信度推理的具体方法

1）知识的不确定性表示

产生式规则是 C-F 模型中知识的表示方法，一般形式为

$$IF \quad E \quad THEN \quad H \; (CF\,(H, E))$$

其中，$CF(H, E)$ 为该条知识的可信度因子，反映了前提条件与结论的联系强度，即证据 E 为真时，对结论 H 为真的支持程度。$CF(H, E)$ 的取值范围为 ［-1, 1］，若 $CF(H, E)$

取值在（0，1）之间，表示证据支持结论为真，值越大，说明证据越支持结论 H 为真；若 $CF(H,E)$ 取值在（-1，0）之间，表示证据支持结论为假，值越接近 -1，说明证据越支持结论 H 为假。

2）证据的不确定性表示

在 C-F 模型中，证据的不确定性用可信度因子 $CF(E)$ 表示。$CF(E)$ 的取值范围为 $[-1,1]$，取值在（0，1）之间表示证据以某种程度为真，取值在（-1，0）之间表示证据以某种程度为假。

3）组合证据的不确定性计算

（1）当组合证据是由多个单一证据的合取（AND），即 $E = E_1$ AND E_2 AND $\cdots$ AND E_n，且已知 $CF(E_1), CF(E_2), \cdots, CF(E_n)$ 时，有

$$CF(E) = \min\{CF(E_1), CF(E_2), \cdots, CF(E_n)\}$$

即取单一证据可信度因子的最小值。

（2）当组合证据是由多个单一证据的析取（OR），即 $E = E_1$ OR E_2 OR $\cdots$ OR E_n，且已知 $CF(E_1), CF(E_2), \cdots, CF(E_n)$ 时，有

$$CF(E) = \max\{CF(E_1), CF(E_2), \cdots, CF(E_n)\}$$

即取单一证据可信度因子的最大值。

4）不确定性的传递

不确定性结论的可信度因子可按下式计算：

$$CF(H) = CF(H,E) \times \max\{0, CF(E)\}$$

5）结论的不确定性合成

设知识（规则）：

IF E_1 THEN $H(CF(H,E_1))$ 推出结论的可信度为

$$CF_1(H) = CF(H,E_1) \times \max\{0, CF(E_1)\}$$

IF E_2 THEN $H(CF(H,E_2))$ 推出结论的可信度为

$$CF_2(H) = CF(H,E_2) \times \max\{0, CF(E_2)\}$$

合成后的综合可信度可按下述方法计算：

（1）若 $CF_1(H) \geq 0, CF_2(H) \geq 0$，则 $CF_{1,2}(H) = CF_1(H) + CF_2(H) - CF_1(H) \times CF_2(H)$；

（2）若 $CF_1(H) < 0, CF_2(H) < 0$，则 $CF_{1,2}(H) = CF_1(H) + CF_2(H) + CF_1(H) \times CF_2(H)$；

（3）若 $CF_1(H)CF_2(H) < 0$，则 $CF_{1,2}(H) = \dfrac{CF_1(H) + CF_2(H)}{1 - \min\{|CF_1(H)|, |CF_2(H)|\}}$。

3. 可信度推理举例

设有一组知识（规则）：

r_1: IF E_1 THEN $H(0.8)$；

r_2: IF E_2 THEN $H(0.9)$；

r_3: IF E_3 THEN $H(-0.5)$；

r_4: IF E_4 AND $(E_5$ OR $E_6)$ THEN $E_2(0.6)$；

r_5: IF E_7 AND E_8 THEN $E_3(0.8)$。

微课 2.2.4　可信度推理（2）

已知：$CF(E_1) = 0.6$，$CF(E_4) = 0.5$，$CF(E_5) = 0.6$，$CF(E_6) = 0.4$，$CF(E_7) = 0.9$，$CF(E_8) = 0.7$。

求：$CF(H)$。

解：

（1）每一条规则的可信度：

由 r_1 得 $CF_1(H) = CF(H,E_1) \times \max\{0, CF(E_1)\} = 0.8 \times 0.6 = 0.48$；

由 r_4 得 $CF(E_2) = 0.6 \times \min\{CF(E_4), \max\{CF(E_5), CF(E_6)\}\} = 0.6 \times 0.5 = 0.3$；

由 r_2 得 $CF_2(H) = CF(H,E_2) \times \max\{0, CF(E_2)\} = 0.9 \times 0.3 = 0.27$；

由 r_5 得 $CF(E_3) = 0.8 \times \min\{CF(E_7), CF(E_8)\} = 0.8 \times 0.7 = 0.56$；

由 r_3 得 $CF_3(H) = CF(H,E_3) \times \max\{0, CF(E_3)\} = -0.5 \times 0.56 = -0.28$。

（2）结论的综合可信度如下：

$$CF_{1,2}(H) = CF_1(H) + CF_2(H) - CF_1(H) \times CF_2(H)$$
$$= 0.48 + 0.27 - 0.48 \times 0.27 = 0.88$$

$$CF_{1,2,3}(H) = \frac{CF_{1,2}(H) + CF_3(H)}{1 - \min\{|CF_{1,2}(H)|, |CF_3(H)|\}} = \frac{0.88 - 0.28}{1 - \min\{|0.88|, |-0.28|\}}$$
$$= \frac{0.6}{1 - 0.28} = 0.83$$

即综合可信度为 0.83。

2.2.5 似然推理

似然推理是一种基于证据理论的不确定性推理方法。

> 证据理论是 20 世纪 60 年代美国哈佛大学数学家登普斯特（A. P. Dempster）首先提出，并由其学生沙佛（G. Shafer）在 20 世纪 70 年代进一步发展起来的一种处理不确定性的理论。20 世纪 80 年代证据理论被用于专家系统和不确定性推理。目前，在证据理论的基础上已经发展出多种不确定性推理模型。

1. 似然推理的基本步骤

（1）建立问题的样本空间 D。

（2）由经验给出或者由随机性规则和事实的信任度度量计算基本概率分配函数。

（3）计算所关心的子集的信任函数值、似然函数值。

（4）由信任函数值、似然函数值得出结论。

2. 似然推理的具体方法

1）样本空间

设 D 是变量 x 所有可能取值的集合，且 D 中的元素是互斥的，在任一时刻 x 都取且只能取 D 中的某一个元素为值，则称 D 为 x 的样本空间。

D 的任何一个子集 A 都对应于一个关于 x 的命题。如设 x 为产品检测结果，$D = \{$优等，合格，不合格$\}$，则 $A = \{$优等$\}$ 表示"x 是优等产品"；$A = \{$优等，合格$\}$ 表示"x 或者

微课2.2.5 似然推理（1）
——方法及步骤

是优等产品，或者是合格产品"。

2）概率分配函数

(1) 定义：设 D 为样本空间，领域内的命题都用 D 的子集表示，则有函数 $M:2^D \to [0,1]$，对任何一个属于 D 的子集 A，都对应一个数 $M \in [0,1]$，且满足

$$M(\emptyset) = 0$$

$$\sum_{A \subseteq D} M(A) = 1$$

则称 M 为基本概率分配函数，$M(A)$ 为 A 的基本概率数，即空子集的概率数为 0，D 的所有子集的概率数之和为 1。

(2) 定义说明。

①设样本空间 D 中有 n 个元素，则 D 中子集的个数为 2^n 个，2^D 是 D 的所有子集。

如设 D = {优等，合格，不合格}，则其子集共 $2^3 = 8$（个），分别是：

A = {优等}；

A = {优等，合格}；

A = {优等，合格，不合格}；

A = {合格}；

A = {合格，不合格}；

A = {优等，不合格}；

A = {不合格}；

A = {∅}。

②概率分配函数是把 D 的任意一个子集 A 都映射为 [0，1] 上的一个数 $M(A)$，即对 D 的各个子集进行信任分配。

如果 A 是一个元素，$M(A)$ 为精确的信任度；

如果 A 是多个元素，$M(A)$ 不包括对 A 的子集的信任度；

如果 $A = D$，$M(A)$ 是对 A 中各个子集进行信任分配后剩下的部分，表示不知道对这部分如何分配。

例如前述 D = {优等，合格，不合格}，则：

子集 A = {优等}，$M(A)$ = 0.3，说明 "x 是优等" 的信任度为 0.3；

子集 A = {优等，合格}，$M(A)$ = 0.2 说明 "x 是优等或合格" 的信任度为 0.2，不包含子集 A = {优等} 的信任度 0.3；

$M(D) = M(${优等，合格，不合格}$) = 0.1$，表示不知道对这 0.1 如何分配。

③概率分配数与概率不同，概率分配数总和不一定为 1，而概率总和应该为 1。

例如设 {优等，合格，不合格}，则：

$M(${优等}$) = 0.3$，$M(${合格}$) = 0$，$M(${不合格}$) = 0.1$；

$M(${优等，合格}$) = 0.2$，$M(${优等，不合格}$) = 0.2$；

$M(${合格，不合格}$) = 0.1$，$M(${优等，合格，不合格}$) = 0.1$，$M(\emptyset) = 0$；

概率分配数总和：$M(${优等}$) + M(${合格}$) + M(${不合格}$) = 0.4$。

3）证据组合

当不同的证据得到的概率分配数不同时，需进行证据组合，组合的方法是计算"正交和"。

设 M_1 和 M_2 是两个概率分配函数,则其正交和 $M = M_1 \oplus M_2$ 为
$$M(\emptyset) = 0$$
$$M(A) = K^{-1} \sum_{x \cap y = A} M_1(x) M_2(y)$$

其中
$$K = 1 - \sum_{x \cap y = \emptyset} M_1(x) M_2(y) = \sum_{x \cap y \neq \emptyset} M_1(x) M_2(y)$$

4) 信任函数

命题的信任函数 Bel 又称为下限函数,其定义是 $Bel: 2^D \to [0,1]$,且
$$Bel(A) = \sum_{B \subseteq A} M(B) \quad \forall A \subseteq D$$

即样本空间 D 的任意一个子集 A 的信任函数是 A 的所有子集的概率分配数之和。$Bel(A)$ 表示对命题 A 为真的总的信任程度。

如前述在 $D = \{$优等, 合格, 不合格$\}$, $M(\{$优等$\}) = 0.3$, $M(\{$合格$\}) = 0$, $M(\{$优等, 合格$\}) = 0.2$ 时,
$$Bel(\{优等, 合格\}) = M(\{优等\}) + M(\{合格\}) + M(\{优等, 合格\})$$
$$= 0.3 + 0 + 0.2 = 0.5$$

5) 似然函数

似然函数 Pl(A) 是指 A 为非假的信任度,其定义是
$$Pl(A) = 1 - Bel(\neg A) \quad \forall A \subseteq D$$

如前述 $Bel(\{$优等, 合格$\}) = 0.5$,则有

Pl(｛不合格｝) = 1 − Bel(¬｛不合格｝) = 1 − Bel(｛优等, 合格｝) = 0.5

信任函数和似然函数是从正、反两个方面表示 A 为真的信任程度。

3. 似然推理举例

案例 2.3 设有规则如下。

(1) 如果头痛,则感冒但非鼻炎 (0.8);

或鼻炎但非感冒 (0.1);

或鼻炎且感冒 (0.05)。

(2) 如果流鼻涕,则感冒但非鼻炎 (0.6);

或鼻炎但非感冒 (0.4);

或鼻炎且感冒 (0.1)。

已知事实(证据):

(1) 患者头痛 (0.9);

(2) 患者流鼻涕 (0.6)。

推理:该患者可能得了什么病?

解:

(1) 建立样本空间。

定义样本空间 $D = \{d_1, d_2, d_3\}$,其中:

d_1:表示患者得了感冒;

d_2:表示患者得了鼻炎;

微课 2.2.5 似然推理(2)
——应用举例

d_3：表示患者同时得了两种病。

（2）计算概率分配数。

根据证据（1）有：
$$M_1(\{d_1\}) = 0.8 \times 0.9 = 0.72$$
$$M_1(\{d_2\}) = 0.1 \times 0.9 = 0.09$$
$$M_1(\{d_3\}) = 0.05 \times 0.9 = 0.045$$
$$M_1(\{d_1, d_2, d_3\}) = 1 - M_1(\{d_1\}) - M_1(\{d_2\}) - M_1(\{d_3\})$$
$$= 1 - 0.72 - 0.09 - 0.045 = 0.145$$

根据证据（2）有：
$$M_2(\{d_1\}) = 0.6 \times 0.6 = 0.36$$
$$M_2(\{d_2\}) = 0.6 \times 0.4 = 0.24$$
$$M_2(\{d_3\}) = 0.6 \times 0.1 = 0.06$$
$$M_2(\{d_1, d_2, d_3\}) = 1 - M_1(\{d_1\}) - M_1(\{d_2\}) - M_1(\{d_3\})$$
$$= 1 - 0.36 - 0.24 - 0.06 = 0.34$$

（3）证据组合。

$$K = 1 - \sum_{x \cap y = \varnothing} M_1(x) M_2(y) = 1 - M_1(\{d_1\}) \times M_2(\{d_2\}) - M_1(\{d_1\}) \times M_2(\{d_3\})$$
$$- M_1(\{d_2\}) \times M_2(\{d_1\}) - M_1(\{d_2\}) \times M_2(\{d_3\}) - M_1(\{d_3\}) \times M_2(\{d_1\})$$
$$- M_1(\{d_3\}) \times M_2(\{d_2\})$$
$$= 1 - 0.72 \times 0.24 - 0.72 \times 0.06 - 0.09 \times 0.36 - 0.09 \times 0.06 - 0.045 \times 0.36$$
$$- 0.045 \times 0.24 = 0.719$$

$$M(\{d_1\}) = K^{-1} \sum_{x \cap y = A} M_1(x) M_2(y) = \frac{1}{0.719} \times [M_1(\{d_1\}) \times M_2(\{d_1\}) + M_1(\{d_1\})$$
$$\times M_2(\{d_1, d_2, d_3\}) + M_1(\{d_1, d_2, d_3\}) \times M_2(\{d_1\})]$$
$$= 1.39 \times (0.72 \times 0.36 + 0.72 \times 0.34 + 0.145 \times 0.36) = 0.58$$

$$M(\{d_2\}) = K^{-1} \sum_{x \cap y = A} M_1(x) M_2(y) = \frac{1}{0.719} \times [M_1(\{d_2\}) \times M_2(\{d_2\}) + M_1(\{d_2\})$$
$$\times M_2(\{d_1, d_2, d_3\}) + M_1(\{d_1, d_2, d_3\}) \times M_2(\{d_2\})]$$
$$= 1.39 \times (0.09 \times 0.24 + 0.09 \times 0.34 + 0.145 \times 0.24) = 0.12$$

$$M(\{d_3\}) = K^{-1} \sum_{x \cap y = A} M_1(x) M_2(y) = \frac{1}{0.719} \times [M_1(\{d_3\}) \times M_2(\{d_3\}) + M_1(\{d_3\})$$
$$\times M_2(\{d_1, d_2, d_3\}) + M_1(\{d_1, d_2, d_3\}) \times M_2(\{d_3\})]$$
$$= 1.39 \times (0.045 \times 0.06 + 0.045 \times 0.34 + 0.145 \times 0.06) = 0.037$$

（4）计算信任函数和似然函数。
$$\text{Bel}(\{d_1\}) = M(\{d_1\}) = 0.58$$
$$\text{Bel}(\{d_2\}) = M(\{d_2\}) = 0.12$$
$$\text{Bel}(\{d_3\}) = M(\{d_3\}) = 0.037$$
$$\text{Pl}\{d_1\} = 1 - \text{Bel}(\{d_2\}) - \text{Bel}(\{d_3\}) = 0.843$$
$$\text{Pl}\{d_2\} = 1 - \text{Bel}(\{d_1\}) - \text{Bel}(\{d_3\}) = 0.383$$
$$\text{Pl}\{d_3\} = 1 - \text{Bel}(\{d_1\}) - \text{Bel}(\{d_2\}) = 0.3$$

结论：

"该患者患了感冒但非鼻炎"为真的信任度为0.58，非假的信任度为0.843；

"该患者患了鼻炎但非感冒"为真的信任度为0.12，非假的信任度为0.383；

"该患者患了鼻炎且感冒"为真的信任度为0.037，非假的信任度为0.3。

案例2.4　设有规则如表2-5所示。

表2-5　某地区1 207位阑尾炎患者的统计参考数据

规则	症状	概率分配数		
		慢性阑尾炎	急性阑尾炎	阑尾炎穿孔
r_1	右下腹痛	0.66	0.17	0.11
r_2	上腹痛	0.15	0.29	0.42
r_3	脐周痛	0.12	0.38	0.26
r_4	全腹痛	0.05	0.11	0.15
r_5	呕吐	0.15	0.4	0.6
r_6	腹泻	0.03	0.13	0.22
r_7	右下腹压痛	0.98	0.91	0.61
r_8	肌紧张	0.1	0.57	0.92
r_9	体温在37℃及以下	0.7	0.29	0.09
r_{10}	体温在38℃以下	0.27	0.54	0.32
r_{11}	体温在38℃及以上	0.03	0.17	0.59
r_{12}	WBC（白细胞）计数≤10 000	0.7	0.09	0.16
r_{13}	WBC（白细胞）计数为10 000～15 000	0.2	0.41	0.28
r_{14}	WBC（白细胞）计数≥15 000	0.1	0.5	0.56

已知阑尾炎患者的症状如下：

（1）呕吐（0.8）；

（2）腹泻（0.6）；

（3）全身肌紧张（0.6）；

（4）WBC（白细胞）数达19 350（0.75）。

推断：该患者患有什么性质的阑尾炎？

解：

（1）建立样本空间。

定义样本空间$D = \{h_1, h_2, h_3\}$，其中：

h_1：表示患者患有慢性阑尾炎；

h_2：表示患者患有急性阑尾炎；

h_3：表示患者患有阑尾炎穿孔。

（2）计算概率分配数。

根据规则r_5有：

$$M_5(\{h_1\}) = 0.8 \times 0.15 = 0.12$$
$$M_5(\{h_2\}) = 0.8 \times 0.4 = 0.32$$
$$M_5(\{h_3\}) = 0.8 \times 0.6 = 0.48$$
$$M_5(\{h_1,h_2,h_3\}) = 1 - M_5(\{h_1\}) - M_5(\{h_2\}) - M_5(\{h_3\})$$
$$= 1 - 0.12 - 0.32 - 0.48 = 0.08$$

根据规则 r_6 有：
$$M_6(\{h_1\}) = 0.6 \times 0.03 = 0.018$$
$$M_6(\{h_2\}) = 0.6 \times 0.13 = 0.078$$
$$M_6(\{h_3\}) = 0.6 \times 0.22 = 0.132$$
$$M_6(\{h_1,h_2,h_3\}) = 1 - M_6(\{h_1\}) - M_6(\{h_2\}) - M_6(\{h_3\})$$
$$= 1 - 0.018 - 0.078 - 0.132 = 0.772$$

根据规则 r_8 有：
$$M_8(\{h_1\}) = 0.6 \times 0.1 = 0.06$$
$$M_8(\{h_2\}) = 0.6 \times 0.57 = 0.342$$
$$M_8(\{h_3\}) = 0.6 \times 0.92 = 0.552$$
$$M_8(\{h_1,h_2,h_3\}) = 1 - M_9(\{h_1\}) - M_9(\{h_2\}) - M_9(\{h_3\})$$
$$= 1 - 0.06 - 0.342 - 0.552 = 0.046$$

根据规则 r_{14} 有：
$$M_{14}(\{h_1\}) = 0.75 \times 0.1 = 0.075$$
$$M_{14}(\{h_2\}) = 0.75 \times 0.5 = 0.375$$
$$M_{14}(\{h_3\}) = 0.75 \times 0.56 = 0.42$$
$$M_{14}(\{h_1,h_2,h_3\}) = 1 - M_{12}(\{h_1\}) - M_{12}(\{h_2\}) - M_{12}(\{h_3\})$$
$$= 1 - 0.075 - 0.375 - 0.42 = 0.13$$

（3）证据组合。

$$K_1 = 1 - \sum_{x \cap y = \varnothing} M_5(x) M_6(y) = 1 - M_5(\{h_1\}) \times M_6(\{h_2\}) - M_5(\{h_1\}) \times M_6(\{h_3\})$$
$$- M_5(\{h_2\}) \times M_6(\{h_1\}) - M_5(\{h_2\}) \times M_6(\{h_3\}) - M_5(\{h_3\}) \times M_6(\{h_1\})$$
$$- M_5(\{h_3\}) \times M_6(\{h_2\})$$
$$= 1 - 0.12 \times 0.078 - 0.12 \times 0.132 - 0.32 \times 0.018 - 0.32 \times 0.132 - 0.48 \times 0.018$$
$$- 0.48 \times 0.078 = 0.88$$

$$M_{h_1}(\{h_1\}) = K_1^{-1} \sum_{x \cap y = A} M_5(x) M_6(y) = \frac{1}{0.88} \times [M_5(\{h_1\}) \times M_6(\{h_1\}) + M_5(\{h_1\})$$
$$\times M_6(\{h_1,h_2,h_3\}) + M_5(\{h_1,h_2,h_3\}) \times M_6(\{h_1\})]$$
$$= 1.136 \times (0.12 \times 0.018 + 0.12 \times 0.772 + 0.08 \times 0.018) = 0.11$$

$$M_{h_1}(\{h_2\}) = K^{-1} \sum_{x \cap y = A} M_5(x) M_6(y) = \frac{1}{0.88} \times [M_5(\{h_2\}) \times M_6(\{h_2\}) + M_5(\{h_2\})$$
$$\times M_6(\{h_1,h_2,h_3\}) + M_5(\{h_1,h_2,h_3\}) \times M_6(\{h_2\})]$$
$$= 1.136 \times (0.32 \times 0.078 + 0.32 \times 0.772 + 0.08 \times 0.078) = 0.316$$

$$M_{h_1}(\{h_3\}) = K^{-1} \sum_{x \cap y = A} M_5(x) M_6(y) = \frac{1}{0.88} \times [M_5(\{h_3\}) \times M_6(\{h_3\}) + M_5(\{h_3\})$$

$$\times M_6(\{h_1,h_2,h_3\}) + M_5(\{h_1,h_2,h_3\}) \times M_6(\{h_3\})]$$
$$= 1.136 \times (0.48 \times 0.132 + 0.48 \times 0.772 + 0.08 \times 0.132) = 0.505$$
$$M_{h_1}(\{h_3,h_3,h_3\}) = 1 - M_{h_1}(\{h_1\}) - M_{h_1}(\{h_2\}) - M_{h_1}(\{h_3\})$$
$$= 1 - 0.11 - 0.316 - 0.505 = 0.069$$

$$K_2 = 1 - \sum_{x \cap y = \varnothing} M_8(x) M_{14}(y) = 1 - M_8(\{h_1\}) \times M_{14}(\{h_2\}) - M_8(\{h_1\}) \times M_{14}(\{h_3\})$$
$$- M_8(\{h_2\}) \times M_{14}(\{h_1\}) - M_8(\{h_2\}) \times M_{14}(\{h_3\}) - M_8(\{h_3\}) \times M_{14}(\{h_1\})$$
$$- M_8(\{h_3\}) \times M_{14}(\{h_2\})$$
$$= 1 - 0.06 \times 0.375 - 0.06 \times 0.42 - 0.342 \times 0.075 - 0.342 \times 0.42$$
$$- 0.552 \times 0.075 - 0.552 \times 0.375 = 0.535$$

$$M_{h_2}(\{h_1\}) = K_2^{-1} \sum_{x \cap y = A} M_8(x) M_{14}(y) = \frac{1}{0.535} \times [M_8(\{h_1\}) \times M_{14}(\{h_1\}) + M_8(\{h_1\})$$
$$\times M_{14}(\{h_1,h_2,h_3\}) + M_8(\{h_1,h_2,h_3\}) \times M_{14}(\{h_1\})]$$
$$= 1.87 \times (0.06 \times 0.075 + 0.06 \times 0.13 + 0.046 \times 0.075) = 0.03$$

$$M_{h_2}(\{h_2\}) = K_2^{-1} \sum_{x \cap y = A} M_8(x) M_{14}(y) = \frac{1}{0.535} \times [M_8(\{h_2\}) \times M_{14}(\{h_2\}) + M_8(\{h_2\})$$
$$\times M_{14}(\{h_1,h_2,h_3\}) + M_8(\{h_1,h_2,h_3\}) \times M_{14}(\{h_2\})]$$
$$= 1.87 \times (0.342 \times 0.375 + 0.342 \times 0.13 + 0.046 \times 0.375) = 0.355$$

$$M_{h_2}(\{h_3\}) = K_2^{-1} \sum_{x \cap y = A} M_8(x) M_{14}(y) = \frac{1}{0.535} \times [M_8(\{h_3\}) \times M_{14}(\{h_3\}) + M_8(\{h_3\})$$
$$\times M_{14}(\{h_1,h_2,h_3\}) + M_8(\{h_1,h_2,h_3\}) \times M_{14}(\{h_3\})]$$
$$= 1.87 \times (0.552 \times 0.42 + 0.552 \times 0.13 + 0.046 \times 0.42) = 0.6$$
$$M_{h_2}(\{h_1,h_2,h_3\}) = 1 - M_{h_2}(\{h_1\}) - M_{h_2}(\{h_2\}) - M_{h_2}(\{h_3\})$$
$$= 1 - 0.03 - 0.355 - 0.6 = 0.015$$

$$K = 1 - \sum_{x \cap y = \varnothing} M_{h_1}(x) M_{h_2}(y) = 1 - M_{h_1}(\{h_1\}) \times M_{h_2}(\{h_2\}) - M_{h_1}(\{h_1\}) \times M_{h_2}(\{h_3\})$$
$$- M_{h_1}(\{h_2\}) \times M_{h_2}(\{h_1\}) - M_{h_1}(\{h_2\}) \times M_{h_2}(\{h_3\}) - M_{h_1}(\{h_3\}) \times M_{h_2}(\{h_1\})$$
$$- M_{h_1}(\{h_3\}) \times M_{h_2}(\{h_2\}) = 1 - 0.11 \times 0.355 - 0.11 \times 0.6 - 0.316 \times 0.03$$
$$- 0.316 \times 0.6 - 0.505 \times 0.03 - 0.505 \times 0.355 = 0.5$$

$$M(\{h_1\}) = K^{-1} \sum_{x \cap y = A} M_{h_1}(x) M_{h_2}(y) = \frac{1}{0.5} \times [M_{h_1}(\{h_1\}) \times M_{h_2}(\{h_1\}) + M_{h_1}(\{h_1\})$$
$$\times M_{h_2}(\{h_1,h_2,h_3\}) + M_{h_1}(\{h_1,h_2,h_3\}) \times M_{h_2}(\{h_1\})]$$
$$= 2 \times (0.11 \times 0.03 + 0.11 \times 0.015 + 0.069 \times 0.03) = 0.014$$

$$M(\{h_2\}) = K^{-1} \sum_{x \cap y = A} M_{h_1}(x) M_{h_2}(y) = \frac{1}{0.5} \times [M_{h_1}(\{h_2\}) \times M_{h_2}(\{h_2\}) + M_{h_1}(\{h_2\})$$
$$\times M_{h_2}(\{h_1,h_2,h_3\}) + M_{h_1}(\{h_1,h_2,h_3\}) \times M_{h_2}(\{h_2\})]$$
$$= 2 \times (0.316 \times 0.355 + 0.316 \times 0.015 + 0.069 \times 0.355) = 0.283$$

$$M(\{h_3\}) = K^{-1} \sum_{x \cap y = A} M_{h_1}(x) M_{h_2}(y) = \frac{1}{0.5} \times [M_{h_1}(\{h_3\}) \times M_{h_2}(\{h_3\}) + M_{h_1}(\{h_3\})$$
$$\times M_{h_2}(\{h_1,h_2,h_3\}) + M_{h_1}(\{h_1,h_2,h_3\}) \times M_{h_2}(\{h_3\})]$$
$$= 2 \times (0.505 \times 0.6 + 0.505 \times 0.015 + 0.069 \times 0.6) = 0.704$$

(4) 计算信任函数和似然函数。

$$Bel(\{h_1\}) = M(\{h_1\}) = 0.014$$
$$Bel(\{h_2\}) = M(\{h_2\}) = 0.283$$
$$Bel(\{h_3\}) = M(\{h_3\}) = 0.704$$
$$Pl\{h_1\} = 1 - Bel(\{h_2\}) - Bel(\{h_3\}) = 0.013$$
$$Pl\{h_2\} = 1 - Bel(\{h_1\}) - Bel(\{h_3\}) = 0.282$$
$$Pl\{h_3\} = 1 - Bel(\{h_1\}) - Bel(\{h_2\}) = 0.703$$

结论：该患者患有阑尾炎穿孔。

2.2.6 模糊推理

2.2.6.1 模糊推理的一般步骤

在现实世界中，存在着大量不能精确、完整描述的信息，模糊是人类认知客观世界的重要方式。

模糊推理是基于模糊理论的一种推理方式。其一般步骤如下。

（1）模糊知识表示；

（2）模糊推理；

（3）模糊决策。

微课 2.2.6　模糊推理（1）

> 模糊理论由美国的电气控制专家 L. A. Zadeh 于 1965 年在其发表的题为《fuzzy set》的论文中首先提出，20 世纪 70—80 年代开始逐渐应用于自动控制等领域。
>
> 1974 年，英国的 Mamdani 首次将模糊理论应用于热电厂的蒸汽机控制；1976 年，Mamdani 又将模糊理论应用于水泥旋转炉的控制。
>
> 1983 年，日本富士电机（Fuji Electric）公司实现了饮水处理装置的模糊控制；1987 年，日本日立（Hitachi）公司研制出地铁的模糊控制系统。
>
> 1987—1990 年，日本申报的模糊产品专利有 319 种。目前，各种模糊产品，如模糊洗衣机、模糊吸尘器、模糊电冰箱和模糊摄像机等都相继投入市场。

2.2.6.2 模糊知识表示

1. 简单条件知识

简单条件知识一般采用三元组表示，其一般形式为

（<对象>，<属性>，（<属性值>，<隶属度>））

其中，隶属度是表示命题所描述的事物的属性、状态、关系等的强度的数值。

例如："明天八成下雨"，可表示为（明天，天气，（下雨，0.8））。

再如："如果室内温度高且空气湿度大，则空调制冷"，可表示为（室内，环境，（温度，0.80））∧（室内，环境，（湿度，0.70））→（空调，状态，（制冷，0.60））。

2. 多重条件知识

多重条件知识用从条件论域到结论论域的模糊关系矩阵 R 表示。

1）论域

论域是模糊集合理论的一个概念，是指所讨论的全体对象，常用 U，E 等大写字母表

示。模糊矩阵是模糊集合的一种表示形式。

2）模糊集合

模糊集合是论域中具有某种相同属性的、确定的、可以彼此区别的元素的全体，常用 A，B 等表示。元素是论域中的每个对象，常用 a，b，c，x，y，z 表示。

3）模糊集合的表示方法

模糊集合不仅要列出集合的元素，而且要注明某元素属于集合的隶属度 $\mu_A(x)$。隶属度由隶属函数决定，隶属函数一般根据经验或统计计算确定。

常用的表示方法有 Zadeh 表示法、序偶表示法、向量表示法。

（1）Zadeh 表示法。

①如果论域是离散的且元素数目有限，则表示为

$$A = \mu_A(x_1)/x_1 + \mu_A(x_2)/x_2 + \cdots + \mu_A(x_n)/x_n = \sum_{i=1}^{n} \mu_A(x_i)/x_i$$

式中，x_i 为模糊集合中对应的论域的元素；$\mu_A(x_i)$ 是其隶属度；"/" 是分隔符，而不是除号；"Σ" 是表示模糊集合在论域上的整体，而不表示求和。

②如果论域是连续的或论域中的元素是无限的，则表示为

$$A = \int_{x \in U} \mu_A(x_i)/x_i$$

式中，"$\int$" 不是表示积分，而是表示论域中各元素与其隶属度对应关系的总括。

例如：集合 $A = 1.0/a_1 + 0.8/a_2 + 0.5/a_3 + 0.2/a_4 + 0.0/a_5$ 的含义是：论域中有 a_1，a_2，a_3，a_4，a_5 5 个元素，各元素的隶属度分别是 1.0，0.8，0.5，0.2，0.0。

（2）序偶表示法。

序偶表示法是用元素隶属度与元素构成的序偶集合表示，格式为

$$A = \{(\mu_A(x_1), x_1), (\mu_A(x_2), x_2), \cdots, (\mu_A(x_n), x_n)\}$$

上例的序偶表示法为

$$A = \{(1.0, a_1), (0.8, a_2), (0.5, a_3), (0.2, a_4), (0.0, a_5)\}$$

（3）向量表示法。

向量表示法是在默认的模糊集合元素顺序为 x_1，x_2，x_3，$\cdots$，x_n 时，用隶属度的一维向量表示，格式为：

$$\boldsymbol{A} = [\mu_A(x_1), \mu_A(x_2), \cdots, \mu_A(x_n)]$$

4）模糊矩阵

模糊矩阵是模糊关系的表示形式。模糊关系描述两个模糊集合中元素的关联程度。

设 A，B 是两个模糊集合，则其模糊矩阵

$$\boldsymbol{R} = \boldsymbol{\mu}_A^T \circ \boldsymbol{\mu}_B$$

即模糊集合 A，B 的模糊矩阵是集合 A 的隶属度向量转置后与集合 B 的隶属度向量的"叉积"。

叉积是矩阵的一种运算，两个模糊矩阵的叉积是取矩阵对应元素的最小值，即

$$\boldsymbol{\mu}_{A \times B}(a, b) = \min(\boldsymbol{\mu}_A(a), \boldsymbol{\mu}_B(b))$$

例如有集合：

$$A = 1.0/a_1 + 0.7/a_2 + 0.5/a_3 + 0.2/a_4 + 0.0/a_5,$$
$$B = 1.0/a_1 + 0.8/a_2 + 0.6/a_3 + 0.1/a_4,$$

则模糊矩阵为

$$R = \mu_A^T \circ \mu_B = \begin{bmatrix} 1.0 \\ 0.7 \\ 0.5 \\ 0.2 \\ 0.0 \end{bmatrix} \circ [1.0 \quad 0.8 \quad 0.6 \quad 0.1] = \begin{bmatrix} 1.0 & 0.8 & 0.6 & 0.1 \\ 0.7 & 0.7 & 0.6 & 0.1 \\ 0.5 & 0.5 & 0.5 & 0.1 \\ 0.2 & 0.2 & 0.2 & 0.1 \\ 0.0 & 0.0 & 0.0 & 0.0 \end{bmatrix}$$

2.2.6.3 模糊推理

不同的模糊规则,其推理方法也不相同。对于形如"IF A THEN B"的产生式规则表示的模糊知识,推理是运用模糊关系及模糊关系的合成实现的。

1. 操作步骤

(1) 确定模糊集合 A 和 B 的模糊矩阵;
(2) 根据模糊矩阵 A',利用模糊关系合成确定 B';
(3) 根据 B' 用适当方法进行模糊决策,将模糊向量表示的结论转化为确定值。

微课 2.2.6　模糊推理(2)

2. 模糊关系合成

设模糊关系 $Q = X \times Y$, $R = Y \times Z$,则 $S = X \times Z = Q \circ R$ 称为模糊关系 Q 和 R 的合成,其结果为 Q 和 R 的模糊向量积。

模糊矩阵的合成可通过多种算法实现,最常用的是最大-最小合成算法。

最大-最小合成算法,是用矩阵对应的元素的合取(取小)和析取(取大)运算确定合成矩阵的元素值。

最大-最小合成算法可描述如下。

如模糊矩阵 A 是 $m \times p$ 的矩阵,模糊矩阵 B 为 $p \times n$ 的矩阵,则合成模糊矩阵 $A \circ B$ 的第 i 行第 j 列的元素为

$$(A \circ B)_{ij} = a_{i1} \wedge b_{1j} \vee a_{i2} \wedge b_{2j} \vee \cdots \vee a_{ip} \wedge b_{pj}$$

例如:设有模糊集合 $X = [x_1, x_2, x_3, x_4]$,$Y = [y_1, y_2, y_3]$,$Z = \{z_1, z_2\}$,Q 是 X 和 Y 的模糊关系,R 是 Y 和 Z 的模糊关系,已知:

$$Q = \begin{bmatrix} 0.5 & 0.8 & 0.2 \\ 0.6 & 0.3 & 0.1 \\ 0.2 & 0.7 & 0.1 \\ 1 & 0.2 & 0.9 \end{bmatrix}, R = \begin{bmatrix} 0.2 & 1 \\ 0.7 & 0.5 \\ 0.4 & 0.3 \end{bmatrix}$$

则模糊关系合成为

$$S = X \times Z = Q \circ R = \begin{bmatrix} 0.5 & 0.8 & 0.2 \\ 0.6 & 0.3 & 0.1 \\ 0.2 & 0.7 & 0.1 \\ 1 & 0.2 & 0.9 \end{bmatrix} \circ \begin{bmatrix} 0.2 & 1 \\ 0.7 & 0.5 \\ 0.4 & 0.3 \end{bmatrix}$$

$$= \begin{bmatrix} (0.5 \wedge 0.2) \vee (0.8 \wedge 0.7) \vee (0.2 \wedge 0.4) & (0.5 \wedge 1) \vee (0.8 \wedge 0.5) \vee (0.2 \wedge 0.3) \\ (0.6 \wedge 0.2) \vee (0.3 \wedge 0.7) \vee (0.1 \wedge 0.4) & (0.6 \wedge 1) \vee (0.3 \wedge 0.5) \vee (0.1 \wedge 0.3) \\ (0.2 \wedge 0.2) \vee (0.7 \wedge 0.7) \vee (0.1 \wedge 0.4) & (0.2 \wedge 1) \vee (0.7 \wedge 0.5) \vee (0.1 \wedge 0.3) \\ (1 \wedge 0.2) \vee (0.2 \wedge 0.7) \vee (0.9 \wedge 0.4) & (1 \wedge 1) \vee (0.2 \wedge 0.5) \vee (0.9 \wedge 0.3) \end{bmatrix}$$

$$= \begin{bmatrix} 0.7 & 0.5 \\ 0.3 & 0.6 \\ 0.7 & 0.5 \\ 0.4 & 1 \end{bmatrix}$$

2.2.6.4 模糊决策

模糊决策的任务是将由模糊推理得到的以模糊向量表示的结论或操作转化为确定值。常用的方法有最大隶属度法、加权平均判决法、中位数法。

1. **最大隶属度法**

最大隶属度法是取模糊向量中隶属度最大的元素，隶属度最大的元素有多个时则取其平均值。

例如：设结论的模糊集合为

$$U' = 0.6/-3 + 0.5/-2 + 0.6/-1 + 0.4/1 + 0.2/2 + 0.0/3$$

则模糊向量为 $U' = [0.6, 0.5, 0.6, 0.4, 0.2, 0.0]$，结论可取

$$U = \frac{-3-1}{2} = -2$$

2. **加权平均判决法**

加权平均判决法取各元素的隶属度的加权平均数，即

$$U = \frac{\sum_{i=1}^{n} \mu(u_i) u_i}{\sum_{i=1}^{n} \mu(u_i)}$$

如上例：$U' = 0.6/-3 + 0.5/-2 + 0.6/-1 + 0.4/1 + 0.2/2 + 0.0/3$，则模糊决策结果为

$$U = \frac{0.6 \times (-3) + 0.5 \times (-2) + 0.6 \times (-1) + 0.4 \times 1 + 0.2 \times 2 + 0.0 \times 3}{0.6 + 0.5 + 0.6 + 0.4 + 0.2 + 0.0} = -1$$

3. **中位数法**

中位数法取模糊集合的中位数作为系统控制量。中位数 u^* 按下述公式确定：

$$\sum_{u_1}^{u^*} \mu(u_i) \approx \sum_{u^*+1}^{u_n} \mu(u_j)$$

如上例：$U' = 0.6/-3 + 0.5/-2 + 0.6/-1 + 0.4/1 + 0.2/2 + 0.0/3$ 的中位数为 $u^* = u_2 = -2$ 时，符合上式，故取 $U = -2$。

实际应用中需根据具体情况选择模糊决策方法。

2.2.6.5 模糊推理应用举例

设某空调系统的模糊控制规则为"如果温度高，则将风量调大"。设温度和风量的开度论域均为 $\{1, 2, 3, 4, 5\}$，温度高和风量大的模糊向量分别为

$$\boldsymbol{A} = [1.0 \quad 0.8 \quad 0.4 \quad 0.2 \quad 0.0]$$
$$\boldsymbol{B} = [0.0 \quad 0.3 \quad 0.5 \quad 0.7 \quad 1.0]$$

已知事实：$\boldsymbol{A}' = [1.0, 0.8, 0.6, 0.2, 0.0]$，试通过模糊推理的最大隶属度法确定风量的开度。

解：该空调系统的模糊关系为

$$R = \boldsymbol{\mu}_A^T \circ \boldsymbol{\mu}_B = \begin{bmatrix} 1.0 \\ 0.8 \\ 0.4 \\ 0.2 \\ 0.0 \end{bmatrix} \circ [0.0 \quad 0.3 \quad 0.5 \quad 0.7 \quad 1.0] = \begin{bmatrix} 0.0 & 0.3 & 0.5 & 0.7 & 1.0 \\ 0.0 & 0.3 & 0.5 & 0.7 & 0.8 \\ 0.0 & 0.3 & 0.4 & 0.4 & 0.4 \\ 0.0 & 0.2 & 0.2 & 0.2 & 0.2 \\ 0.0 & 0.0 & 0.0 & 0.0 & 0.0 \end{bmatrix}$$

输入为 A' 时输出的模糊向量 B' 为

$$B' = A' \circ R = [1.0 \quad 0.8 \quad 0.6 \quad 0.2 \quad 0.0] \circ \begin{bmatrix} 0.0 & 0.3 & 0.5 & 0.7 & 1.0 \\ 0.0 & 0.3 & 0.5 & 0.7 & 0.8 \\ 0.0 & 0.3 & 0.4 & 0.4 & 0.4 \\ 0.0 & 0.2 & 0.2 & 0.2 & 0.2 \\ 0.0 & 0.0 & 0.0 & 0.0 & 0.0 \end{bmatrix}$$

$$= [0.0 \quad 0.3 \quad 0.5 \quad 0.7 \quad 1.0]$$

故用最大隶属度法,风量的开度为5。

2.2.7 推理技术的典型应用

1. 自动定理证明

自动定理证明是指把人类证明定理的过程变成能在计算机上自动实现符号演算的过程,是典型的逻辑推理问题,是人工智能研究领域中的一个非常重要的课题。

智能机器的高速度和大容量,能够帮助人类完成手工证明难以完成的大量计算、推理和穷举,同时帮助人们运用证明过程中所得到的大量中间结果,形成新的思路,修改原来的判断和证明过程,逐步完成定理证明过程。

基于经典逻辑的自然演绎推理和基于反证法的归结反演推理是自动定理证明的常用方法。

我国著名数学家吴文俊先生遵循中国传统数学中几何代数化的思想,把中国传统数学的思想概括为机械化思想,提出了用计算机证明几何定理的"吴方法",实现了高效的几何定理自动证明,许多定理的证明只需几秒甚至零点几秒就可以在电子计算机上完成,人们利用"吴方法"至今已证明600多条几何定理。

自动定理证明在发展人工智能方法方面也起过重大作用。很多非数学领域的任务如医疗诊断、信息检索、规划制定和问题求解,都可以转换成定理证明问题。

2. 智能信息检索

在互联网高速发展的时代,信息系统众多,系统中存储的数据信息量大,数据结构复杂,运用简单传统的数据库检索功能常常出现找不到、找不准、找不全、速度慢等问题。智能信息检索基于人工智能技术,以文献和检索词的相关度为基础,综合考查文献的重要性等指标,对检索结果进行排序,以提供更高的检索效率,并能提供用户角色登记、用户兴趣自动识别、内容语义理解、智能信息化过滤和推送等功能,因此成为人工智能研究的重要领域之一。

智能信息检索系统需要具有自然语言理解和推理功能,并拥有一定的常识性知识,能够用常识性知识和专业知识推理出专业知识中没有的答案。

语义推理技术是智能信息检索的关键技术之一，目前在智能搜索引擎、法律框架网络中已得到了良好的应用。

3. 智能控制

智能控制是能够进行智能信息处理、智能信息反馈和智能控制决策的控制方式，是控制理论发展的高级阶段，主要用来解决用传统方法难以解决的复杂系统的控制问题。智能控制研究对象的主要特点是具有不确定性的数学模型、高度的非线性和复杂的任务要求。

智能控制以控制理论、计算机科学、人工智能、运筹学等学科为基础。基于模糊逻辑的模糊推理是智能控制的关键技术之一。智能控制现在广泛用于生产过程、先进制造业、电力系统等控制领域。

单元小结

推理是机器思维的重要内容，是人工智能求解问题的方法之一。对于确定性知识常用的推理技术有自然演绎推理和归结反演推理，对于不确定性知识常用的推理技术有基于产生式规则表示的可信度推理、基于概率论的似然推理和基于模糊理论的模糊推理。

自然演绎推理是运用经典逻辑理论中的 P 规则、T 规则、假言推理、拒取式推理进行的正向推理；归结反演推理是运用海伯伦理论和鲁滨逊归结原理进行的反证推理；可信度推理的基本方法是 C-F 模型，一般包括"知识的不确定性表示""证据的不确定性表示""组合证据的不确定性计算""不确定性的传递"和"结论的不确定性合成"5 个步骤；似然推理的基本步骤是：建立问题的样本空间 D、计算基本概率分配函数、计算信任函数值和似然函数值、得出结论；模糊推理的基本步骤是用模糊关系矩阵表示模糊知识、通过模糊关系合成进行模糊推理、通过最大隶属度等方法进行模糊决策。

练习思考

一、填空题

1. 演绎推理是一种从_____到_____的推理方法，而归纳推理是一种由_____到_____的推理。
2. 根据海伯伦理论，谓词公式不可满足的充分必要条件是其_____不可满足。
3. 子句是任何文字及其_____式，子句集是由子句的_____构成的集合。
4. 知识的不确定性用_____表示其不确定性程度，证据的不确定性用_____表示其不确定性程度。

二、单项选择题

1. 在知识不完全的情况下假设某些条件已经具备所进行的推理是（　　）。
   A. 演绎推理　　　B. 归纳推理　　　C. 默认推理　　　D. 反向推理
2. "如果 x 是金属，则 x 能导电；铜是金属，则铜能导电"运用的推理规则是（　　）。
   A. 假言推理　　　B. 拒取式推理　　C. P 规则　　　　D. T 规则
3. 以已知事实为出发点的推理是（　　）。
   A. 正向推理　　　B. 反向推理　　　C. 混合推理　　　D. 双向推理

4. 设某空调系统的温度和风量的开度论域均为 {1，2，3，4，5}，温度高和风量大的模糊关系矩阵为

$$\begin{bmatrix} 0.0 & 0.0 & 0.3 & 0.6 & 1.0 \\ 0.0 & 0.0 & 0.3 & 0.6 & 0.6 \\ 0.0 & 0.0 & 0.3 & 0.3 & 0.3 \\ 0.0 & 0.0 & 0.3 & 0.3 & 0.3 \\ 0.0 & 0.0 & 0.0 & 0.0 & 0.0 \end{bmatrix}$$

则当温度高的模糊集合 $A' = 0.7/1 + 1.0/2 + 0.6/3 + 0.2/4 + 0.0/5$ 时，风量大的模糊集合 $B' = ($ $)$。

    A. $0.0/1 + 1.0/2 + 0.6/3 + 0.2/4 + 0.0/5$
    B. $0.0/1 + 0.3/2 + 0.6/3 + 0.2/4 + 0.0/5$
    C. $0.0/1 + 0.0/2 + 0.6/3 + 0.2/4 + 0.0/5$
    D. $0.0/1 + 0.0/2 + 0.3/3 + 0.6/4 + 0.7/5$

2.3 搜索技术

微课 2.3.1 搜索的概念及策略

2.3.1 搜索概述

搜索与推理是人工智能研究的核心问题，也是人工智能中求解问题的基本方法。所谓搜索就是根据问题的具体情况，选择一定的策略，从已知问题出发，逐步运用相关的知识和经验，构造一条代价最小的求解路线的过程。

（1）按照搜索过程中是否使用启发式信息，可将搜索分为盲目搜索和启发式搜索。

① 盲目搜索是按预定的控制策略进行搜索，在搜索过程中获得的中间信息并不改变控制策略。

② 启发式搜索是在搜索中使用与问题有关的启发性信息来指导搜索朝着最有希望的方向前进，加速问题的求解过程并找到最优解。

（2）按照问题的表示方式，可将搜索分为状态空间搜索和与或树搜索。

① 状态空间搜索是基于状态空间图表示问题的搜索方法。

② 与或树搜索是用问题归约法求解问题的搜索方法。

2.3.2 盲目搜索技术

2.3.2.1 盲目搜索中的回溯策略

基于状态空间图的盲目搜索就是从初始状态出发，不停地试探寻找到达目的状态的路径。当遇到不可解的节点时，就回溯到路径中最近的父节点，查看该节点是否还有其他子节点未被扩展。若有，则沿着这些子节点继续搜索，找到目标状态时退出搜索，返回解题路径，即从初始状态到目标状态的节点序列。

盲目搜索中的回溯策略示意如图 2-6 所示。

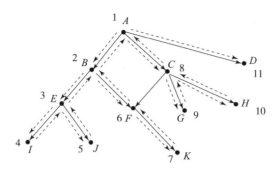

图 2-6　盲目搜索中的回溯策略示意

2.3.2.2　宽度优先搜索策略

1. 基本思想

宽度优先搜索的基本思想是从根节点 S_0 开始，逐层扩展生成新节点，一层扩展完后再扩展下一层，直到搜索到目的节点（如果存在）为止。

微课 2.3.2　宽度优先搜索

宽度优先搜索顺序示意如图 2-7 所示。图中，数字序列即宽度优先搜索的节点序列。

2. 操作案例

根据图 2-8 所示的三积木的初始状态和目的状态，作其宽度优先搜索树。

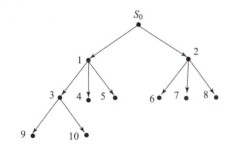

图 2-7　宽度优先搜索顺序示意

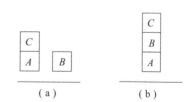

图 2-8　三积木问题
（a）初始状态；（b）目的状态

1）任务分析

该问题的唯一算子（操作规则）为 MOVE（X, Y），即把 X 移 Y 到上，其约束条件是：

（1）积木顶部为空才能被移动；

（2）如果 Y 是积木，其顶部必须为空；

（3）同一算子只能用一次。

2）任务实施

根据初始状态、目的状态及约束条件，作三积木问题的宽度优先搜索树，如图 2-9 所示。

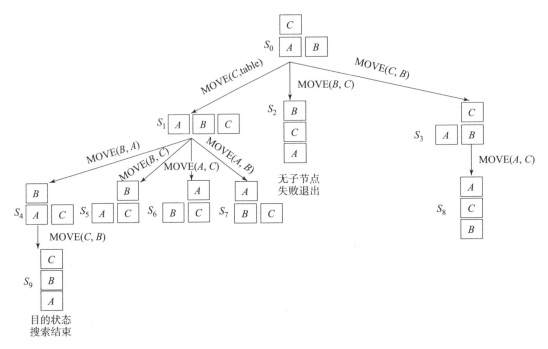

图 2－9　三积木问题的宽度优先搜索树

2.3.2.3　深度优先搜索策略

1. 基本思想

深度优先搜索完全遵从回溯策略，其基本思想是从根节点 S_0 出发，沿着一个方向一直搜索，直到一定深度。如未找到目的状态或无法再扩展，便回到另一条路径继续搜索。

深度优先搜索顺序示意如图 2－10 所示。

微课 2.3.3　深度优先搜索

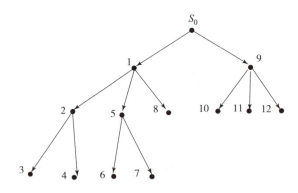

图 2－10　深度优先搜索顺序示意

2. 操作案例

图 2－11 所示为一阵列图，一个卒子需从顶部通过图示的阵列到达底部。约束条件是：

（1）卒子行进中不可进入有敌兵驻守的标注为"1"的区域；

（2）卒子行进中不准后退；

行\列	1	2	3	4
1	1	0	0	0
2	0	1	1	0
3	1	0	0	0
4	1	1	1	0

图 2－11　阵列图

（3）限定深度为 5。

卒子过阵问题的深度优先搜索树如图 2－12 所示。

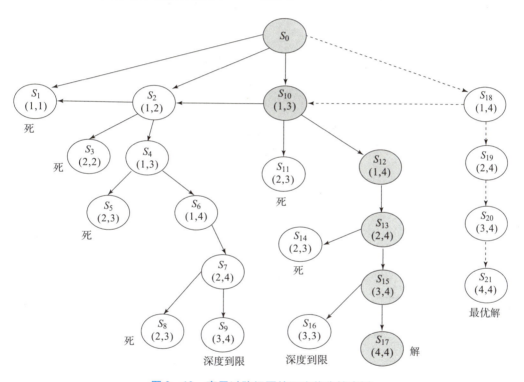

图 2－12　卒子过阵问题的深度优先搜索树

2.3.3　启发式搜索策略

微课 2.3.4　启发式搜索策略

所谓启发式策略，就是利用与问题有关的启发信息引导搜索，使在状态空间中能够选择最有希望的问题求解路径，即为状态空间剪枝，以减少搜索量。

启发式搜索一般适用于以下两种情况。

（1）问题陈述或数据获取存在模糊性，可能使问题没有确定的解。这时需要运用启发式策略，作出最有可能的解释。

（2）问题可能有确定解，但由于状态空间太大，穷尽式搜索在有限的时空内可能得不到最终的解。这时需要通过启发信息引导向最有希望的方向搜索,以降低搜索的复杂度。

由于启发式搜索策略是根据经验和直觉对下一步操作进行猜想,因此容易出错,而且可能得到的是一个次优解,也可能搜索不到解。

启发式搜索策略需要给出启发方法和搜索算法。

井字棋游戏的规则是在九宫格的棋盘上,从空棋盘开始,双方轮流在棋盘上摆各自的棋子×或〇,每次一枚,若先在一行、一列或一条对角线上取得三子一线,则取胜。

该问题规模:×和〇能够在棋盘中摆成的各种不同的棋局为问题空间中的不同状态。在9个位置上摆放{空,×,〇},有3^9种棋局,可能的走法为9!= 362 880(种)。

启发思想:棋盘对称,多个棋局等效,可用一个状态空间表示等效的棋局。因此,第一步实际只有角、边中和盘中 3 个位置。

选择赢棋的概率作为启发方法寻找赢棋的最优路径,可得部分状态空间图如图 2-13 所示。

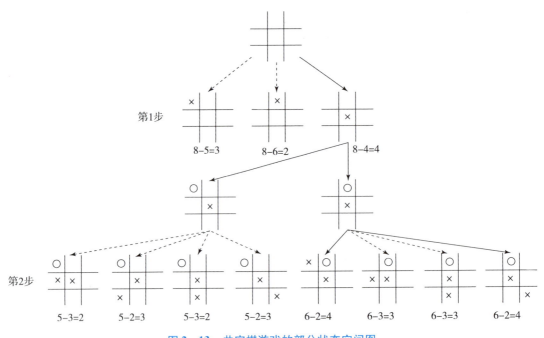

图 2-13 井字棋游戏的部分状态空间图

图中,棋局下面的数字为赢棋概率。赢棋概率的计算方法是当前棋局下执棋方赢棋的可能性减去对方赢棋的可能性。

如对于第一步棋,第一种棋局"×"下在角时,共有 8 种赢棋的可能性,"〇"方有 5 种赢棋的可能性,分别为第 2 列、第 3 列、第 2 行、第 3 行和斜上对角线,故"×"方赢棋概率为 8-5=3。依此方法,第二种棋局"×"方赢棋概率为 8-6=2;第三种棋局"×"方赢棋概率为 8-4=4。

对于第二步棋的第一种棋局,因"〇"方已落一子,"×"方赢棋的可能性总共有 5 种,为第 2 列、第 3 列、第 2 行、第 3 行和斜上对角线。"〇"方赢棋的可能性有 3 种,为第 1 行、第 3 行和第 3 列,故"×"方赢棋概率为 5-3=2,依此类推。

由图 2-13 可见,以赢棋概率为启发方法,则第二步选择的是从"×"方下盘中的棋局继续进行状态空间搜索,有效地缩小了状态空间规模。

2.3.4 A 搜索算法与 A* 搜索算法

1. A 搜索算法

A 搜索算法是基于估价函数的一种加权启发搜索算法。

微课 2.3.5　A 及 A* 算法

所谓估价函数是估计从初始节点经过当前（n）节点,再到目的节点的各种可能路径的最小代价的函数。

估价函数的一般形式是

$$f(n) = g(n) + h(n)$$

式中,$g(n)$ 表示从初始节点到当前（n）节点已经花费的实际代价;$h(n)$ 表示从当前（n）节点到目的节点所选路径的估计代价。

A 搜索算法的基本思想可描述为:

（1）寻找并设计一个与问题有关的当前（n）节点的估计代价函数 $h(n)$;

（2）按 $f(n) = g(n) + h(n)$ 构造出一个 $f(n)$;

（3）按 $f(n)$ 的大小排列待扩展状态的次序;

（4）选择 $f(n)$ 最小的状态进行扩展;

（5）重复（3）~（4）,直到目的状态。

图 2-14 所示是在给定初始状态和目的状态的情况下,8 数码问题（3×3 华容道）的 A 搜索算法的状态空间图。

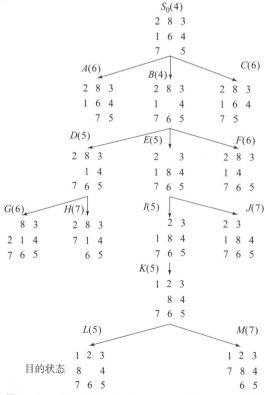

图 2-14　3×3 华容道的 A 搜索算法的状态空间图

图中，节点括号内的数字即估价函数值。此例选择了当前盘面不在位置的数码个数作为估计代价，节点的层数为该节点的实际代价。如节点 A 不在位置上的数码个数是 5，层数是 1，因此估价函数值为 6；节点 D 不在位置上的数码个数是 3，层数是 2，因此估价函数值为 5。

此例也可选取各数字移到目的位置所需移动的距离的总和作为估计代价，请读者自行尝试，在此不作介绍。

2. A* 搜索算法

A* 搜索算法是求解最短路径最有效的直接搜索算法，也是解决许多搜索问题的最有效算法。

如果设 $h^*(n)$ 为状态 n 到达目的状态的最优路径的实际代价，则当 A 算法的估计代价 $h(n)$ 满足条件 $h(n) \leqslant h^*(n)$ 时，就称为 A* 搜索算法。

2.3.5 搜索技术的典型应用场景

1. 智能搜索引擎

智能搜索引擎是融入人工智能技术的新一代搜索引擎。它除了能提供传统的快速检索、相关度排序等功能，还能提供用户角色登记、用户兴趣自动识别、内容的语义理解、智能信息化过滤和推送等功能。

比较典型的基于 Robot 的智能搜索引擎的工作原理是由 Robot 机器人程序收集 WWW 上的网页，并按照每个网页的文本内容建立单词到网页的反向索引，用户在输入查询主题的关键字时，智能搜索引擎利用事先建立好的网页库和单词索引，检索出符合条件的网页返回给用户。

Robot 常采用的搜索策略如下。

（1）从一个起始的 URL 集合开始，沿着该 URL 的超链接，以宽度优先或深度优先搜索策略循环地在互联网中发现信息。URL 集合一般是包含很多链接的站点。

（2）将 Web 空间按照域名、IP 地址或国家域名，每个搜索器负责一个子空间的穷尽搜索。

（3）根据用户配置的领域导向词和资源服务器所在的地域信息，以启发式函数计算每个 URL 的权值，并选择权值高的优先访问。

（4）用相关度及用户兴趣作为估价函数进行启发式搜索，将超链接队列按估价函数由小到大的顺序排列，选择估价函数值最小的一个超链接作为下一个要扩展的节点。

智能搜索引擎具有信息服务的智能化、人性化特征，允许用户采用自然语言进行信息的检索，为用户提供更方便、更确切的搜索服务。

智能搜索引擎的国内代表产品有：百度、搜狗、搜搜、必应等；国外代表产品有：Google、维基百科等。

2. 路径规划

人工智能应用的许多领域都存在路径规划问题，如自动驾驶、行走机器人、智能游戏、GPS 导航等。

路径规划的目的是在多条可行的路径中寻找成本最低的路径。规划的方法可以是通过宽度优先搜索、深度优先搜索、双向搜索，或以综合路径长度、燃料费用、交通拥堵等多种因素形成的成本函数值作为启发信息的启发式搜索技术等进行最优路径的搜索。

3. 自然语言理解

自然语言理解技术分为机器翻译、语义理解和人机会话几个方面。其中，机器翻译是人工智能一直以来的重要研究领域。基于语料库的机器翻译是准确率比较高的一种机器翻译方法。所谓语料库是存放经过加工的真实使用过的语言材料的计算机载体。基于语料库的翻译方法采取的是翻译记忆的模式，用户根据原文和译文构建一个或多个语料库，在翻译过程中系统自动搜索语料库中相同或相似的翻译资源，给出参考译文。

目前，关于智能搜索引擎技术与机器翻译相结合的在线翻译系统逐渐成为研究热点，并取得了许多令人瞩目的成果。

单元小结

搜索是根据问题的具体情况，按照一定的策略，从已知问题出发，逐步运用相关知识和经验，构造一条代价最小的求解路线的过程。

搜索主要分为盲目搜索和启发式搜索。宽度优先搜索和深度优先搜索是两种盲目搜索策略。基于状态空间树的盲目搜索，遵循回溯策略，即在沿着某一条路径搜索，遇到不可解的节点时，就回溯到路径中最近的父节点，查看其是否还有其他未被扩展的子节点。若有，则沿着该子节点继续搜索，直到找到目标状态退出搜索，返回解题路径。

A 搜索算法是基于估价函数的一种加权启发式搜索算法。估价函数是估计从初始节点经过当前 (n) 节点，再到目的节点的各种可能路径的最小代价的函数 $f(n)$。$f(n) = g(n) + h(n)$。其中，$g(n)$ 是从初始节点到当前 (n) 节点已经花费的实际代价；$h(n)$ 表示从当前 (n) 节点到目的节点所选路径的估计代价。

A^* 搜索算法是求解最短路径最有效的直接搜索方法，是估计代价不超过实际代价的 A 算法。

搜索是人工智能中求解问题的基本方法，应用于人工智能的多个研究领域，比较典型的是智能搜索引擎，自动驾驶、机器人、智能游戏、GPS 导航等的路径规划问题。

练习思考

一、填空题

1. 基于状态空间树的盲目搜索，遵循_____策略，即在沿着某一条路径搜索，遇到_____的节点时，就_____到路径中最近的_____节点。

2. 宽度优先搜索策略和深度优先搜索策略是两种_____搜索策略。

3. 宽度优先搜索策略是从根节点 S_0 开始，_____扩展生成新节点，_____扩展完后再扩展_____，直到搜索到目的节点（如果存在）为止。

4. 深度优先搜索策略是从根节点 S_0 出发，沿着_____一直搜索，直到一定_____。如未找到目的状态或无法再扩展，便回到_____继续搜索。

5. A 搜索算法是基于`_____函数的一种_____搜索算法。

6. 估价函数是估计从_____节点经过_____节点，再到_____节点的各种可能路径的_____的函数。

7. 当 A 算法的估计代价 $h(n)$ 满足条件_____时，就称为 A^* 搜索算法。

二、单项选择题

1. 图 2-15 所示状态空间图的宽度优先搜索顺序为（　　）。

    A. A-B-E-F-C-G-H-D
    B. A-D-C-B-E-F-G-H
    C. A-B-C-D-E-F-G-H
    D. E-F-B-G-H-C-D-A

图 2-15　单项选择题第 1 题图

2. 利用回溯策略进行搜索时，当遇到不可解的节点时，则（　　）。

    A. 转换到兄弟节点　　　　　　　　B. 搜索失败，退出搜索
    C. 回溯到初始节点　　　　　　　　D. 回溯到最近的父节点

3. 因为宽度优先搜索策略是搜索完全部第 N 层的节点后，再搜索第 $N+1$ 层节点，所以（　　）。

    A. 可能找不到最优解　　　　　　　B. 一定能找到最优解
    C. 可能找不到解　　　　　　　　　D. 一定找不到最优解

4. 图 2-16 所示状态空间图中的状态 S_1 的子节点只能是图中的（　　）。

    A. ①和②　　　B. ②和③　　　C. ③和④　　　D. ①和④

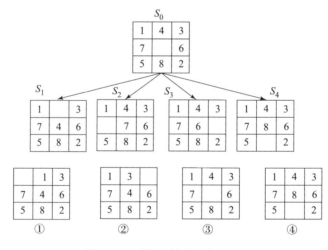

图 2-16　单项选择题第 4 题图

5. 图 2-17 所示井字棋游戏的部分状态空间图，如用赢棋概率作为启发信息，则下一个扩展的节点是（　　）。

    A. S_0　　　B. S_1
    C. S_2　　　D. S_3

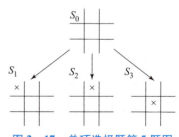

图 2-17　单项选择题第 5 题图

2.4 遗传算法

遗传算法（Genetic Algorithm，GA）是模拟生物在自然环境中的遗传和进化的过程而形成的自适应全局优化搜索算法。遗传算法模拟生物遗传进化机制，通过数学的方式，将问题的求解过程转换成类似生物进化中染色体基因的交叉、变异、选择的遗传进化过程。遗传算法在求解较为复杂的组合优化问题时能够较快地获得较好的优化结果。遗传算法现已被广泛地应用于组合优化、机器学习、信号处理、智能控制、规划设计等领域。

> 1967 年，美国密歇根大学约翰·霍兰德（J. Holland）教授的学生 Bagley 在其博士论文中首次提出了"遗传算法"一词，并发表了关于遗传算法在博弈中的应用的第一篇论文。但早期研究缺乏指导性的理论和计算工具。
>
> 1970 年，约翰·霍兰德提出遗传算法的基本定理——模式定理（Schema Theorem），奠定了遗传算法的理论基础，推动了遗传算法的发展。
>
> 1975 年，K. A. De Jong 在其博士论文中结合模式定理进行了大量的纯数值函数优化计算试验，树立了遗传算法的工作框架，得到了一些重要且具有指导意义的结论。
>
> 20 世纪 80 年代，约翰·霍兰德实现了第一个基于遗传算法的机器学习系统——分类器系统（Classifier Systems，CS），开创了基于遗传算法的机器学习的新概念，为分类器系统构造出了一个完整的框架。
>
> 1989 年，古特伯格（Goldberg）出版了专著《搜索、优化和机器学习中的遗传算法》(*Genetic Algorithmsin Search, Optimization and Machine Learning*)，系统地总结了遗传算法的主要研究成果，全面而完整地论述了遗传算法的基本原理及其应用。该书奠定了现代遗传算法的科学基础。

2.4.1 基本遗传算法

2.4.1.1 生物学背景

基本遗传算法的生物学基础是"新达尔文主义"。新达尔文主义包括达尔文的生物进化理论、孟德尔的遗传学理论和魏斯曼的自然选择理论。

微课 2.4.1（1） 基本遗传算法

根据新达尔文主义，生物的进化包括繁殖、突变、竞争、选择 4 个过程。其中，繁殖是生物的基本特征，是物种代际延续的基础；突变是物种适应不断变化的环境的关键；竞争和选择则是物种优胜劣汰，不断优化的关键。生物的进化就是在这 4 个过程中不断地循环、迭代的结果。

染色体是细胞在有丝分裂或减数分裂时 DNA 存在的特定形式，是生物遗传的主要载体。染色体中扩展生物性状的遗传物质的功能单元和结构单位是基因，基因所在的位置称为基因座，基因的值称为等位基因。

生物的进化过程是以一个初始的生物群体开始，经过竞争和选择后，优秀的个体被保留参与繁殖,通过基因重组和基因突变产生新的个体,新的个体又构成新的生物群体,再经过竞争和选择后,进入下一轮繁殖,如此循环,使种群不断优化。

2.4.1.2 算法思想

基本遗传算法是古特伯格总结出的只使用选择、交叉和变异3种算子的遗传算法,其操作简单,容易理解,是其他各种遗传算法的基本框架。

基本遗传算法的基本思想如下。

(1) 将求解的问题模拟为生物遗传进化机制,见表2-6。

表2-6 基本遗传算法与生物遗传进化机制的对应关系

基本遗传算法	生物遗传进化机制
求解的问题	物种
问题的所有可行解	种群
每个可行解	个体
解的编码	染色体
编码的一个分量	基因
适应度函数	环境适应性
编码的交叉	繁殖
编码一个分量的突变	变异

(2) 随机选择问题的部分可行解组成初始种群。

(3) 根据设定的交叉概率、变异概率进行交叉、变异操作。

(4) 得到的新个体加入新的种群,再按照设定的选择概率、交叉概率和变异概率参与下一轮的交叉、变异操作,直到得到最优解。

2.4.1.3 实现步骤

基本遗传算法的操作可分为3个阶段、8个步骤。

1. 初始阶段

第1步:根据求解问题,设计个体染色体的编码表示方式。

第2步:随机产生N个个体,作为初始种群。

第3步:设定交叉概率P_c、突变概率P_m、选择概率P_s。

第4步:设定个体的适应度函数$f(x)$,计算初始种群中的每个个体的适应度。

2. 进化阶段

第5步:在当前种群中,根据选择概率P_s,选择一对染色体作为"双亲"参与繁殖。

第6步:执行遗传操作,根据P_c和P_m,对选中的"双亲"进行基因交叉、突变,生成后代染色体,加入下一代种群。

第7步:回到第5步重复繁殖过程,直到下一代种群数量达到N,用新种群替换初始种群。

3. 评价阶段

第8步:评价新的种群是否有个体满足停止条件,如达到要求,则停止算法,返回最优个体。否则，回到第 5 步继续繁殖下一代。

2.4.1.4　实现方法

1. 个体染色体编码

生物学中的染色体是一个基因序列，而基本遗传算法中的染色体是问题的可行解的编码，即个体染色体编码。个体染色体编码可以是二进制位串（二进制编码、Gray 码①），也可以是实数编码。

如 0~15 的整数，可以用二进制编码 0000~1111 表示；10 道加工工序，可用实数编码 1~10 表示，等等。

2. 创建初始种群

种群中个体的数目 N 称为种群规模，种群规模的大小会影响算法的质量和效率。若种群规模太小，则优化性能不好，会过早收敛，陷入局部最优解；若种群规模太大，则计算复杂，影响算法效率。根据经验，种群规模一般取 20~100。

3. 设定交叉概率、变异概率

交叉概率也称为交叉算子，是指两个染色体交叉产生新的子代的概率。交叉概率过高可能破坏高性能，交叉概率过低会使搜索陷入迟钝，一般取 0.25~1.00，试验表明 P_c 的理想值为 0.7。基本遗传算法在执行交叉操作时，每次从种群中选择两个染色体，同时生成 [0, 1] 的随机数，如该随机数小于设定的交叉概率则执行交叉操作，即在染色体中随机选择一个位置执行交叉操作。

变异概率也称为变异算子，是指在一个染色体中按位进行变化的概率。变异概率过大会丢失重要的单一基因，使搜索趋于单一的随机搜索，一般取 0.001 左右。基本遗传算法执行变异操作时，也是随机选择一位基因，同时生成一个 [0, 1] 的随机数，如随机数小于设定的变异概率，则执行变异操作。

选择概率也称为选择算子，用于确定从种群中选择哪些优良个体繁衍下一代。优良个体是指适应度高的个体。适应度高的个体被选择的概率高，但不一定被选择；适应度低的个体被选择的概率低，但不一定不被选择。

4. 设定适应度函数，计算初始种群的个体适应度

适应度函数 $\text{Fit}(x)$ 是用于确定个体优劣的算法。当目标函数 $f(x)$ 为最大化问题时，通常取适应度函数 $\text{Fit}(f(x)) = f(x)$，即适应度函数就是函数本身；当目标函数 $f(x)$ 为最小化问题时，取适应度函数 $\text{Fit}(f(x)) = 1/(f(x))$，即适应度函数为函数的倒数。

5. 确定选择概率 P_s

个体选择概率 P_s 的确定方法通常用适应度比例法和排序法。

（1）适应度比例法又称为蒙特卡罗法，是用个体的适应度占种群适应度总和的百分比作为个体的选择概率，即

$$P_s = \frac{f_i}{\sum_{i=1}^{M} f_i}$$

---

① Gray 码是在二进制编码的最高位添加一位 0，然后从高到低依次进行两位异或运算，如二进制编码 0100 的 Gray 码是 0110。

（2）排序法是先计算每个个体的适应度，并按适应度对个体排序，再把事先设计好的概率分配给个体，作为个体的选择概率。排序法中个体的选择概率仅取决于个体在种群中的序位，而不是适应度值。

6. 选择个体

根据选择概率选择个体的方法主要有轮盘选择法、锦标赛选择法和最佳个体选择法。

（1）轮盘选择法是先按个体的选择概率产生一个轮盘，轮盘区域的角度与个体的选择概率成正比，再生成一个随机数，它落入轮盘的哪个区域就选择哪个个体，如图 2-18 所示。

（2）锦标赛选择法是从种群中随机选择 k 个个体，将其中适应度最高的个体保存到下一代。反复执行，直到下一代个体数达到预先设定的数目为止。

（3）最佳个体选择法是一种精英选拔法，即把种群中一个或多个适应度高的个体不进行交叉而直接复制到下一代，保证最后结果一定是历代出现过的适应度最高的个体。

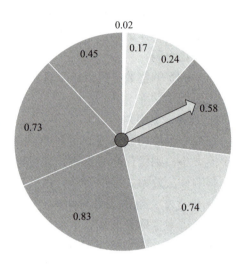

图 2-18 轮盘选择法

7. 执行遗传操作

遗传操作即根据设定的交叉概率 P_c 和变异概率 P_m，将选中的一对个体作为"双亲"进行基因的交叉和变异操作。

1）交叉

生物界的交叉是指物种在繁殖过程中，"双亲"的基因重组，即个体 X 和 Y 结合产生后代，则 X 和 Y 分别随机拿出一半基因，组合形成下一代个体的基因。

如设 X 的基因为 AA′，Y 的基因为 BB′，则后代的基因组合可能是 AB，A′B，AB，AB′ 4 种之一。

遗传算法的交叉方式有一点交叉和两点交叉两种。

（1）一点交叉是在染色体中随机确定一个"断裂点"，将两个染色体断裂点前、后的基因序列进行交换，如图 2-19 所示。

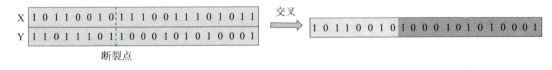

图 2-19 一点交叉示意

（2）两点交叉是在染色体中随机确定两个"断裂点"，将两个染色体中间的基因序列交换，如图 2-20 所示。

2）变异

生物繁衍过程中，基因在传递给后代时会有很低的概率发生差错，即变异。

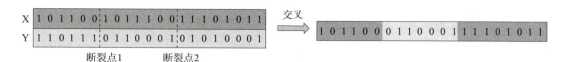

图 2-20 两点交叉示意

基本遗传算法中的变异是将个体染色体中的一些位进行随机变化,以维持种群的多样性。

常用的变异类型有位点变异、逆转变异、插入变异、互换变异、移动变异等。

(1) 位点变异。位点变异是按变异概率随机选择一个或多个基因座,将其基因值改变。如染色体为二进制码串,则将选择的基因值由 1 变为 0 或由 0 变为 1。如染色体编码为实数编码,则将被选择的基因值变为按概率选择的其他实数值。

(2) 逆转变异。逆转变异是在个体染色体编码中随机选择两点,两点之间的基因值逆序插入。

(3) 插入变异。插入变异是在染色体编码中随机选择一个码,将其插入随机选择的其他插入点。

(4) 互换变异。互换变异是随机选择个体染色体中的两个基因进行交换。

(5) 移动变异。移动变异是随机选择染色体中的一个基因,向左或向右移动一个随机位数。

2.4.1.5 应用举例

用基本遗传算法,求函数 $f(x) = 15x - x^2$ 在 $x \in [0, 15]$ 时的最大值,其中 x 为整数。

解:

(1) 设计染色体。

因为 x 为 0~15 的整数,其取值一共有 16 种方式,故采用二进制编码方式,个体染色体编码见表 2-7。

微课 2.4.1(2) 基本遗传算法及其应用

表 2-7 求 $f(x) = 15x - x^2$ 最大值问题的个体染色体编码

染色体编号	x 值	染色体	染色体编号	x 值	染色体
x_1	0	0000	x_9	8	1000
x_2	1	0001	x_{10}	9	1001
x_3	2	0010	x_{11}	10	1010
x_4	3	0011	x_{12}	11	1011
x_5	4	0100	x_{13}	12	1100
x_6	5	0101	x_{14}	13	1101
x_7	6	0110	x_{15}	14	1110
x_8	7	0111	x_{16}	15	1111

(2) 创建初始种群。

令初始种群数量 $N=6$，随机产生6个染色体对应的二进制基因串，创建初始种群。假设选择个体如表2-8所示。

表2-8 求 $f(x)=15x-x^2$ 最大值问题的初始种群的染色体

染色体编号	染色体	x 值
x_1	1100	12
x_2	0100	4
x_3	0001	1
x_4	1110	14
x_5	0111	7
x_6	1001	9

(3) 设定交叉概率、变异概率。

根据经验，取交叉概率 $P_c=0.7$，变异概率 $P_m=0.001$。

(4) 设定个体的适应度函数 $\text{Fit}(f(x))$，计算初始种群中的个体适应度。

因为问题的目标函数是最大值，故取适应度函数为 $\text{Fit}(f(x))=f(x)$。

根据设定的适应度函数，计算初始种群的个体适应度，见表2-9。

表2-9 求 $f(x)=15x-x^2$ 最大值问题的初始种群的个体适应度

染色体编号	x 值	适应度值
x_1	12	36
x_2	4	44
x_3	1	14
x_4	14	14
x_5	7	56
x_6	9	54

(5) 确定选择概率，选择"双亲"。

用适应度比例法计算初始种群中每个个体的适应度占种群适应度的比例，作为个体被选择的概率 P_s，每个个体的选择概率轮盘如图2-21所示。

根据选择概率轮盘，假设选择3对"双亲"：$x_2-x_6, x_1-x_5, x_2-x_5$。

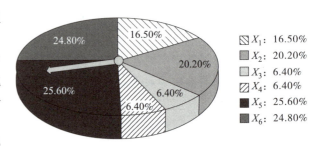

图2-21 初始种群个体的选择概率轮盘

(6) 执行交叉和突变操作。

按照 $P_c=0.7$ 的交叉概率，随机选择断裂点进行基因交叉。每对染色体在交叉之后，形成一对新的染色体。

按照 $P_m = 0.001$ 的突变概率,对交叉之后的染色体执行突变操作。

交叉及突变的循环过程如图 2-22 所示。

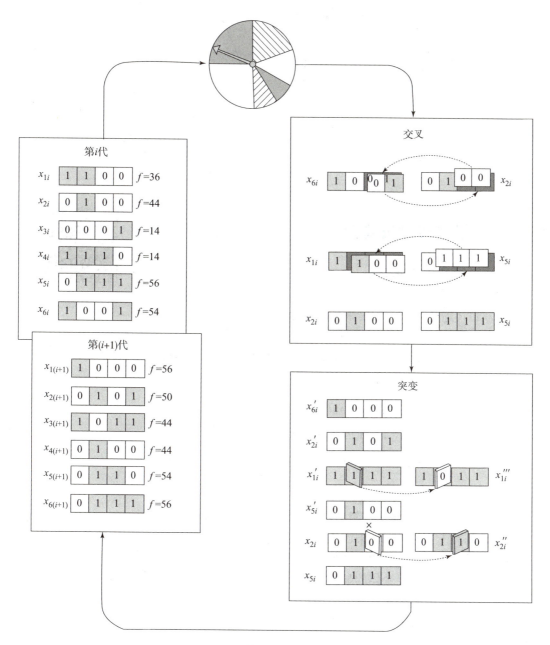

图 2-22　求 $f(x) = 15x - x^2$ 最大值问题的交叉及突变的循环过程

经过若干代繁殖后,最终种群仅包含染色体 0111 和 1000,代表了适应性最好的两类个体。如图 2-23 所示。交叉和突变结果如图 2-24 所示。

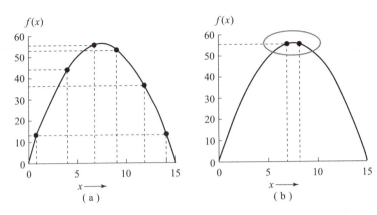

图 2－23　求 $f(x)=15x-x^2$ 最大值问题的交叉和突变结果

(a) 交叉突变之前；(b) 交叉突变结果

2.4.2　改进遗传算法简介

2.4.2.1　双倍体遗传算法

1. 算法基本思想

所谓双倍体遗传算法，就是采用显性染色体和隐性染色体同时进行遗传的方法，该算法能够记忆以前有用的基因块。

如设大写字母为显性基因，小写字母为隐性基因，则双倍体遗传算法的基因传递关系如图 2－24 所示。

微课 2.4.2　改进遗传算法

图 2－24　双倍体遗传算法的基因传递关系

2. 算法的操作步骤

（1）编码/解码。对显性、隐性两个染色体进行编码。

（2）复制算子。计算显性染色体的适应度，按照显性染色体的选择概率选择个体。

（3）交叉算子。对选定的两个个体的显性染色体和隐性染色体同时交叉。

（4）变异算子。选定个体的显性染色体按正常的变异概率变异；隐性染色体按较大的变异概率变异。

（5）重排算子。将个体中适应度值较大的染色体设为显性染色体，将个体中适应度值较小的染色体设为隐性染色体。

2.4.2.2　双种群遗传算法

1. 算法基本思想

所谓双种群遗传算法是使用多种群同时进化，并交换种群之间优秀个体所携带的遗传信息，以打破种群内的平衡态达到更高的平衡态。该算法有利于跳出局部最优。

算法思想是：建立两个遗传种群，分别独立地执行选择、交叉、变异操作，当每一代运行结束以后，选择两个种群中的随机个体及最优个体分别交换。

2. 算法的操作步骤

（1）编码/解码设计。

（2）确定交叉算子和变异算子。

（3）确定杂交算子。

（4）进行种群个体交换。

设种群 A 与种群 B，当种群 A 与 B 都完成了选择、交叉、变异后，产生一个随机数 num。随机选择 A 中 num 个个体与 A 中最优个体，随机选择 B 中 num 个个体与 B 中最优个体，交换两者，以打破平衡态。

单元小结

遗传算法是基于自然选择和遗传等生物进化机制的一种搜索算法。

基本遗传算法的思想是：将求解的问题模拟成物种，将问题的所有可行解模拟成种群，将每个可行解模拟成个体，将解的编码模拟成染色体，将编码的一个分量模拟成基因，用适应度函数模拟生物的环境适应性，用编码的交叉模拟生物的繁殖，用编码一个分量的突变模拟生物的变异。算法执行时，随机选择问题的部分可行解组成初始种群；根据设定的交叉概率、变异概率执行交叉、变异操作；得到的新个体加入新的种群，再按照设定的选择概率、交叉概率和变异概率参与下一轮的交叉、变异操作，直到得到最优解。

双倍体遗传算法、双种群遗传算法是两种典型的改进遗传算法。双倍体遗传算法是采用显性染色体和隐性染色体同时进行遗传的方法，该算法能够记忆以前有用的基因块；双种群遗传算法是使用多种群同时进化，并交换种群之间优秀个体所携带的遗传信息，以打破种群内的平衡态达到更高的平衡态。

练习思考

一、填空题

1. 在遗传算法中个体的适应性用_____函数表示。

2. 在遗传算法中，编码的_____称为变异。

3. 在遗传算法中问题的一个可能解相当于生物遗传进化中的_____。

4. 双倍体遗传算法是采用_____性和_____性两个染色体同时进行遗传的方法。

5. 在遗传算法中_____相当于生物遗传进化中的物种。

6. 在遗传算法中_____产生 N 个个体，作为初始种群。

7. 遗传算法中若干个问题的_____相当于生物遗传进化中的种群。

8. 在遗传算法中，两个个体的部分编码交换称为_____。

9. 双倍体遗传算法在重排算子时，将个体中适应度值较大的染色体设为_____性染色体，将个体中适应度值较小的染色体设为_____性染色体。

10. 双种群遗传算法使用_____同时进化，并交换种群之间_____个体所携带的遗传信息。

11. 在遗传算法中，_____相当于生物遗传进化中的染色体。

12. 双倍体遗传算法在变异时，显性染色体按_____变异概率变异，隐性染色体按_____变异概率变异。

二、单项选择题

1. 用基本遗传算法求解函数 $f(x) = 31x - x^2$ 的最大值，其中 x 为 0～31 的整数，若采用格雷码（Gray Code）进行染色体编码，则 $x=13$ 的染色体编码为（ ）。

　　A. 1101　　　　B. 0010　　　　C. 01101　　　　D. 01011

2. 在用基本遗传算法求解 $f(x) = 7x - x^2$ 的最大值时，适应度函数可选（ ）。

　　A. $7x$　　　　B. x^2　　　　C. $f(x) = 7x - x^2$　　D. $f(x) = \dfrac{1}{7x - x^2}$

3. 若二进制编码的 0～7 位分别为 11010010 的染色体 x_i，第 6 位发生了变异，则变异后的染色体 x_i' 为（ ）。

　　A. 11010000　　B. 11010010　　C. 00101101　　D. 11010001

4. 若二进制编码的 0～7 位分别为 11010010 的染色体 x_i，第 4 位、第 5 位发生了逆转变异，则变异后的染色体 x_i' 为（ ）。

　　A. 11011010　　B. 11010110　　C. 00101001　　D. 11010010

5. 染色体编码的 0～7 位为 11010010 的个体 x_1 和染色体编码的 0～7 位为 10111001 的个体 x_2，第 5 位后进行一点交叉，交叉后的染色体 x_1' 和 x_2' 分别是（ ）。

　　A. 10111010，10111010　　　　　　B. 11010001，10111010
　　C. 11010010，10111001　　　　　　D. 10111001，111010001

6. 用基本遗传算法求解 $f(x) = 15x - x^2$ 的最大值，其中 x 为 0～63 的整数，随机抽取的个体有 $x_1 = 4$，$x_2 = 14$，…，若取适应度函数为 Fit$(f(x)) = f(x)$，则 x_1，x_2 的适应度分别是（ ）。

　　A. 4，14　　　　B. 14，4　　　　C. 44，14　　　　D. 14，44

2.5　群智能算法简介

群智能算法是一种模拟动物群体，对给定目标寻找最优解的行为的启发式搜索算法。目前，比较典型的群智能算法主要有粒子群优化算法（Particle Swarm Optimization，PSO）和蚁群优化算法（Ant Colony Optimization，ACO）等。

2.5.1　粒子群优化算法

粒子群优化算法是一种模拟鸟群觅食行为的仿生全局优化算法。该算法通过群体（鸟群）中粒子（单只鸟、个体）间的合作与竞争产生的群体智能来指导和优化搜索。

微课 2.5.1　粒子群优化算法

> 粒子群优化算法是美国普渡大学的肯尼迪（J. Kennedy）和埃伯哈特（R. Eberwhart）博士，基于早期对群鸟觅食行为的观察，于1995年在IEEE神经网络国际会议上提出的。
>
> 粒子群优化算法对鸟群觅食行为的模拟：一群鸟在随机搜索食物，在这个区域里只有一块食物。所有的鸟都不知道食物在哪里，但是它们知道当前的位置距离食物还有多远。那么找到食物的最简单有效的办法就是搜寻距离食物最近的鸟的周围区域。

1. 粒子群优化算法的基本思想

用一种无体积、无质量的粒子来模拟鸟群中的鸟，粒子仅具有两个属性——速度和位置，速度代表移动的快慢，位置代表移动的方向。

每个粒子在搜索空间中单独地搜寻最优解，将其记为当前个体极值，并将个体极值与整个粒子群里的其他粒子共享，找到最优解的个体的极值作为整个粒子群的当前全局最优解，即全局极值。粒子群中的所有粒子根据自己找到的当前个体极值和整个粒子群共享的当前全局极值来调整自己的速度和位置。

2. 粒子群优化算法的数学模型

1）算法定义

$\boldsymbol{x}^i(k) = [x_1^i \quad x_2^i \quad \cdots x_n^i]^T$：$k$ 时刻粒子 i 在 n 维搜索空间中的位置。

$\boldsymbol{v}^i(k) = [v_1^i \quad v_2^i \quad \cdots v_n^i]^T$：$k$ 时刻粒子 i 在 n 维搜索空间中的搜索方向和速度。

$\boldsymbol{p}^i(k) = [p_1^i \quad p_2^i \quad \cdots p_n^i]^T$：粒子 i 至今所获得的最优适应度的位置（pbest）。

$\boldsymbol{p}^g(k) = [p_1^g \quad p_2^g \quad \cdots p_n^g]^T$：群体中所有粒子经历过的最优位置（gbest）。

2）算法模型

$$v_j^i(k+1) = \omega(k)v_j^i(k) + \varphi_1 \text{rand}(0, a_1)(p_j^i(k) - x_j^i(k)) + \varphi_2 \text{rand}(0, a_2)(p_j^g(k) - x_j^i(k)) \tag{2-1}$$

$$x_j^i(k+1) = x_j^i(k) + v_j^i(k+1) \tag{2-2}$$

式中：

(1) $i = 1, 2, \cdots, m$；$j = 1, 2, \cdots, n$；

(2) ω——惯性权重因子；

(3) φ_1，φ_2——加速度常数，均为负值；

(4) $\varphi_1 \text{rand}(0, a_1)$，$\varphi_2 \text{rand}(0, a_2)$——[0, a_1]，[0, a_2] 间的均匀分布的随机数；

(5) a_1，a_2——控制参数。

3）算法含义

图2-25所示为粒子群算法模型示意。

(1) $\omega(k)v_j^i(k)$：粒子下一时刻的搜索方向的惯性分量。

(2) $\varphi_1 \text{rand}(0, a_1)(p_j^i(k) - x_j^i(k))$：个体认知分量，粒子当前位置与其经历过的最好位置的偏差，是个体对自己经历的认可。

① φ_1：自信度系数，φ_1 越大，粒子对自己经历过的最优位置越自信。

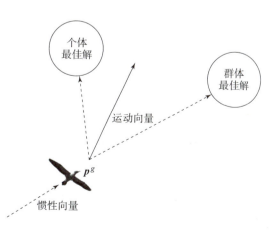

图2-25 粒子群算法模型示意

② rand$(0,a_1)$：随机系数，粒子向自己经历过的最优位置移动的随机性，可避免陷入局部最优，增加算法的多样性。

(3) $\varphi_2 \text{rand}(0,a_2)(p_j^g(k) - x_j^i(k))$：个体社会分量。粒子当前位置与所有粒子经历过的最好位置的偏差，是粒子对所有粒子经历过的最优位置的信任。

① φ_2：粒子对群体的信任系数，φ_2 越大，粒子对群体经历过的最优位置越信任。

② rand$(0,a_2)$：随机系数，粒子是否向群体经历过的最优位置移动的随机性，可避免陷入局部最优，增加算法的多样性。

4）算法要点

粒子群优化算法初始化为一群随机粒子，然后通过迭代找到最优解。在每一次迭代中，粒子通过跟踪个体极值和全局极值来更新自己的速度和位置。

（1）$\varphi_1 > 0$，$\varphi_2 > 0$，称为粒子群优化算法全模型。
（2）$\varphi_1 > 0$，$\varphi_2 = 0$，称为粒子群优化算法认知模型。
（3）$\varphi_1 = 0$，$\varphi_2 > 0$，称为粒子群优化算法社会模型。
（4）$\varphi_1 = 0$，$\varphi_2 > 0$，且 $g \neq i$，称为粒子群优化算法无私模型。

3. 粒子群优化算法的基本流程

粒子群优化算法的基本流程一般分为 6 个步骤，如图 2-26 所示。

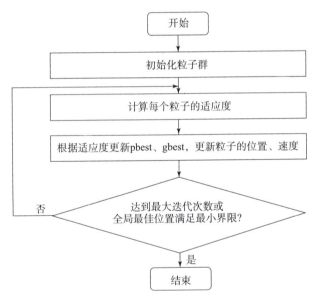

图 2-26　粒子群优化算法的基本流程

（1）初始化粒子群体（群体规模为 n），包括随机位置和速度。

（2）根据适应度函数计算每个粒子的适应度。

（3）对每个粒子，将其当前适应度值与其个体经历的最佳位置（pbest）对应的适应度值做比较，如果当前适应度值更大，则将用当前位置更新个体经历的最佳位置（pbest）。

（4）对每个粒子，将其当前适应度值与全局最佳位置（gbest）对应的适应度值做比较，如果当前的适应度值更大，则将用当前粒子的位置更新为全局最佳位置（gbest）。

（5）根据公式更新每个粒子的位置与速度。

(6) 如未满足结束条件，则返回步骤（2），直到达到最大迭代次数，或者最佳适应度值的增量小于某个给定的阈值时停止。

4. 粒子群优化算法的典型应用

粒子群优化算法主要应用于组合优化问题，如：求解函数优化、多目标优化等组合优化问题；求解电力系统发电机组负荷分配优化、无功优化等安全经济运行控制，最低成本发电扩张计划问题；求解城市区域交通协调控制信号配时优化问题；求解物流领域最小车辆路径问题；求解化工系统辨识最优生产过程模型及其参数等；求解机械设计领域降噪结构的最优化设计问题；求解经济领域最大利益股票交易决策问题；求解机器人领域可移动传感器导航、机器人路径规划问题；求解生物信息领域基因聚类问题；求解医学领域预测血管紧缩素问题；求解图像处理领域多边形近似、生物医学图像配准问题，等等。

此外，粒子群优化算法还用于神经网络的训练，可提高速度及效率，具有较大的应用潜力。

2.5.2 蚁群优化算法

> 蚁群系统（Ant System 或 Ant Colony System）是由意大利的 Marco Dorigo 等人于1992年提出的，是一种用来寻找优化路径的概率型算法。
>
> 研究发现，单个蚂蚁的行为比较简单，但是蚁群整体却体现了一定的智能行为。蚁群觅食时，每个蚂蚁都会在其经过的路径上释放一种化学物质——信息素，蚁群内的蚂蚁都沿着信息素浓度较高的路径行走，从而形成信息素浓度与蚂蚁数量的一种正反馈机制。经过一段时间后，整个蚁群就会沿着最短路径到达食物源。

1. 蚁群优化算法的基本思想

（1）蚁群优化算法模拟蚁群觅食行为的群体智能，根据蚁群觅食过程中经历的路径长短和每条路径的信息素浓度选择最优路径。

（2）蚂蚁在外出觅食时，沿途释放信息素，在遇到多条道路可选择时，会根据路径上信息素的浓度来选择道路。信息素浓度高的道路被选择的概率高。

（3）信息素会随着经过路线上蚂蚁数量的增多而增多，也会随着时间推移逐渐消散。

蚂蚁觅食路径选择示意如图2-27所示。

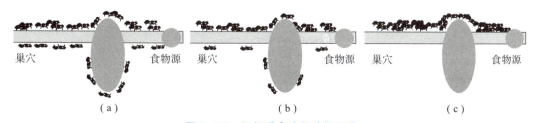

图2-27 蚂蚁觅食路径选择示意
(a) 觅食初期；(b) 觅食中期；(c) 觅食后期

2. 蚂蚁觅食行为的抽象

1) 模拟蚂蚁及其行为

蚁群优化算法中的蚂蚁称为"人工蚂蚁",是最基本的单位。人工蚂蚁的特点如下:
(1) 每只蚂蚁都有相同的目标,以相同的速度运动;
(2) 蚂蚁在到达目的地之前,不走回头路,不转圈;
(3) 每只蚂蚁都根据相同的原则释放信息素、选择路径;
(4) 每只蚂蚁都记得自己经历路径的长度和过程;
(5) 种群中蚂蚁的数量用 m 表示,不会发生变化。

2) 模拟蚂蚁觅食的环境

将蚂蚁觅食的环境抽象成"具有 n 个节点的全连通图",如图 2-28 所示。

图中一共有 n 个节点,且具有明确的起点和终点。每个节点都与其他所有节点直接相连,任意两个节点 x,y 之间的距离记为 d_{xy} 且均为已知。

图中的 5 个节点中,S 为起点,E 为终点,蚂蚁总是从起点 S 出发,到达终点 E 即结束。

3) 模拟蚂蚁选择路线的行为

如图 2-29 所示,假设蚂蚁现在处于节点 A,下一步有 B,C,D 三种路线选择。

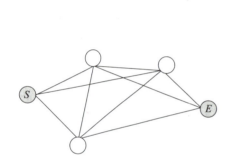

图 2-28 蚂蚁觅食环境模拟示意

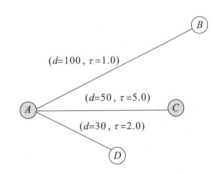

图 2-29 蚂蚁选择路线的行为模拟示意

已知:路线距离分别为 $d_{AB}=100$,$d_{AC}=50$,$d_{AD}=30$;路线上的信息素浓度为 $\tau_{AB}=1.0$,$\tau_{AC}=5.0$,$\tau_{AD}=2.0$。

若不考虑信息素的影响,蚂蚁仅知道从节点 A 出发到其余各节点的距离,则蚂蚁应从经济性考虑,选择距离短的路线行动。

若不考虑各节点间的距离,则蚂蚁应选择信息素浓度高的路线行动。

综合两种情况,蚂蚁选择路线的概率应与路线的长度成反比,与路线上的信息素浓度成正比,即

$$P_{xy} \propto \frac{\tau_{xy}}{d_{xy}}$$

式中,P_{xy} 为蚂蚁选择路线的概率;τ_{xy} 为路线上信息素的浓度;d_{xy} 为节点 x,y 间路线的距离。

上式表明路线越短,选择概率越高;信息素浓度越高,选择概率越高。

在图 2-30 所示路线中,有

$$\frac{\tau_{AB}}{d_{AB}}=0.01, \frac{\tau_{AC}}{d_{AC}}=0.1, \frac{\tau_{AD}}{d_{AD}}=0.067$$

$$P_{AB}=\frac{0.01}{0.01+0.1+0.067}=0.056$$

$$P_{AC} = 0.57$$
$$P_{AD} = 0.374$$

所以，蚂蚁会选择路线 AC。

4）模拟蚂蚁释放信息素、信息素消散的现象

在蚁群觅食过程中，每个蚂蚁独立行动，边运动边释放信息素，同时信息素随着时间推移而消散，因此需要对信息素定时更新。常用的更新模型为蚁圈模型（ant–cycle）。

在蚁圈模型（ant–cycle）中，一个 cycle 表示蚁群中所有蚂蚁均从出发点成功达到目标点。信息素在一个 cycle 结束之后统一更新，不考虑 cycle 期间信息素的消散和累积。每个 cycle 结束后，时间 t 加 1。

设信息素保持系数 ρ（$0 < \rho < 1$）表示信息素随时间消散的比例系数，则有

$$\tau_{xy}(t+1) = \rho \tau_{xy}(t) + \sum_{k=1}^{m} \Delta \tau_{xy}^{k}(t) \tag{2-3}$$

式中：

（1）$\tau_{xy}(t)$ 为当前路径上的信息素浓度。

（2）$\tau_{xy}(t+1)$ 为一个 cycle 结束后信息素的浓度。

（3）$\sum_{k=1}^{m} \Delta \tau_{xy}^{k}(t)$ 为所有蚂蚁在路径 xy 上留下的信息素增量。

（4）$\Delta \tau_{xy}^{k}(t)$ 为第 k 只蚂蚁留在路径 xy 上的信息素增量。

（5）$\Delta \tau_{xy}^{k}(t) = \begin{cases} \dfrac{Q}{L_k}, & \text{若本次循环第 } k \text{ 只蚂蚁从 } x \text{ 到 } y \\ 0, & \text{否则} \end{cases}$

① Q 为常数，表示蚂蚁循环一周时释放在所经过的路径上的信息素总量；

② L_k 为目标函数值，表示第 k 只蚂蚁在本次循环中所走路径的长度。

如果没有蚂蚁经过，则

$$\tau_{xy}(t+1) = \rho \tau_{xy}(t)$$

由于 $\rho < 1$，因此如果路径 xy 始终没有蚂蚁经过，则该路径上的信息素会逐渐减少，直至消散为零。

3. 蚁群优化算法的模型和含义

1）蚁群优化算法的模型

$$P_{xy} = \begin{cases} \dfrac{[\tau_{xy}]^{\alpha}[\eta_{xy}]^{\beta}}{\sum_{i}[\tau_{xi}]^{\alpha}[\eta_{xi}]^{\beta}}, & i \in \text{allowed}(y) \\ 0, & \text{否则} \end{cases} \tag{2-4}$$

式中：

（1）P_{xy} 为蚂蚁 k 选择从节点 x 到节点 y 的概率；

（2）η_{xy} 为能见度，即路径 xy 距离的倒数 $1/d_{xy}$；

（3）allowed(y) 为蚂蚁下一步允许到达的节点；

（4）α，β 分别为信息素启发因子和能见度启发式因子。

2）蚁群优化算法的含义

分子 $[\tau_{xy}]^{\alpha}[\eta_{xy}]^{\beta}$ 为从节点 x 到节点 y 路径上的信息素和能见度得分。

分母 $\sum_i [\tau_{xi}]^\alpha [\eta_{xi}]^\beta$ 为从节点 x 出发的所有合理路径上，信息素和能见度得分累积。原路返回、转圈、重复路线均为不合理路径。

信息素启发因子 α 的大小反映残留信息素在指导蚁群搜索中的重要程度。α 越大，蚂蚁越倾向于选择其他蚂蚁经过的路径，搜索的随机性减弱。α 过大会使算法过早陷入局部最优解。如 $\alpha = 0$，则不再考虑信息素，算法成为有多重起点的随机贪婪算法。

能见度启发因子 β 的大小反映蚁群路径搜索的先验性、确定性因素的作用强度。β 越大，蚂蚁在某个局部节点上选择局部最短路径的可能性越大。增大 β 值会使蚁群在最优路径搜索过程中的随机性减弱，易于陷入局部最优解。若 $\beta = 0$，算法将成为纯粹的启发式搜索算法。

算法的全局最优性需要使算法具有一定的随机性，同时也需要具有一定的确定性，因此需要合理设置 α、β 的值。

4. 蚁群优化算法的实施步骤

蚁群优化算法的基本流程如图 2-30 所示。

（1）初始化蚁群数量、各个系数（α, β, ρ），初始化地图，使地图中所有路径上的信息素浓度为 0。

（2）启动 cycle，在起点放置所有蚂蚁，按照概率行动。

（3）等待所有蚂蚁到达终点，根据路径更新信息素。

（4）如果没有达到停止条件，重复第（2）步，启动下一个 cycle。

（5）如果达到停止条件，选出最优的蚂蚁对应的路线，即问题的解。

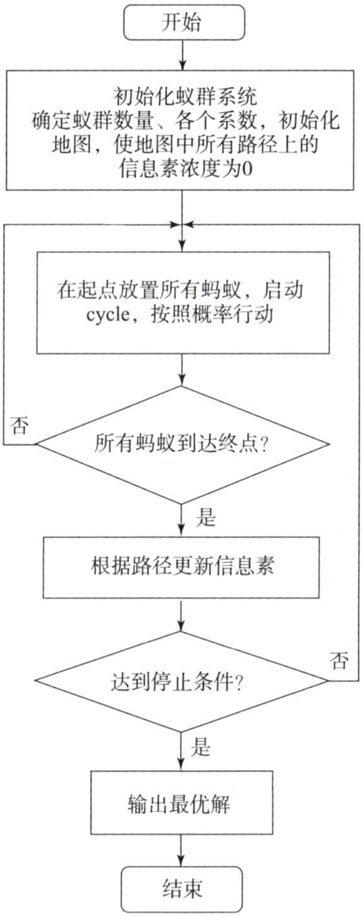

5. 蚁群优化算法的典型应用

1）旅行商问题（Traveling Saleman Problem，TSP）

旅行商问题又称为旅行推销员问题、货郎担问题，是最基本的路线问题。该问题旨在寻求单一旅行者由起点出发，通过所有给定的需求点之后，最后回到原点的最低路径成本。

2）车辆路径调度问题（Vehicle Routing Problem，VRP）

图 2-30 蚁群优化算法的基本流程

车辆路径调度问题是由旅行商问题衍生的经典问题，是指对一系列装货点和卸货点，组织适当的行车路线，使车辆有序地通过它们，在满足一定约束条件（如货物需求量、发送量、交/发货时间、车辆容量限制、行驶里程限制、时间限制等）的情况下，达到路程最短、费用最少、时间尽量少、使用车辆数尽量少等目标。

3）车间作业调度问题（Jobshop Scheduling Problem，JSP）

车间作业调度问题是经典的 NP-完全问题之一。它是指一个有 m 台机器的加工系统，要加工 n 个作业，作业 i 包含 L_i 道工序，L 为任务的总工序数，各工序的加工时间确定，每个作业必须按照工序的先后顺序进行。调度的任务是安排所有作业的加工调度排序,在满足约束条件的同时使性能指标得到优化。

车间作业调度问题的应用领域极其广泛,涉及机场飞机调度、港口码头货船调度、汽车加工流水线调度等。

4)图着色问题(Graph Coloring Problem,GCP)

图着色问题也是最著名的 NP-完全问题之一。它是指给定一个无向连通图 G 和 m 种不同的颜色。用这些颜色为图 G 的各顶点着色,每个顶点着一种颜色,寻找一种着色法使图 G 中任意相邻的 2 个顶点着不同的颜色,并求出图 G 的最小着色数 m。

5)网络路由问题(Network Routing Problem)

网络路由问题是指在将网络连接起来时,能够自动寻找并选择效率最高的路由将网络信息导向其他网络。它涉及受限路由问题中带宽、时延、丢包率等多个服务质量(Quality of Service,QoS)指标及最小花费等约束条件。

6)电力系统优化问题

配电网故障的定位、电力系统暂态稳定评估特征选择等问题,都是电力系统优化问题。近些年来一些专家学者用蚁群优化算法有效地解决了配电网故障的定位、电力系统暂态稳定评估特征选择等问题,为电力企业节省了大量的资金,在电力系统中取得了较大的实际价值。

7)航迹规划问题

航迹规划问题是指在特定的约束条件下,寻找运动体从初始点到目标点满足某种性能指标最优的运动轨迹。航迹规划是提高飞行器作战效能、实施远程精确打击的有效手段。在防空技术日益先进、防空体系日益完善的现代战争中,对航迹规划方法的研究有重要的现实意义。近些年来一些专家学者将改进蚁群优化算法用于无人作战飞机的航路寻优、多无人机航迹规划等问题,为飞行器提供了最优航迹规划路径。

单元小结

群智能算法是一种模拟动物群体,对给定目标寻找最优解的行为的启发式搜索算法。粒子群优化算法和蚁群优化算法是两种比较典型的群智能算法。

粒子群优化算法的基本思想是用一种仅有速度和位置两种属性的无体积、无质量的粒子来模拟鸟群中的鸟。每个粒子在搜索空间中单独地搜寻最优解,将其记为当前个体极值,并将个体极值与整个粒子群里的其他粒子共享,找到最优解的个体极值作为整个粒子群的当前全局最优解,即全局极值。粒子群中的所有粒子根据自己找到的当前个体极值和整个粒子群共享的当前全局极值来调整自己的速度和位置。粒子群优化算法模型中每个粒子在 n 维搜索空间中的搜索方向和速度由惯性分量 $\omega(k)v_j^i(k)$、个体认知分量 $\varphi_1 \mathrm{rand}(0,a_1)(p_j^i(k) - x_j^i(k))$ 和个体社会分量 $\varphi_2 \mathrm{rand}(0,a_2)(p_j^g(k) - x_j^i(k))$ 构成。

蚁群优化算法的基本思想是模拟蚂蚁群体觅食过程中,由每个蚂蚁在其经历的路径上释放的信息素浓度高低和路径的长短选择最优路径的行为。蚂蚁在外出觅食时,沿途释放信息素,信息素会随着经过路线上蚂蚁数量的增多而增多,也会随着时间推移逐渐消散。在遇到多条道路选择时,蚂蚁会根据路径上信息素的浓度来选择道路。在遇到多条道路时,信息素浓度高的道路被选择的概率高。在蚁群优化算法模型中，蚂蚁选择路径的概率由蚂蚁从节点 x 到节点 y 的路径上信息素和能见度得分 $[\tau_{xy}]^\alpha[\eta_{xy}]^\beta$ 与从节点 x 出发的所有合理路径上，信息素和能见度得分累积 $\sum_i [\tau_{xi}]^\alpha[\eta_{xi}]^\beta$ 的比值决定。

练习思考

一、填空题

1. 群智能算法是模拟动物群体对给定目标寻找_____的行为的_____式搜索算法。
2. 粒子群优化算法是将鸟群中的鸟模拟成一种无_____、无_____的粒子。
3. 蚂蚁在外出觅食时，沿途释放一种称为_____的化学物质。
4. 在蚁群算法模型中，分子 $[\tau_{xy}]^\alpha[\eta_{xy}]^\beta$ 表示从 x 到 y 路径上的_____得分。分母 $\sum_i [\tau_{xi}]^\alpha[\eta_{xi}]^\beta$ 表示从 x 出发的所有路径上，_____得分累积。
5. 蚁群优化算法模型中，将路径选择概率与路径长度的关系抽象为 η_{xy}，称为_____，其与路径长度成_____比。
6. 在蚁群优化算法中，如果路径 xy 始终没有蚂蚁经过，则该路径上的_____会逐渐减少，直至消散为零。
7. 在蚁群优化算法中，将信息素随时间消散的比例系数抽象为 ρ（$0 < \rho < 1$），ρ 称为_____。
8. 蚂蚁在外出觅食时，选择路线的概率与该路线的_____成反比，与该路线上_____成正比。
9. 蚂蚁在觅食的路上遇到多条道路可选择时，信息素浓度_____的道路被选择的概率大。
10. 蚂蚁在觅食的路上遇到多条道路可选择时，会根据路径上的_____浓度来选择道路。

二、单项选择题

1. 对于粒子群优化算法，$v_j^i(k+1) = \omega(k)v_j^i(k) + \varphi_1 \mathrm{rand}(0,a_1)(p_j^i(k) - x_j^i(k)) + \varphi_2 \mathrm{rand}(0,a_2)(p_j^g(k) - x_j^i(k))$ 中的 $\omega(k)v_j^i(k)$ 是（　　）。
   A. 个体认知分量　　B. 个体社会分量　　C. 惯性分量　　D. 随机分量
2. 对于粒子群优化算法，$v_j^i(k+1) = \omega(k)v_j^i(k) + \varphi_1 \mathrm{rand}(0,a_1)(p_j^i(k) - x_j^i(k)) + \varphi_2 \mathrm{rand}(0,a_2)(p_j^g(k) - x_j^i(k))$ 中的 $\varphi_1 \mathrm{rand}(0,a_1)(p_j^i(k) - x_j^i(k))$ 是（　　）。
   A. 个体认知分量　　B. 个体社会分量　　C. 惯性分量　　D. 随机分量
3. 对于粒子群优化算法，$v_j^i(k+1) = \omega(k)v_j^i(k) + \varphi_1 \mathrm{rand}(0,a_1)(p_j^i(k) - x_j^i(k)) + \varphi_2 \mathrm{rand}(0,a_2)(p_j^g(k) - x_j^i(k))$ 中的 $\varphi_2 \mathrm{rand}(0,a_2)(p_j^g(k) - x_j^i(k))$ 是（　　）。
   A. 个体认知分量　　B. 个体社会分量　　C. 惯性分量　　D. 随机分量
4. 对于粒子群优化算法，$v_j^i(k+1) = \omega(k)v_j^i(k) + \varphi_1 \mathrm{rand}(0,a_1)(p_j^i(k) - x_j^i(k)) + \varphi_2 \mathrm{rand}(0,a_2)(p_j^g(k) - x_j^i(k))$ 中，当 $\varphi_1 > 0$，$\varphi_2 > 0$ 时，称为（　　）。
   A. 全模型　　B. 认知模型　　C. 社会模型　　D. 无私模型
5. 对于粒子群优化算法，$v_j^i(k+1) = \omega(k)v_j^i(k) + \varphi_1 \mathrm{rand}(0,a_1)(p_j^i(k) - x_j^i(k)) +$

$\varphi_2 \text{rand}(0, a_2)(p_j^g(k) - x_j^i(k))$ 中，φ_1 越大，说明（　　）。

A. 粒子对自己经历的最优位置越自信
B. 粒子对群体经历的最优位置越信任
C. 粒子向个体经历的最优位置调整的随机性越大
D. 粒子向群体经历的最优位置调整的随机性越大

6. 对于粒子群优化算法，$v_j^i(k+1) = \omega(k)v_j^i(k) + \varphi_1 \text{rand}(0, a_1)(p_j^i(k) - x_j^i(k)) + \varphi_2 \text{rand}(0, a_2)(p_j^g(k) - x_j^i(k))$ 中，φ_2 越大，说明（　　）。

A. 粒子对自己经历的最优位置越自信
B. 粒子对群体经历的最优位置越信任
C. 粒子向个体经历的最优位置调整的随机性越大
D. 粒子向群体经历的最优位置调整的随机性越大

7. 蚁群优化算法模型中的 α 是（　　）。

A. 信息素启发因子　　B. 能见度启发因子　　C. 信息素保持系数　　D. 能见度

8. 蚁群优化算法模型中的 β 是（　　）。

A. 信息素启发因子　　B. 能见度启发因子　　C. 信息素保持系数　　D. 能见度

9. 蚁群优化算法模型中 α 越大，蚂蚁越倾向于选择（　　）。

A. 信息素浓度低的路径　　　　　　　B. 信息素浓度高的路径
C. 距离短的路径　　　　　　　　　　D. 距离长的路径

10. 蚁群优化算法模型中 β 越大，蚂蚁越倾向于选择（　　）。

A. 信息素浓度低的路径　　　　　　　B. 信息素浓度高的路径
C. 距离短的路径　　　　　　　　　　D. 距离长的路径

2.6　机器学习简介

机器学习（Machine Learning）是人工智能研究的重要内容。机器的知识可以由人通过某种表示方式输入，但这种知识不能随环境的变化及时更新。机器学习是使计算机模拟人的学习行为，自动地通过各种数据学习并获取完成任务的知识和技能，不断改善性能，实现自我完善。

机器学习能力的强弱决定了人工智能产品的智能化程度的高低，但机器学习是一门多领域交叉学科，是人工智能研究中难度较大的重点领域。

2.6.1　机器学习的主要类型

人工智能领域的机器学习种类较多，分类方法也多种多样。较常用的分类方法是根据训练期间接受的监督数量和监督类型，将机器学习分为有监督学习、无监督学习、半监督学习和强化学习 4 种类型。

微课 2.6　机器学习简介

1. 有监督学习

有监督学习是从含有标签的数据集中推断出一个功能的机器学习方式。

在有监督学习中，用已知某种或某些特性的实例作为训练集，称为标签或标记。每个实例都是一对，由一个输入对象和一个期望的输出值组成。算法通过分析训练数据，产生一个可用于映射新的实例的推断功能。

有监督学习主要应用于分类和预测。

例如：垃圾邮件过滤器，是通过大量的电子邮件示例及其所属的类别（垃圾邮件或常规邮件）进行训练，然后学习如何对新邮件进行分类。

人脸识别、手写体识别、医学诊断等都是典型的分类任务。

汽车价格预测系统，是通过大量的汽车示例的里程、使用年限、品牌等预测变量和标签来预测一个目标价格数值。

典型的有监督学习算法有 k – 近邻（k – Nearest Neighbors）算法、线性回归（Linear Regression）算法、逻辑回归（Logistic Regression）算法、支持向量机（Support Vector Machines，SVM）、决策树（Decision Tree）算法、随机森林（Radom Forest）算法、人工神经网络（Artificial Neural Network，ANN）等。

2. 无监督学习

无监督学习通常是指只有输入变量，没有相关输出变量，即从不含标签的数据集中推断出一个功能的机器学习方式。

无监督学习通常用于缺乏足够的先验知识，难以人工标注类别；或进行人工类别标注的成本太高，希望由机器代替人类进行标注或提供一些帮助等情况。

典型的无监督学习的算法是聚类和降维。

3. 半监督学习

半监督学习是有监督学习与无监督学习相结合的一种机器学习类型。半监督学习使用大量的未标记数据，同时使用标记数据来进行模式识别工作。使用半监督学习既可以减少人的工作，又能够带来比较高的准确性。

半监督学习的基本思想是利用数据分布上的模型假设建立学习器对未标签样例进行标签。它的形式化描述是给定一个来自某未知分布的样例集 $S = LU$，其中 L 是已标签样例集，$L = \{(x_1, y_1), (x_2, y_2), \cdots, (x_{|L|}, y_{|L|})\}$，$U$ 是一个未标签样例集 $U = \{x_{c1}, x_{c2}, \cdots, x_{c|U|}\}$，希望得到函数 $f: x \rightarrow y$，以便准确地对样例 x 预测其标签 y。半监督学习就是在样例集 S 中寻找最优的学习器。如果 $S = L$，则问题就转化为传统的有监督学习；如果 $S = U$，则问题就转化为传统的无监督学习。

4. 强化学习

强化学习是智能体（即学习系统）以"试错"的方式进行学习，通过与环境交互获得奖赏指导行为，目标是使智能体获得最大的奖赏。强化学习中由环境提供的强化信号是对产生动作的好坏进行评价，通常为标量信号，而不是告诉强化学习系统如何产生正确的动作。由于外部环境提供的信息很少，强化学习系统必须靠自身的经历进行学习、观察，在行动 – 评价的环境中获得知识，做出选择，改进行动方案，获得回报，以适应环境。

例如，许多机器人通过强化学习算法来学习如何行走。DeepMind 的阿尔法狗项目也是一个强化学习的典范。2016 年 3 月，阿尔法狗在围棋比赛中击败世界冠军李世石而声名鹊起。通过分析数百万场比赛，然后自己跟自己下棋，阿尔法狗学到了制胜策略。

2.6.2 机器学习的常用算法

2.6.2.1 k-近邻算法

k-近邻算法用一个带有标签的样本数据集与输入的没有标签的新数据的每个特征进行比较，然后提取样本数据集中前 k（≤20）个样本中特征最相似的数据（最相邻），即出现次数最多的分类标签，作为新数据的分类。这相当于 k 个邻居对未知标签数据分类进行投票选择。

2.6.2.2 回归算法

回归算法是有监督学习的算法之一，通过已有测试集数据拟合一个回归函数或建立一个回归模型，再利用这个函数或模型将待测试的数据集映射到某个给定的值，以实现数据预测。

常用的回归算法有线性回归算法和逻辑回归算法。

1. 线性回归算法

线性回归算法是通过对给定的一个数据集 $D = \{(x_1, y_1), (x_2, y_2), \ldots\}$ 的学习，得到一个如式（2-5）所示的线性模型，该模型尽可能准确地反应 x_i 和 y_i 的对应关系。

$$f(x) = w_1 x_1 + w_2 x_2 + \cdots + w_n x_n + b \qquad (2-5)$$

式中，$w = (w_1, w_2, w_3, \ldots, w_n)$ 为权重，表示对应的属性对预测结果的影响程度。权重越大，其对结果的影响越大。

因此线性回归算法就是求出相应的变量参数，寻找一条线，这个线到达所有样本点的距离和最小，如图 2-31 所示，再用求得的参数对新的输入预测其输出值。

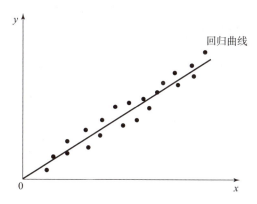

图 2-31 线性回归算法示意

2. 逻辑回归算法

逻辑回归算法是一种解决二分类（0 or 1）问题的机器学习方法，用于估计某种事物的可能性。逻辑回归算法以线性回归算法为理论支持，通过 Sigmoid 函数引入非线性因素，可以处理二分类问题。

2.6.2.3 支持向量机

支持向量机是一种定义在特征空间上的间隔最大的二分类模型，目的是求解能够正确划分训练数据集并且几何间隔最大的分离超平面。

超平面是能将给定数据分开的边界线、二维平面或高维平面。例如：在二维平面上将数据分开时，超平面为一条线，如图 2-32 所示；在三维平面上将数据分开时，超平面是一个二维平面；在 N 维平面上将数据分开时，则需用 $N-1$ 维的超平面。因此，超平面是分类的决策边界，分布在超平面一侧的所有数据都属于某个类别，而分布在超平面另一侧的所有数据则属于另一个类别。

间隔是指点到超平面的距离。求解几何间隔最大的分离超平面，就是希望最近点到超平面的距离越大越好，这样模型出错的概率低。如图 2-33 所示，3 条直线都能将数据分开，但需要计算几何间隔最大的分离超平面。

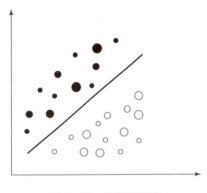 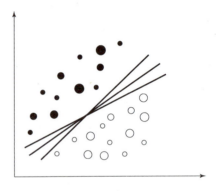

图 2-32 超平面示意　　　　　　　图 2-33 寻找几何间隔最大的分离超平面

2.6.2.4　决策树算法

决策树算法是一种典型的分类方法。首先对数据进行处理，利用归纳算法生成可读的规则和决策树。决策树是一个树结构，其每个非叶子节点表示一个特征属性上的测试，每个分支代表这个特征属性在某个值域上的输出，而每个叶子节点存放一个类别。使用决策树算法进行决策的过程就是从根节点开始，测试待分类项中相应的特征属性，并按照其值选择输出分支，直到叶子节点，叶子节点存放的类别即决策结果。

2.6.2.5　随机森林算法

随机森林算法是一个包含多个决策树的分类器，是通过机器学习的集成学习思想对多棵树进行集成的一种算法。

在随机森林算法中，每棵决策树都是一个分类器。对于一个输入样本，N 棵树会有 N 个分类结果。随机森林算法集成所有分类投票结果，将投票次数最多的类别指定为最终的输出。

2.6.2.6　朴素贝叶斯算法

朴素贝叶斯算法（Naive Bayesian algorithm）是基于概率论的、应用最广泛的分类算法之一。对于给定的训练数据集，首先基于特征条件独立假设学习输入/输出的先验性联合概率分布；然后基于此模型，对给定的输入 x，利用贝叶斯定理求出后验概率最高的输出 y。

贝叶斯定理由英国学者贝叶斯（1702—1761 年）在 18 世纪提出，是概率统计中应用所观察到的现象对有关概率分布的主观判断（即先验概率）进行修正的标准方法。通俗地说，当不能准确知悉一个事物的本质时，就可以依靠与事物特定本质相关的事件出现次数的多少去判断其本质属性的概率。支持某项属性的事件发生得越多,则该属性成立的可能性就越大。例如:如果看到一个人总是做一些好事,则这个人多半是一个好人。再如:在投资决策分析时,在已知相关项目 B 的资料,而缺乏论证项目 A 的直接资料时,是通过对项目 B 的有关状态及发生概率分析推导项目 A 的状态及发生概率。

贝叶斯公式见式(2-6)。

$$P(B_i \mid A) = \frac{P(B_i)P(A \mid B_i)}{\sum_{j=1}^{n} P(B_j)P(A \mid B_j)} \qquad (2-6)$$

式中:

(1) $P(B)$ 是 B 的先验概率或边缘概率,即不考虑任何 A 方面的因素;

(2) $P(B \mid A)$ 是已知 A 发生后 B 的条件概率,也由于得自 A 的取值而被称作 B 的后验概率;

(3) $P(A \mid B)$ 是已知 B 发生后 A 的条件概率,也由于得自 B 的取值而被称作 A 的后验概率。

贝叶斯公式的含义是:当已知事件 B_i 的概率 $P(B_i)$ 和事件 B_i 已发生条件下事件 A 的概率 $P(A \mid B_i)$,则可运用贝叶斯定理计算出在事件 A 发生条件下事件 B_i 的概率 $P(B_i \mid A)$。

2.6.2.7 聚类

聚类(Cluster)分析又称为"群分析",是研究样品或指标等分类问题的一种统计分析方法,同时也是数据挖掘的一个重要算法。

在机器学习领域,聚类是将数据分类到不同的类或簇的过程,同一个簇中的对象有很大的相似性,而不同簇间的对象有很大的相异性。聚类分析以相似性为基础,在一个聚类中的模式之间比不在同一聚类中的模式之间具有更大的相似性。

与分类不同,聚类分析是一种探索性的分析,是一种搜索簇的无监督学习过程。在分类的过程中,人们不必事先给出一个分类的标准,聚类分析能够从样本数据出发,自动进行分类。

较常用的聚类有 k – 均值聚类(k – means)、层次聚类(Hierarchical Clustering)。

1. k – 均值聚类

k – 均值聚类用于对 n 维空间内的点根据欧氏距离①远近程度进行分类。其基本思想是随机选取 k 个样本作为聚类中心,计算各样本与各个聚类中心的距离,将每个样本划归到与之距离最近的聚类中心,将各个类的样本的均值作为新的聚类中心,重复操作,直到各个类不再发生变动或者达到迭代次数,算法结束。

2. 层次聚类

层次聚类是一种很直观的算法。顾名思义就是要一层一层地进行聚类,可以从下而上地把小的簇合并聚集,也可以从上而下地将大的簇进行分割。在此仅以从下而上合并簇的方法说明层次聚类的算法思想。

从下而上合并簇就是每次找到距离最短的两个簇,然后将其合并成一个大的簇,直到全

---

① 欧氏距离即欧几里得度量(euclidean metric),是一个通常采用的距离定义,指在 m 维空间中两个点之间的真实距离,或者向量的自然长度(即该点到原点的距离)。在二维和三维空间中的欧氏距离就是两点之间的实际距离。

部合并为一个簇。

开始每个数据点独自作为一个类，两个簇的距离就是两个点之间的距离。对于有多个数据点的簇，常用的方法是计算两个簇各自数据点的两两距离的平均值。

整个过程就是建立一个树结构，如图 2-34 所示。

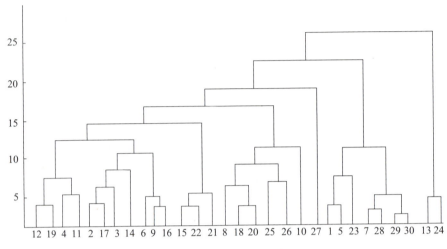

图 2-34 层次聚类示意

2.6.2.8 降维

所谓降维就是指采用某种映射方法，将原高维空间中的数据点映射到低维空间中。降维的本质是学习一个映射函数 $f: x \rightarrow y$，其中 x 是原始数据点的向量表达形式，y 是数据点映射后的低维向量表达形式。目的是减少原始的高维数据空间中包含的冗余信息，以提高识别的准确度。

常用的降维算法有主成分分析法（Principal Component Analysis，PCA）、线性判别分析法（Linear Discriminant Analysis，LDA）。

1. 主成分分析法

主成分分析法是数学上用于降维的一种统计分析方法。该方法是通过正交变换将一组可能存在相关性的变量转换为一组线性不相关的变量，转换后的这组变量称为主成分。

主成分分析原理是：对于多变量问题，如果两个变量之间有一定相关关系，就说明这两个变量反映此问题的信息有一定的重叠。主成分分析就是对原先提出的所有变量，删去多余的重复变量，重新组合成一组新的互相无关的综合变量，同时根据实际需要从中取出尽可能多的反映原来变量信息的较少的综合变量。

实践证明，主成分分析法是丢失原始数据信息最少、最接近原始数据的一种线性降维方式，因此是目前机器学习领域最常用的算法之一。

2. 线性判别分析法

线性判别分析法是一种有监督的线性降维算法。其思想是给定训练样例集，设法找到一条直线，将样例投影到该直线上，使同类样例的投影点尽可能接近，异类样例的投影点尽可能远离。对新样本进行分类时，也将其投影到同样的直线上，再根据投影点的位置确定新样本的类别。

线性判别分析法基于自变量是正态分布的假设条件，当假设无法满足时需采用回归分析等其他方法。

单元小结

机器学习是使计算机模拟人的学习行为，自动地通过各种数据学习并获取完成任务的知识和技能，不断改善性能，实现自我完善。

根据训练期间接受的监督数量和监督类型，机器学习可分为有监督学习、无监督学习、半监督学习和强化学习4种类型。有监督学习是从含有标签的数据集中推断出一个功能的机器学习方式，主要应用于分类和预测；无监督学习通常是指只有输入变量，没有相关输出变量，即从不含标签的数据集中推断出一个功能的机器学习方式；半监督学习是有监督学习与无监督学习相结合的一种学习方法；强化学习是智能体通过与环境交互获得的奖赏指导行为，强化学习系统靠自身的经历进行学习、观察，在行动–评价的环境中获得知识，做出选择，改进行动方案，获得回报，以适应环境。

机器学习的常用算法有回归算法、决策树算法、随机森林算法、朴素贝叶斯算法、聚类、降维等。

练习思考

一、填空题

1. 在有监督学习中，用已知某种或某些特性的实例作为训练集，称为_____或_____。

2. 无监督学习通常用于缺乏足够的_____知识，难以人工标注_____；或进行人工标注_____的成本太高，希望由机器代替人类进行标注或提供一些帮助等情况。

3. 半监督学习使用大量的_____数据，同时使用_____数据来进行模式识别工作。

4. 强化学习是智能体通过与环境交互获得的_____指导行为，强化学习系统靠_____进行学习。

5. 回归算法是通过已有测试集数据拟合一个_____或建立一个_____，再利用这个函数或模型将待测试的数据集映射到某个给定的值，以实现_____。

6. 决策树中每个非叶子节点表示一个_____上的测试，每个分支代表这个_____在某个值域上的_____，每个叶子节点存放一个_____。

7. 随机森林算法是一个包含多个_____的分类器，每个_____都是一个分类器。随机森林算法集成所有_____结果，将_____的类别指定为最终的输出。

8. 在机器学习领域，聚类是将数据分类到不同的类或____的过程，同一个_____中的对象有很大的_____，而不同_____间的对象有很大的_____。

二、单项选择题

1. 从含有标签的数据集中推断出一个功能的机器学习方式是（　　）。
A. 有监督学习　　B. 无监督学习　　C. 半监督学习　　D. 强化学习

2. 只有输入变量，没有相关输出变量，即从不含标签的数据集中推断出一个功能的机器学习方式是（　　　）。

  A. 有监督学习 B. 无监督学习 C. 半监督学习 D. 强化学习

  3. 使用大量的未标记数据，同时使用标记数据来进行模式识别的学习方式是（　　　）。

  A. 有监督学习 B. 无监督学习 C. 半监督学习 D. 强化学习

  4. 由环境提供的强化信号是对学习系统的动作好坏作出评价，而不告诉其如何产生正确的动作，靠自身的经历进行学习、观察，在行动 - 评价的环境中获得知识，做出选择，改进行动方案，获得回报，以适应环境的学习方式是（　　　）。

  A. 有监督学习 B. 无监督学习 C. 半监督学习 D. 强化学习

  5. 回归算法是一种（　　　）的算法。

  A. 有监督学习 B. 无监督学习 C. 半监督学习 D. 强化学习

  6. 聚类是一种（　　　）的算法。

  A. 有监督学习 B. 无监督学习 C. 半监督学习 D. 强化学习

2.7　人工神经网络简介

微课 2.7.1　神经网络概述

2.7.1　神经网络概述

1. 神经网络的起源与发展

人工神经网络简称神经网络或类神经网络。20 世纪 80 年代以来人工神经网络逐渐成为人工智能领域的研究热点。特别是近十多年来，人工神经网络的研究工作不断深入，已经取得了很大的进展，在模式识别、智能机器人、自动控制、预测估计、生物、医学、经济等领域已成功地解决了许多现代计算机难以解决的实际问题，表现出良好的智能特性。

人工神经网络是从信息处理的角度对人脑神经元网络进行抽象，建立某种简单模型，按不同的连接方式组成不同的网络。

2. 生物神经元的结构

生物神经元网络主要是指人脑的神经网络，它是人工神经网络的技术原型。人脑是人类思维的物质基础，思维的功能定位在大脑皮层。人脑中约有 10^{11} 个神经元，每个神经元又通过神经突触与大约 10^3 个其他神经元相连，形成一个高度复杂、高度灵活的动态网络。

1904 年，西班牙生物学家、"现代神经科学之父"圣地亚哥·拉蒙·卡哈尔（Santiago Ramón y Cajal）发现了神经元结构，如图 2 - 35 所示。

神经元又称为神经细胞，是神经系统的最基本结构和功能单位，分为细胞体和突起两部分。细胞体由细胞核、细胞膜、细胞质组成，具有联系和整合输入信息并传出信息的作用。突起有树突和轴突两种。多个神经元之间通过轴突、树突形成连接，构成神经元网络。整个神经元内部具有一致的脉冲电位信号，神经元之间能够逐级传递脉冲电位信号。脉冲电位信号通过多个树突获取信息，通过轴突传递信号，通过轴突末端的突触输出信号。神经元之间连接数量的多少、粗细等生物特征表示了连接强度。

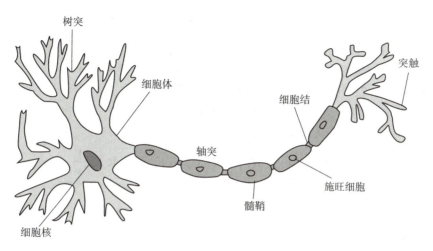

图 2-35 生物神经元的结构

3. 人工神经网络数学模型

人工神经网络是生物神经元网络在某种意义下的简化和技术复现。其主要任务是根据生物神经元网络的原理和实际应用的需要建造实用的人工神经网络模型,模拟人脑的某种智能活动,设计相应的学习算法,以解决实际问题。

> 1943 年,美国神经生理学家沃伦·斯特吉斯·麦克洛奇(W. McCulloch)和数理逻辑学家沃尔特·皮兹(W. Pitts)从生物神经元的结构上得到启发,建立了第一个人工神经网络模型(M-P 模型),奠定了人工神经网络的研究基础。
> M-P 模型后来又被美国神经物理学家弗兰克·罗森布拉特(Frank Rosenblatt)发展,他提出了感知机(Perceptorn)模型,并于 1957 年在一台 IBM-704 计算机上面模拟实现了感知机模型,该模型可以完成一些简单的视觉分类任务,比如区分三角形、圆形、矩形等。

根据生物神经元的结构及功能,人们提出的人工神经网络模型有数百种,其中,被认为标准、统一的人工神经网络模型是由加权求和、线性动态系统和非线性函数映射三部分构成的,即感知机模型,如图 2-36 所示。

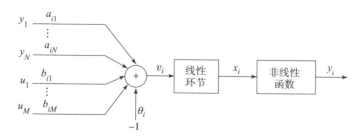

图 2-36 人工神经网络数学模型

其中,加权求和环节的数学表达式见式(2-7)。

$$v_i(t) = \sum_{j=1}^{N} a_{ij} y_j(t) + \sum_{k=1}^{M} b_{ik} u_k(t) - \theta_i \tag{2-7}$$

式中，$y_i(t)$ ——第 i 个神经元的输出；

   θ_i ——第 i 个神经元的阈值，θ_i 越小，第 i 个神经元越容易兴奋；

   $u_k(t)$ $(k=1, 2, \cdots, M)$ ——神经元受到的外部作用；

   a_{ij} ——第 j 个神经元与第 i 个神经元的连接权值；

   b_{ik} ——第 k 个外部输入与第 i 个神经元的连接权值。

线性环节的传递函数为：$X_i(s) = H(s) V_i(s)$，$H(s)$ 通常取 1，$\dfrac{1}{s}$，$\dfrac{1}{Ts+1}$，e^{-Ts} 及其组合等。

非线性函数通常取阶跃函数、S 型函数、ReLU（Rectified Linear Unit）函数几种。

1）阶跃函数

$$f(x_i) = \begin{cases} 1, & x_i > 0 \\ 0, & x_i \leq 0 \end{cases} \tag{2-8}$$

或

$$f(x_i) = \begin{cases} 1, & x_i > 0 \\ -1, & x_i \leq 0 \end{cases} \tag{2-9}$$

2）S 型函数

Sigmoid 函数是具有平滑、渐近和单调性的 S 型函数，是较常用的人工神经网络的非线性函数。其数学表达式见式（2-10）。

$$f(x_i) = \frac{1}{1 + e^{-\alpha x_i}} \tag{2-10}$$

当需要将神经元的输出限制在 [-1, 1] 区间时，可以选双曲线正切函数。其数学表达式见式（2-11）。

$$f(x_i) = \frac{1 - e^{-\alpha x_i}}{1 + e^{-\alpha x_i}} \tag{2-11}$$

3）ReLU 函数

ReLU 函数又称为修正线性单元，是人工神经网络中常用的激励函数（Activation Function），通常指以斜坡函数及其变种为代表的非线性函数。其数学表达式见式（2-12）。

$$f(x_i) = \max(0, x_i) \tag{2-12}$$

即 $x_i \geq 0$ 时，$f(x_i) = x_i$；$x_i < 0$ 时，$f(x_i) = 0$。

4. 人工神经网络的类型

由人工神经网络数学模型可见，人工神经网络就是多个神经元模型（感知机）之间相互联接构成的一种运算模型。每个节点代表一种称为激励函数的特定输出函数。每两个节点间的连接代表一个通过该连接的信号加权值，称为权重。人工神经网络的输出则随人工神经网络的连接方式、权重值和激励函数的不同而不同。

1）前馈型（前向型）

前馈型人工神经网络是由一个输入层、一个或多个隐含层、一个输出层构成的。各神经元只接收上一层的输入，并输出给下一层，没有反馈，如图 2-37 所示。

BP 神经网络是典型的前馈型人工神经网络。

2）反馈型

在反馈型人工神经网络中，一些神经元的输出经过若干个神经元后再反馈到这些神经元的输入端。

典型的反馈型人工神经网络是 Hopfield 神经网络，每个神经元都与其他神经元相连，是全互连的人工神经网络，如图 2-38 所示。

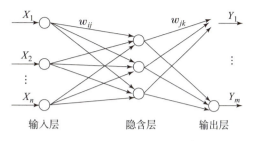

图 2-37 前馈型人工神经网络

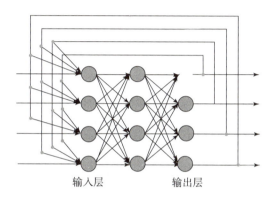

图 2-38 反馈型人工神经网络

5. 人工神经网络的工作方式

人工神经网络的神经元，在满足兴奋条件时就变为兴奋状态，在不满足兴奋条件时就变为抑制状态。人工神经网络的神经元的状态改变有同步和异步两种方式。

同步方式又称为并行方式，在该方式下任一时刻人工神经网络中的所有神经元同时调整状态。

异步方式又称为串行方式，在该方式下任一时刻只有一个神经元调整状态，其他神经元的状态保持不变。

2.7.2 BP 神经网络学习算法及其应用

微课 2.7.2 BP 神经网络学习算法及其应用

1. BP 神经网络的结构

> BP 神经网络（Back Propagation Neural Network，反向传播神经网络）起源于 1974 年哈佛大学博士保罗·沃波斯（Paul Werbos）的《并行分布式处理》的思想，形成于 1986 年鲁梅尔哈特（D. E. Rumelhart）和麦克莱伦德（J. L. McClelland）的《并行分布处理：认知微结构的探索》一书。

BP 神经网络是一种按照误差逆向传播算法训练的多层前馈型人工神经网络，如图 2-39 所示。

在 m 层的 BP 神经网络中，第 1 层为输入层，第 m 层为输出层，中间各层为隐含层。每一个隐含层可以有若干个节点，这些节点与外界没有直接联系，但其状态的改变则能影响输

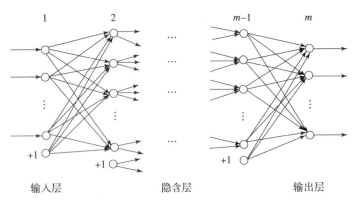

图 2-39 BP 神经网络

入与输出的关系。

在 BP 神经网络中，标"+1"的圆圈为偏置节点。偏置节点没有输入，其输出总为 1。

输入层的输入、输出关系一般是线性函数。隐含层的各个神经元的输入、输出关系一般为非线性函数。隐含层与输出层中各个神经元的非线性关系一般取 S 型函数。设 y_i^k 为第 k 层第 i 个神经元的输出，u_i^k 为第 k 层第 i 个神经元的输入总和，w_{ij}^k 为第 $k-1$ 层第 j 个神经元到第 k 层第 i 个神经元的连接权值，则 BP 神经网络各变量的关系见式（2-13）和式（2-14）。

$$y_i^k = f_k(u_i^k) = \frac{1}{1+e^{-u_i^k}} \tag{2-13}$$

$$u_i^k = \sum_j w_{ij}^{k-1} y_j^{k-1} (k=2,3,\cdots,m) \tag{2-14}$$

2. BP 学习算法

BP 学习过程由正向传播过程和反向误差校正过程组成。正向传播时，输入数据从输入层输入，经过隐含层逐层处理，直到输出层。正向传播按式（2-13）、式（2-14）计算第一层的输入总和 u_i^k 和输出 y_i^k。

如果在输出层没有得到期望的输出，则进行反向误差校正，根据误差信号修改各神经元的权值，使误差信号最小。反向校正公式见式（2-15）、式（2-16）、式（2-17）。

$$d_i^m = y_i^m(1-y_i^m)(y_i^m - y_{si}) \tag{2-15}$$

$$\Delta w_{ij}^{k-1} = -\varepsilon d_i^k y_j^{k-1} \tag{2-16}$$

$$d_i^k = y_i^k(1-y_i^k)\sum_i d_i^{k+1} w_{ij}^k (k=m-1,\cdots,2) \tag{2-17}$$

式中：

（1）d_i^m 为第 m 层，即输出层的误差信号；

（2）y_i^m 为第 m 层的实际输出；

（3）y_{si} 为 BP 神经网络的期望输出，即样本值；

（4）Δw_{ij}^{k-1} 为第 $k-1$ 层第 j 个神经元与第 k 层第 i 个神经元的连接权值修正量（误差梯度）；

（5）w_{ij}^k 为第 k 层第 j 个神经元与第 $k+1$ 层第 i 个神经元的连接权值；

（6）ε 为学习步长，一般取 $0<\varepsilon<0.5$。

例如：在判断零件是否合格的 BP 神经网络中，输入是零件长度和零件质量，如果输出 y > 0，则认为零件合格。

判断零件是否合格的 BP 神经网络结构如图 2 – 40 所示。

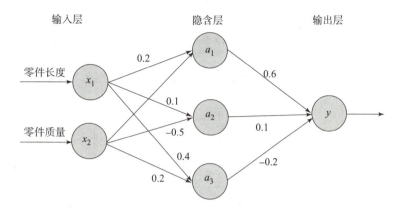

图 2 – 40 判断零件是否合格的 BP 神经网络结构

正向传播过程各层的输出如图 2 – 41 所示。

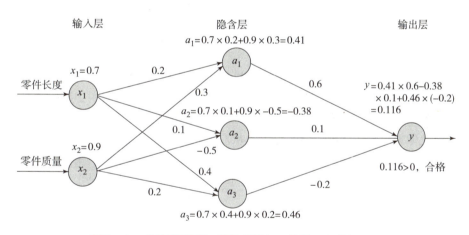

图 2 – 41 判断零件是否合格的神经网络的正向传播过程

正向传播到输出层后，需根据输出层的输出和期望输出，按式（2 – 15）计算输出层误差，如果误差满足给定要求，算法结束，输出结果；否则，进入反向误差校正环节。

反向误差校正就是从后向前，根据第 $k+1$ 层（后一层）的误差和第 k 层（前一层）的输出计算相邻两层神经元的连接权值的误差梯度，据此进行权值修正，直到输入层。

之后再进行正向传播，如此反复，直到输出误差满足给定要求。

BP 学习算法的一般流程如图 2 – 42 所示。

3. BP 神经网络的应用

BP 神经网络是前向网络的核心，体现了人工神经网络的精华，是实际应用中广泛采用的人工神经网络模型，如函数逼近、模式识别、分类、数据压缩等。

例如：一个 3 层 BP 神经网络对数字 0 ~ 9 进行分类，训练数据如图 2 – 44（a）所示。

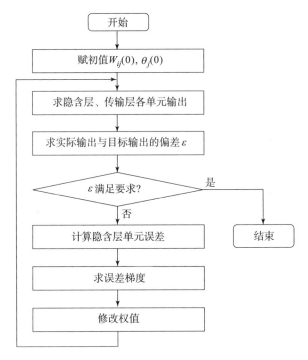

图 2-42　BP 学习算法的一般流程

该分类问题有 10 个分类（向量），每个目标向量是这 10 个向量中的一个。数字“0”的目标值节点输出全为0，数字“1”～“9”的目标值是其余9 个向量中的一个。每个数字用9×7 的网格表示，每个网格用0 和1 的长位串表示，灰色像素代表0，黑色像素代表1。每一列的位串是从左上角开始向下直到网格的整个一列，然后重复其他列。

如数字“5”的位串如下：

{0，0，0，0，0，0，0，0，0；
0，1，1，1，1，0，0，1，0；
0，1，0，0，1，0，0，1，0；
0，1，0，0，1，0，0，1，0；
0，1，0，0，1，0，0，1，0；
0，1，0，0，1，1，1，1，0；
0，0，0，0，0，0，0，0，0}

0	0	0	0	0	0	0
0	1	1	1	1	1	0
0	1	0	0	0	0	0
0	1	0	0	0	0	0
0	1	1	1	1	1	0
0	0	0	0	0	1	0
0	0	0	0	0	1	0
0	1	1	1	1	1	0
0	0	0	0	0	0	0

图 2-43　数字“5”的字型

数字“5”的字型如图 2-43 所示。

训练方法是：利用结构为 63-6-9 的 BP 神经网络，9×7 个输入节点对应上述网格的映射，输出节点对应 10 种分类，使用的学习步长为0.3，训练600 个周期，如果输出节点的值大于0.9 则取为1，如果输出节点的值小于0.1 则取为0。当训练成功后，对图2-44（a）所示测试数据进行测试，位映射如图 2-44（b）所示，测试结果如图 2-44（c）所示。

测试结果为：除了数字“8”以外，所有被测的数字都能够被正确地识别，这表明第 8 个样本是模糊的。

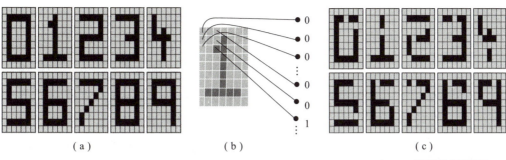

图 2-44 BP 网络的数字识别数据
（a）训练数据；（b）位映射；（c）测试结果

2.7.3 Hopfield 神经网络及其应用

微课 2.7.3（1） Hopfield 神经网络

> 在 1982 年和 1984 年，美国加州理工学院生物物理学家霍普菲尔德（J. J. Hopfield）先后提出了离散型 Hopfield 神经网络和连续型 Hopfield 神经网络，引入了"计算能量函数"理论，给出了稳定性判据和 Hopfield 神经网络的电子电路实现。
>
> Hopfield 神经网络开拓了神经网络用于联想记忆和优化计算的新途径，将当时处于低谷期的神经网络研究又推向了一个新的高潮。

Hopfield 神经网络（Hopfield Neural Network，HNN）有离散型（DHNN）和连续型（CHNN）两种，本书仅以离散型 Hopfield 网络为例介绍全互连的神经网络的算法思想和应用方法。

1. 离散型 Hopfield 神经网络结构

离散型 Hopfield 神经网络是一种全互连的反馈型人工神经网络，每一个神经元都和其他神经元连接，如图 2-45 所示。

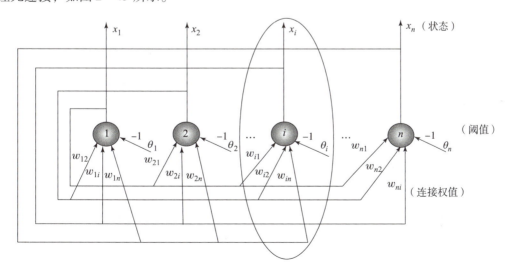

图 2-45 离散型 Hopfield 神经网络结构

离散型 Hopfield 神经网络是由一个 $N \times N$ 阶的权值矩阵 $\boldsymbol{w} = [w_{ij}]_{N \times N}$ 和一个 N 维向量 $\boldsymbol{\theta} = [\theta_1, \theta_2, \cdots \theta_N]^T$ 唯一确定的，其中，w_{ij} 为第 j 个神经元到第 i 个神经元的连接权值，θ_i 为第 i 个神经元的阈值。

2. Hopfield 神经网络的特性

Hopfield 神经网络的重要特性是稳定性。如果在人工神经网络演化的过程中，从某一时刻开始，人工神经网络中所有神经元的状态都不再改变，则称该人工神经网络是稳定的。

"计算能量函数"理论证明：Hopfield 神经网络是高维非线性动力学系统，可能有若干个稳定状态。从任一初始状态开始运动，通过改变各神经元间的连接权值，一定可以达到某个稳定状态。

3. Hopfield 神经网络的联想记忆

联想记忆思想是将网络的一个稳态作为一个记忆样本，当初态给定的是样本的不完全信息时，网络可以从部分信息找到全部信息，收敛到与输入样本最为相似的稳定状态。

Hopfield 神经网络的联想记忆过程是非线性动力学系统朝某个稳定状态运动的过程，分为学习和联想两个阶段。

1) 学习阶段

在给定样本的条件下调整连接权值，使存储的样本成为 Hopfield 神经网络的稳定状态。

设给定样本 $\boldsymbol{x}^{(k)}(k = 1, 2, \cdots m)$，$x_i^{(k)}$ 表示第 k 个样本中的第 i 个元素，记神经元 j 到神经元 i 的连接权值为 w_{ij}。

当神经元 $x_i \in \{-1, 1\}$ 时，按式（2-18）计算。

$$w_{ij} = \begin{cases} \sum_{k=1}^{m} x_i^{(k)} x_j^{(k)} &, i \neq j \\ 0 &, i = j \end{cases} \quad (2-18)$$

当神经元 $x_i \in \{0, 1\}$ 时，按式（2-19）计算。

$$w_{ij} = \begin{cases} \sum_{k=1}^{m} (2x_i^{(k)} - 1)(2x_j^{(k)} - 1) &, i \neq j \\ 0 &, i = j \end{cases} \quad (2-19)$$

2) 联想阶段

在已经调整好权值不变的情况下，给出部分不全或受干扰的信息，按照神经元状态的变化规律改变神经元的状态，使 Hopfield 神经网络最终变到某个稳定状态。

离散型 Hopfield 神经网络各神经元随时间的变化规律见式（2-20）、式（2-21）、式（2-22）。

$$v_i(k+1) = f(u_i(k)) = \begin{cases} 1, & u_i(k) \geq 0 \\ 0, & u_i(k) < 0 \end{cases} \quad (2-20)$$

或

$$v_i(k+1) = f(u_i(k)) = \begin{cases} 1, & u_i(k) \geq 0 \\ -1, & u_i(k) < 0 \end{cases} \quad (2-21)$$

$$u_i(k) = \sum_{\substack{j=1 \\ j \neq i}}^{n} w_{ij} v_j(k) - \theta_i \quad (2-22)$$

式中：
(1) $v_i(k)$：k 时刻第 i 个神经元的状态；
(2) $u_i(k)$：k 时刻第 i 个神经元的输入总和；
(3) w_{ij}：第 j 个神经元到第 i 个神经元的连接权值，表示第 i 个神经元与第 j 个神经元的连接强度，$w_{ij} = w_{ji}$，$w_{ii} = 0$；
(4) θ_i：第 i 个神经元的阈值。

Hopfield 神经网络各神经元的状态更新可以是同步方式，也可以是异步方式。

4. Hopfield 神经网络的联想记忆应用案例

图 2-46 所示是一个基于 Hopfield 神经网络的分类器。该分类器通过对苹果和橘子的外形、质地、质量的联想和记忆，实现对苹果和橘子的分类。

微课 2.7.3（2） Hopfield 神经网络的应用

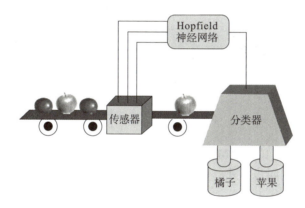

图 2-46 基于 Hopfield 神经网络的分类器

苹果和橘子经输送带传送给外形、质地、质量 3 个传感器，传感器将其转换成分类特征编码，见表 2-9。

表 2-9 分类特征编码

传感器	1	0
外形	圆	椭圆
质地	光滑	粗糙
质量	<300 g	>300 g

如 3 个传感器输出表示为 [外形，质地，质量]，则标准橘子表示为 $x^{(1)} = [1,0,1]^T$，标准苹果表示为 $x^{(2)} = [0,1,0]^T$。Hopfield 神经网络根据传感器检测结果进行识别，如果识别结果是苹果，则执行器就将这个苹果放进苹果筐，否则放进橘子筐。

1）分类器神经网络结构

因为有 3 个分类特征，故该分类器的神经网络被设计成有 3 个神经元的离散型 Hopfield 神经网络，如图 2-47 所示。神经元 1 为外形，神经元 2 为质地，神经元 3 为质量，其阈值均为 0。

2) 分类器神经网络的连接权值矩阵

分类器神经网络的连接权值矩阵，是通过联想记忆的学习确定的。根据离散型 Hopfield 神经网络的联想记忆的学习算法，当神经元 $x_i \in \{0,1\}$ 时，

$$w_{ij} = \begin{cases} \sum_{k=1}^{m}(2x_i^{(k)}-1)(2x_j^{(k)}-1) & ,i \neq j \\ 0 & ,i = j \end{cases}$$

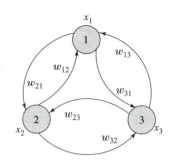

图 2-47 分类器神经网络模型

因此有

$$w_{12} = (2\times1-1)(2\times0-1)+(2\times0-1)(2\times1-1) = -2$$
$$w_{21} = w_{12} = -2$$
$$w_{23} = (2\times0-1)(2\times1-1)+(2\times1-1)(2\times0-1) = -2$$
$$w_{32} = w_{23} = -2$$
$$w_{13} = (2\times1-1)(2\times1-1)+(2\times0-1)(2\times0-1) = 2$$
$$w_{31} = w_{13} = 2$$

故分类器神经网络的连接权值矩阵为

$$w = \begin{bmatrix} 0 & -2 & 2 \\ -2 & 0 & -2 \\ 2 & -2 & 0 \end{bmatrix}$$

3) 联想测试

取测试用例 $[1,1,1]^T$，即初始状态为 $x_1(0)=1, x_2(0)=1, x_3(0)=1$。神经元状态调整采用同步方式，则：

$k=1$ 时，有

$$v_1(1) = f\left(\sum_{j=1}^{3} w_{1j}v_j(0)\right) = f((-2)\times1+2\times1) = f(0) = 1$$

$$v_2(1) = f\left(\sum_{j=1}^{3} w_{2j}v_j(0)\right) = f((-2)\times1+(-2)\times1) = f(-4) = 0$$

$$v_3(1) = f\left(\sum_{j=1}^{3} w_{3j}v_j(0)\right) = f(2\times1+(-2)\times1) = f(0) = 1$$

$k=2$ 时，有

$$v_1(1) = f\left(\sum_{j=1}^{3} w_{1j}v_j(1)\right) = f((-2)\times0+2\times1) = f(2) = 1$$

$$v_2(1) = f\left(\sum_{j=1}^{3} w_{2j}v_j(1)\right) = f((-2)\times1+(-2)\times1) = f(-4) = 0$$

$$v_3(1) = f\left(\sum_{j=1}^{3} w_{3j}v_j(1)\right) = f(2\times1+(-2)\times0) = f(2) = 1$$

$k=3$ 时，有

$$v_1(2) = f\left(\sum_{j=1}^{3} w_{1j}v_j(1)\right) = f((-2)\times0+2\times1) = f(2) = 1$$

$$v_2(2) = f\left(\sum_{j=1}^{3} w_{2j}v_j(1)\right) = f((-2)\times1+(-2)\times1) = f(-4) = 0$$

$$v_3(2) = f\left(\sum_{j=1}^{3} w_{3j}v_j(1)\right) = f(2 \times 1 + (-2) \times 0) = f(2) = 1$$

由此可见，输入样例 $[1,1,1]^T$ 时，输出最终稳定在 $[1,0,1]^T$，即分类的结果是橘子。

单元小结

人工神经网络是从信息处理的角度对人脑神经元网络进行抽象，建立某种简单模型，按不同的连接方式组成不同的网络。

人工神经网络的数学模型由加权求和、线性动态系统和非线性函数映射 3 个部分构成。第 i 个神经元的输出是由与其连接的所有神经元的输出、外部输入加权后减去其阈值确定的；线性传递函数 $X_i(s) = H(s)V_i(s)$，$H(s)$ 可取 1，$\frac{1}{s}$，$\frac{1}{Ts+1}$，e^{-Ts} 等；非线性函数通常取阶跃函数、S 型函数、ReLU 函数几种。

人工神经网络的类型有前馈型和反馈型两种。

BP 神经网络是一种典型的前馈型人工神经网络，它由一个输入层、若干个隐含层和一个输出层构成。其学习过程由正向传播过程和反向误差校正过程组成。

Hopfield 神经网络是一种全互连的反馈型人工神经网络，是一个高维非线性动力学系统，可能有若干个稳定状态。神经元从任一初始状态开始运动，通过改变各神经元间的连接权值，一定可以达到某个稳定状态。

Hopfield 神经网络的联想记忆过程是非线性动力学系统朝某个稳定状态运动的过程，分为学习和联想两个阶段。学习阶段在给定样本的条件下调整连接权值，使存储的样本成为 Hopfield 神经网络的稳定状态。联想阶段在已经调整好权值不变的情况下，给出部分不全或受干扰的信息，按照神经元状态的变化规律改变神经元的状态，使 Hopfield 神经网络最终变到某个稳定状态。利用联想记忆功能可构成分类器神经网络。

练习思考

一、填空题

1. BP 神经网络是一个＿＿＿＿型人工神经网络，其第一层称为＿＿＿＿层，最后一层称为＿＿＿＿层，中间各层称为＿＿＿＿层。

2. BP 神经网络通过＿＿＿＿向学习过程，不断地修改＿＿＿＿，使输出值与期望值的误差逐渐减小，最后达到满意的结果。

3. Hopfield 神经网络的联想记忆过程分为＿＿＿＿和联想两个阶段。

4. Hopfield 神经网络最重要的特性是＿＿＿＿性。

5. Hopfield 神经网络在联想记忆的＿＿＿＿阶段是在给定样本的条件下，调整＿＿＿＿，使存储的样本成为 Hopfield 神经网络的＿＿＿＿状态；在联想记忆的＿＿＿＿阶段，是在已经调整好＿＿＿＿不变的情况下，给出部分＿＿＿＿或受干扰的信号，按照神经元状态的变化规律改变神经元的状态，使 Hopfield 神经网络最终变到某个＿＿＿＿。

二、解答题

一个有 3 个神经元的 Hopfield 神经网络如图 2-47 所示，已知其连接权值矩阵 $W = \begin{bmatrix} 0 & -2 & 2 \\ -2 & 0 & -2 \\ 2 & -2 & 0 \end{bmatrix}$，三个神经元的阈值均为 0，验证 (-1, -1, 1) 能够收敛到该 Hopfield 神经网络的稳定状态 (1, -1, 1)。

2.8 深度学习算法简介

微课 2.8.1 深度学习与卷积神经网络

深度学习（Deep Learning，DL）是基于深度神经网络（Deep Neural Network，DNN）的学习算法，是一种复杂的机器学习算法。

BP 神经网络虽然是最成功的多层前馈型人工神经网络模型，但其一般只有一个隐含层，是浅层神经网络。浅层神经网络的样本、计算单元及其对复杂函数的表示能力都有限，在复杂分类问题中的泛化能力受到一定制约。

2006 年，杰弗里·辛顿（Geoff Hinton）教授等在发表于著名学术刊物《科学》上的文章《用神经网络降低数据维度》中提出了深度学习算法。

2011 年，微软公司首次将深度神经网络用于语音识别，取得了较大突破。目前，深度神经网络广泛用于图像识别、自然语言理解、自动驾驶、智能问答、智能翻译、天气预报、股票预测、声纹比对等领域。

卷积神经网络（Convolutional Neural Networks，CNN）是最典型的深度学习算法。

2.8.1 卷积神经网络简介

2.8.1.1 卷积神经网络概述

卷积神经网络是一类包含卷积计算且具有深度结构的前馈型人工神经网络，是深度学习的代表算法之一。

卷积神经网络的研究始于 20 世纪 80 年代，时间延迟网络和 LeNet-5 是最早出现的卷积神经网络。21 世纪后，卷积神经网络得到了快速发展，被广泛应用于计算机视觉、自然语言处理等领域。

卷积神经网络的隐含层内的卷积核参数共享和层间连接的稀疏性使其能够以较小的计算量对如像素、音频等具有格点化特征的数据进行学习，效果稳定。

卷积神经网络能够按其阶层结构对输入信息进行平移不变分类，因此也被称为"平移不变人工神经网络"（Shift-Invariant Artificial Neural Networks，SIANN）。

2.8.1.2 卷积神经网络的结构

卷积神经网络是多层人工神经网络，一般由数据输入层、卷积计算层、池化层、全连接层、输出层等构成，每层有多个二维平面，每个二维平面有多个独立神经元，如图 2-48 所示。

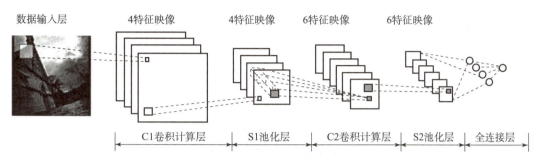

图 2-48　卷积神经网络结构

1. 数据输入层

数据输入层是对原始图像数据进行归一化等预处理。卷积神经网络的数据输入层可以处理多维数据，并使用梯度下降算法进行学习，因此需对输入特征进行标准化处理。归一化就是使各维度的输入数据取值范围都统一到一样的范围（如 0～1），以提升卷积神经网络的学习效率和表现效果。

2. 卷积计算层

卷积神经网络的卷积计算层的功能是用 M 个卷积核处理输入信息，提取图像的特征信息。

3. 池化层

卷积神经网络的池化层又称为下采样层。因为经过多个卷积核处理后的信息存在冗余，池化操作可对多个卷积核得到的数据块降维，只保留重要信息，即压缩图像。

4. 全连接层

全连接层在卷积神经网络的尾部。经若干层卷积后，最后一个卷积计算层得到的信息被处理成一维向量，再经过全连接层，进入输出层，预测最终输出结果。

2.8.1.3　卷积神经网络的工作机制

卷积神经网络模仿生物的视知觉机制构建，应用了权值共享、局部连接、多卷积核及池化等关键技术。

生物视觉信息处理过程如图 2-49 所示。

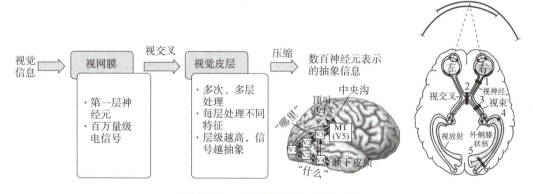

图 2-49　生物视觉信息处理过程

1. 卷积计算

1）卷积的定义

卷积（Convolution）是分析数学中的一种重要的运算，是通过两个函数 f 和 g 生成第三个函数的一种数学算法，表示函数 f 与 g 经过翻转和平移的重叠部分的面积。

数列的卷积计算是两个变量在某范围内相乘后求和的结果，如图 2-50 所示。

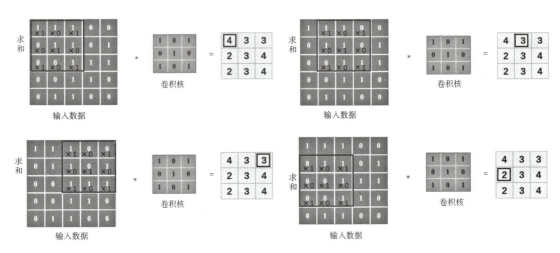

图 2-50　卷积计算方法

2）卷积的意义

（1）降维，解决 BP 神经网络的维度灾难。比如 BP 神经网络中一个图像的分辨率为 1 000 像素×1 000 像素，则图像向量包含 10^6 个像素，如隐含层与输入层一样，也包含 10^6 个像素时，连接权值为 10^{12}，过多的权值训练非常困难。

（2）提高收敛速度，解决 BP 神经网络收敛慢的问题。BP 神经网络需进行多次正向传递、反向修正的训练，收敛较慢，且容易陷入局部最优解。

（3）实现信息压缩和抽象。原始视觉信息可视为一个二维数据，少数视觉神经元（卷积核）以卷积计算的形式处理原始视觉信息，经过卷积计算后，原始视觉信息的某种特定的视觉特征被表示为较少的信息，如图 2-51 所示。

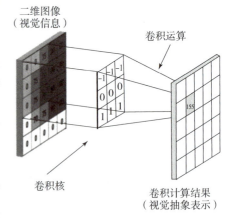

图 2-51　卷积计算的信息抽象

3）卷积计算的功能

卷积计算的主要功能是提取图像特征。每一个卷积核都可以提取特定的特征，不同的卷积核提取不同的特征。例如：输入一张人脸的图像，使用某一卷积核提取眼睛的特征，用另一个卷积核提取嘴巴的特征，等等。

一个图像矩阵经过一个卷积核的卷积计算后得到的另一个矩阵，称为特征映射。特征映射就是某张图像经过卷积计算得到的特征值矩阵。

4) 卷积计算提取特征的原理

在此,以判断一张给定的图片中是否含有"X"为例,说明卷积计算提取特征的原理,如图 2-52 所示。

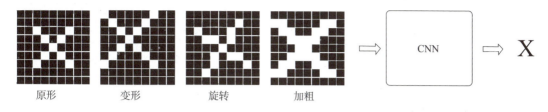

图 2-52　卷积神经网络图像识别示例

卷积神经网络采用像素值"1"代表白色,"-1"代表黑色的小块特征作为卷积核,分别比对、匹配图像的 4 个角和中心,来识别"X"所具有的特征。无论是比较规范的字符,还是经过某种变形的字符,都可以根据匹配的权值来判断字符的形状,如图 2-53 所示。

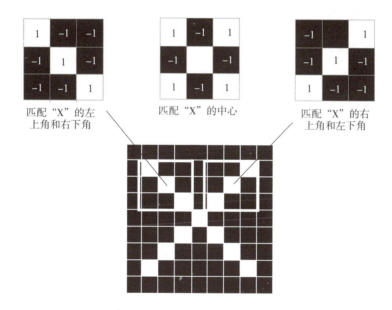

图 2-53　卷积神经网络特征提取

用 3 个卷积核进行卷积计算的结果如图 2-54 所示。

在图 2-54 中,值越接近 1,表示对应位置和卷积核代表的特征越接近;值越接近 -1,表示对应位置和卷积核代表的反向特征越匹配;值接近 0,表示对应位置没有任何匹配或者没有关联。

由此可见,将 3 个小矩阵作为卷积核,每一个卷积核可以提取一个特定的特征。

但对一张新的包含"X"的图像,卷积神经网络并不能准确地知道这些特征到底要匹配原图的哪些部分,所以它会在原图中每一个可能的位置进行尝试,即使用该卷积核在图像上进行滑动,每滑动一次就进行一次卷积计算,得到一个特征值。

因此,卷积神经网络利用卷积计算层提取图片的特征,就是用表示图片局部特征的卷积

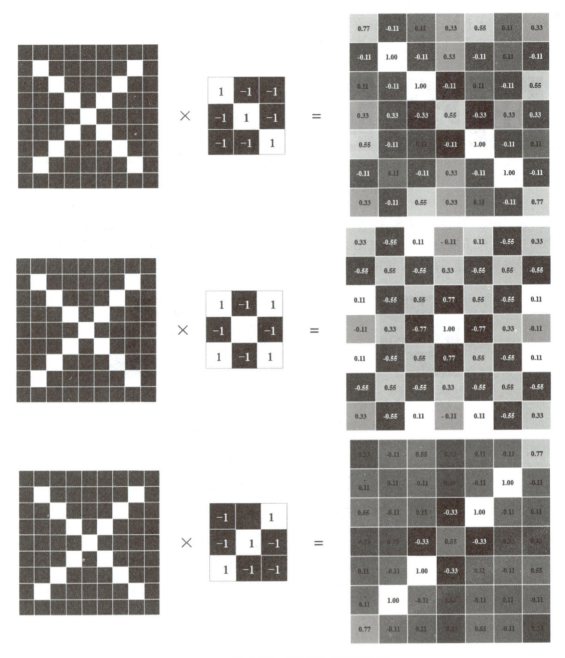

图 2-54 卷积神经网络的卷积计算结果

核对图片逐块进行卷积计算。此过程可以理解为用一个过滤器（即卷积核）来过滤图像的各个小区域，从而得到这些小区域的特征值，再对卷积计算结果取每一局部块的最大值等进行池化操作，以实现图片特征的提取。

2. 池化

池化（Pooling）的作用是压缩图像，即去除卷积计算后的冗余信息，只保留重要信息。常用的池化方法有最大池化法（Max-Pooling）和平均池化法（Mean-Pooling）。

最大池化法即取局部接受域中值最大的点，如图 2-55 所示。

图 2-55　最大池化法

3. 局部连接

局部连接、权值共享、多卷积核及池化是卷积神经网络的关键技术。

根据生物视觉信息处理原理，图像的局部联系较紧密，距离远的像素相关性弱；视觉皮层的神经元只接受某些特定局部区域的信息；每个神经元只对局部图像进行感知，在更高层把感知的局部信息综合起来得到全局信息。

局部连接的作用是减少神经网络的连接及需要训练的权值个数。

例如，对一个分辨率为 1 000 像素×1 000 像素的输入图像，若下一个隐含层的神经元数目为 10^6 个，采用全连接则有 $1\,000\times1\,000\times10^6=10^{12}$ 个权值参数，如此数目的参数训练非常困难。采用局部连接，隐含层的每个神经元仅与图像中 10 像素×10 像素（卷积核大小）的局部图像连接，则权值参数为 $10\times10\times10^6=10^8$（个），将直接减少 4 个数量级。因此，局部连接技术也是卷积神经网络降维的一项重要技术。

4. 权值共享

权值共享是与局部连接相关联的一项技术，其含义是对一张输入图片的每个位置都用同一个卷积核扫描，卷积核的权值（每个位置的数值）不变，即整个图片的所有元素都共享相同的权值。

权值共享的依据是图像的一部分特性与其他部分是一样的，从此部分学习的特征也能用于另一部分。因此，可对图像的所有位置使用同样的学习特征，相当于从一个大的图像中切下一小块作为样本，把小样本学习到的特征作为一个探测器，应用到图像的任一位置。

权值共享的作用是减少卷积神经网络中神经元的参数。例如，前述 1 000 像素×1 000 像素的图像在全连接情况下，一个神经元要对应全局图像的 1 000×1 000 个像素点，因此就要有 1 000×1 000 个参数。如果采用局部连接，每个局部感受也为 10 像素×10 像素，那么一个神经元只需要 10×10 个参数与 10 像素×10 像素的局部图像连接。虽然 10×10 个参数只针对 10 像素×10 像素大小的局部图像，但如果全局图像的各个局部图像共享权值，即 10×10 个参数在不同局部图像上参数相同，则全局图像也只需要 10×10 个参数。

2.8.1.4　卷积神经网络的应用

卷积神经网络作为深度学习的重要算法，最擅长的是图像处理。近些年随着人工智能技术的快速发展，卷积神经网络也逐渐应用于自然语言处理、遥感科学、大气科学、高能物理学等领域。

1. 图像分类

图像分类是一种对图像中特定对象的类别进行分类或预测的技术,其主要目标是准确识别图像中的特征,如图 2-56 所示。有效的图像分类可以节约大量的人工成本,目前主要用于自动驾驶、安防和医学影像等领域。

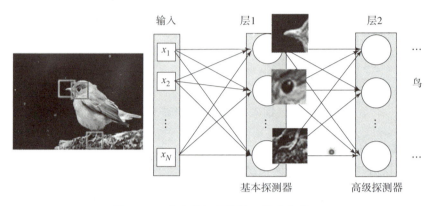

图 2-56 卷积神经网络的图像分类应用

图像分类技术的主要步骤有确定合适的分类系统、提取特征、选择训练样本、进行图像预处理和选择合适的分类方法、进行分类后处理、进行总体精度评估。在图像分类技术中,输入通常是特定对象的图像,输出是定义和匹配输入对象的预测类。卷积神经网络是目前最常用的用于图像分类的人工神经网络模型。随着卷积神经网络深度的不断增加,图像识别的准确率快速提升。据统计,2010 年开始的 ImageNet 图像识别竞赛(ImageNe Large - Scale Visual Recognition Challenge,ILSVRC)的图像识别准确率,在 2015 年以 152 层的卷积神经网络,使错误率降至 3.57% 以下。

2. 目标检测

目标检测是卷积神经网络在图像处理领域的另一个重要应用。其任务是不仅要进行目标分类,还要确定目标在给定图像中的位置,如图 2-57 所示。

图 2-57 卷积神经网络的目标检测应用

目标检测技术能够搜索特定种类的物体，如汽车、人、动物、鸟类等。现实工程中的应用有人脸检测、行人检测、车辆检测、交通标志检测、视频监控等。

传统的目标检测模型主要分为信息区域选择、特征提取和分类 3 个阶段。目前，已被组织和学术界用于图像目标检测，且效率和准确率较高的基于深度学习的目标检测模型，主要有 MobileNet、You Only Live One（YOLO）、Mark RCNN、RetinaNet 等。

3. 人脸识别

人脸识别是近年来人工智能技术应用非常活跃且成功的方面，在金融、零售业、安防等领域用于身份核验、人脸比对等。

卷积神经网络在人脸识别系统中的主要作用是对经过人脸位置检测、关键点检测和校准处理后的人脸图像进行特征提取，输出一定维数的特征向量，并通过特征向量表示之间的距离计算，确定人脸的相似度。因为，对于同一个人的人脸图像，对应向量的欧几里得距离比较小；对于不同人的人脸图像，对应向量的欧几里得距离比较大。图 2-58 所示是苏宁智慧零售中人脸识别特征提取流程示意。

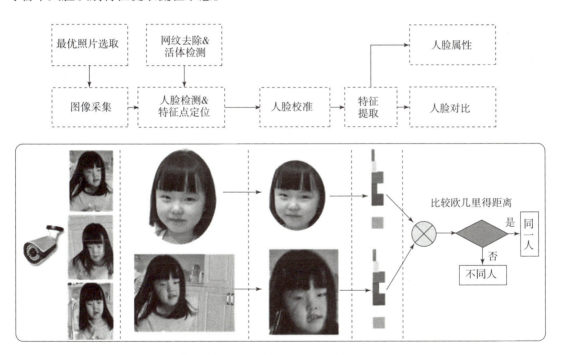

图 2-58　苏宁智慧零售中人脸识别特征提取流程示意

2.8.2　胶囊网络简介

卷积神经网络作为深度学习技术的重要算法在许多领域都得到了较好的应用，但由多滤波器导致的训练数据需求量大、平移不变性导致的环境适应能力弱、从底层可视数据中提取高级信息的工作机制导致的对人类视觉系统表现不佳，以及可解释性差、数据分享难等缺陷，

微课 2.8.2　胶囊网络简介

影响了其性能。针对卷积神经网络的这些缺陷，2017 年 10 月，辛顿教授等人在提出卷积神经网络 10 年后，又提出了新型网络结构——胶囊网络（Capsule Networks）。

所谓胶囊就是一组神经元，每个神经元表示图像中出现的特定实体的各种属性。胶囊中检测特征的相关信息是以向量的形式存在的，向量用一组神经元来表示多个特征。

胶囊网络应用了向量神经元和动态路由等技术，使其需要的训练数据量远小于卷积神经网络，仅 3 层网络的性能便能够与深度卷积神经网络相当。

图 2-59 所示是一个仅有 4 层的手写数字识别的胶囊网络结构示意。由图可见，该胶囊网络是由输入层、两个卷积层和一个全连接输出层构成的。采用两个卷积计算层是为了防止一个卷积层抽取不到合适的特征。数字图像即输入层。

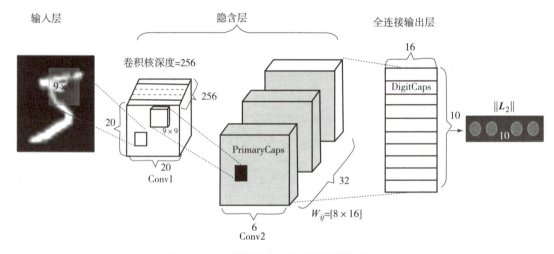

图 2-59　手写数字识别的胶囊网络结构示意

Conv1 层是一个标准的卷积计算层，有 256 个通道，每个通道均用 9×9 的卷积核将输入层图像中的像素亮度转化成局部特征输出给 PrimaryCaps 层。PrimaryCaps 层是一个卷积的胶囊层，包含 32 个胶囊，称为初级胶囊层。该层用 9×9 的卷积核对 Conv2 层进行卷积操作。卷积操作对象不是单个的神经元，而是神经胶囊。输出结果为 8 维的向量神经元。

DigitCaps 层是一个全连接输出层，称为高级胶囊层。该层的胶囊个数即分类任务的目标类别数，每个胶囊的向量的模代表某一类别呈现的不同状态及其存在概率。如要识别的是 (0~9) 10 类数字，胶囊个数共 10 个。10 个向量求模，模值最大的即实体出现概率最大的。

胶囊神经网络用向量神经元替代了传统人工神经网络的标量神经元输出，丰富了表示内容，能够识别更复杂多变的场景。与卷积神经网络相比，胶囊神经网络的工作机理更接近人脑的工作机理，更擅长处理不同类型的视觉刺激。目前，在视频中的人类行为定位、医学影像目标分割、文本分类等任务都取得了优于卷积神经网络的效果。

2.8.3　生成对抗网络简介

生成对抗网络（Generative Adversarial Network，GAN）是 2014 年

古德费罗（Goodfellow）等人提出的一种使用对抗训练机制对两个人工神经网络进行训练的新型深度神经网络模型。

深度神经网络模型分为判别式模型和生成式模型，生成对抗网络属于生成式深度神经网络模型。

1. 生成对抗网络的结构

生成对抗网络由生成网络（Generative Network）和判别网络（Discriminative Network）构成，如图 2-60 所示。

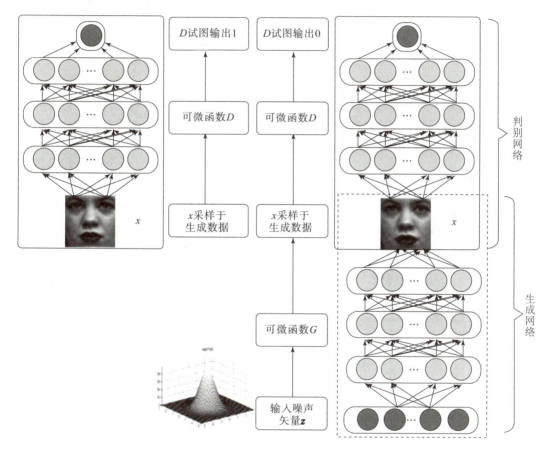

图 2-60　生成对抗网络结构示意

2. 生成对抗网络的基本思想

生成网络接收一个随机的噪声 z，通过该噪声生成一个图片。

判别网络根据输入的图片（生成图片或真实图片）输出图片为真实图片的概率：如果输入真实图片，则概率为 1；如果输入生成图片，则概率为 0。

3. 生成对抗网络的训练方式

（1）固定生成网络，训练判别网络。

不断将生成图片和真实图片分别输入判别网络，根据真实图片和生成图片的概率，调整参数，最终，如输入真实图片，则输出为 1；如果输入生成图片，则输出为 0。

(2) 固定判别网络,训练生成网络。

生成网络持续地用一些随机数据生成图片,输入判别网络,得到该图片为真实图片的概率,概率越大,说明图片越逼真,再根据这些概率调整自己的参数。

4. 生成对抗网络的典型应用

1) 在图像处理中的应用

(1) 超分辨率。

超分辨率是将低分辨率的图像重建为高清图像。生成对抗网络训练时,需要一个原始高清图像样本和一个低分辨率图像样本。将低分辨率图像输入生成对抗网络,生成重建图像。目标函数通过训练判别网络来区分真实图像和生成图像,以峰值信噪比和结构相似性等指标对重建图像进行评估,再将重建图像和原始高清图像输入判别网络,判断哪一幅是原始图像。

(2) 图像修复。

图像修复是指图像缺失部分修复、图像去遮挡等。图像缺失部分修复是以图像缺失部分的周边像素为条件,训练生成模型,生成完整的修复图像,再用判别网络对真实样本和修复样本进行判别,如图 2-61 所示。

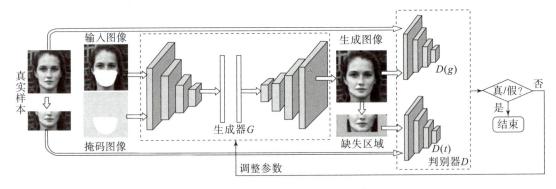

图 2-61 生成对抗网络的图像修复

(3) 图像风格迁移。

生成对抗网络不但能够生成高质量的现实图像,还可以生成抽象的艺术作品。图 2-62 所示为图像风格迁移作品。生成对抗网络既可以将油画迁移为照片,也可以将照片迁移为油画。

(4) 图像翻译。

图像翻译是将一幅图像转变成另一幅图像,类似机器翻译。如图 2-63 所示,用生成对抗网络可以将标记转换为街道场景、将轮廓转换为照片、将航拍照片转换为地图、将白天转换为黑夜等。图像翻译丰富了艺术创作形式,提高了创作的速度、效率和精度。

2) 在语言处理中的应用

(1) 文本生成——诗歌写作。

2017 年,基于深度学习技术的机器人"微软小冰""清华九歌"分别亮相中国科学院与中央电视台联合主办的《机智过人》节目,并在与人类的诗歌创作竞技中通过了图灵测试。

图 2-62 图像风格迁移作品

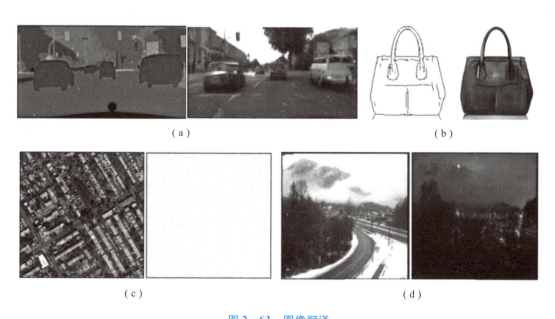

图 2-63 图像翻译
（a）标记→街道场景；（b）轮廓→照片；（c）航拍图片→地图；（d）白天→黑夜

（2）将文本描述转换为图像效果。

生成对抗网络可以根据输入的一段文本描述生成与其相近的图像，如图 2-64 所示。

文本描述	生成图像
The flower shown has yellow anther, red pistil and bright red petals. 该花有黄色的花药、红色的雌蕊和鲜红色的花瓣。	
This bird has a black head, a pointy orange beak and yellow body. 这只鸟有一个黑色的头,一个尖的橙色喙和黄色的身体。	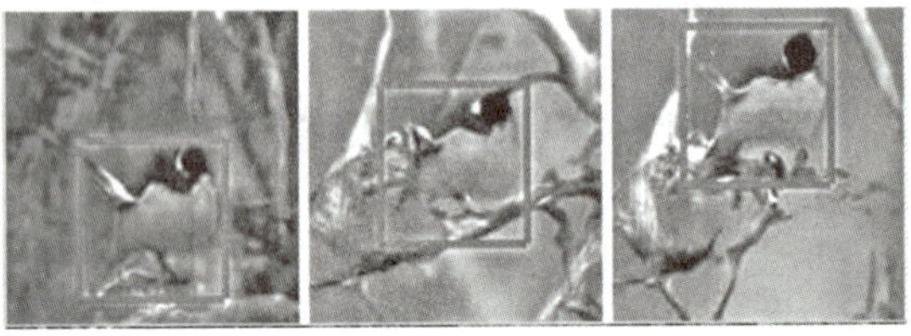
This flower has long thin yellow petals and a lot of yellow anthers in the center. 这种花有细长的黄色花瓣,中间有许多黄色的花药。	

图 2-64　将文本描述转换为图像效果

生成对抗网络在其他领域也取得了较好的应用成效,如视频处理领域中的 3D 实时变脸技术、人工智能虚拟主播,医疗领域中的医学影像识别、药物匹配等。

但生成对抗网络也存在训练过程难收敛,经常振荡;训练虽收敛,但出现模式丢失或者生成一些无意义的图片等缺陷,有待在未来的研究中予以解决。

单元小结

深度学习是基于深度神经网络的学习算法,是一种复杂的机器学习算法,卷积神经网络是最典型的深度学习算法。

卷积神经网络是一类包含卷积计算且具有深度结构的前馈型人工神经网络,是深度学习的代表算法之一。

卷积神经网络一般由数据输入层、卷积计算层、池化层、全连接层等构成,每层有多个二维平面,每个二维平面有多个独立的神经元。

局部连接、权值共享、卷积计算、池化是卷积神经网络的关键技术。

局部连接是指卷积神经网络的隐含层的每个神经元仅与图像中卷积核大小的局部图像相连接,是降维的重要技术。

权值共享是指对一张输入图片的每个位置都用权值不变的同一个卷积核扫描。其作用是减少卷积神经网络神经元的参数。

卷积计算是用卷积核与扫描区域的对应变量相乘后再求和。卷积的功能是提取图像局部特征,其意义是减少神经网络维数,提高收敛速度,实现信息压缩和抽象。

池化的作用是去除卷积计算后的冗余信息,只保留重要信息,实现图像压缩。

胶囊网络用一组神经元替代传统人工神经网络中的一个神经元，并应用向量神经元和动态路由技术，在相同性能的情况下减小训练数据量。

生成对抗网络是一种采用对抗训练机制对生成网络和判别网络进行训练的新型深度神经网络模型。由生成网络生成图像，由判别网络识别真伪，从而实现图像处理、文本转换图像、视频处理等。

练习思考

一、填空题

1. 卷积神经网络应用了________共享、________连接、多______及________化等关键技术。

2. 卷积神经网络能够按层结构对输入信息进行________不变分类。

3. 胶囊网络由于采用了________神经元和________路由技术，减少了神经网络的________数。

4. 在浅层胶囊网络中的 PrimaryCaps 层称为________层，其实质也是一个________层，只是其神经元为________神经元；DigitCaps 层称为________层，该层是一个________连接的输出层，其胶囊的个数就是分类任务中的________。

5. 生成对抗网络由一个能随机生成观察数据的________网络和一个负责判别数据真伪的________网络构成。

6. 在生成对抗网络中，生成网络的输入是来自常见概率分布的随机向量 z，其输出是计算生成的________数据；判别网络的输入可能是采样的真实数据，也可能是采样的生成数据，其输出是代表输入为真实数据的________。

二、单项选择题

1. 在卷积神经网络中（　　）又被称作滤波器。

A. 卷积核　　B. ReLU 函数　　C. 池化　　D. 子采样

2. 在卷积神经网络中，用于降低维度，减少训练的权值参数的层是（　　）。

A. 数据输入层　　B. 卷积计算层　　C. ReLU 激励层　　D. 池化层

3. 在卷积神经网络中，用于降低维度，减少卷积之后产生的冗余信息的层是（　　）。

A. RelU 激励层　　B. 池化层　　C. 全连接层　　D. 输出层

4. 图 2－65 所示图像经卷积计算（步长为 1）后，1 行 2 列的元素是（　　）。

A. 1　　B. 2　　C. 3　　D. 4

1	1	1	0	0
0	1	1	1	0
0	0	1	1	1
0	0	1	1	0
0	1	1	0	0

图像

*

1	0	1
0	1	0
1	0	1

卷积核

图 2－65　单项选择题第 4 题图

5. 图 2-66 所示图像经最大池化操作后，①、②、③、④位的结果分别是（　　）。
   A. 1，1，1，1　　　B. 8，6，4，3　　　C. 3，5，3，1　　　D. 4，2，2，1

图 2-66　单项选择题第 5 题图

模块三

人工智能算法语言浅尝

人工智能是研究知识表示、机器感知、机器思维、机器学习、机器行为的技术。这些技术最终需要通过相应的算法语言实现。Python 语言是人工智能应用较多的算法语言之一。本模块通过对 Python 语言的基本格式及语法规范、基础应用和简单编程等内容的学习，奠定基本的人工智能程序设计基础。

学习目标

（1）学会 Python 语言的环境搭建及应用；
（2）能用 Python 语言的格式、语法规范编写 Python 程序；
（3）会进行选择、循环等流程控制程序的设计及运行；
（4）会应用列表表达式等设计 Python 实用程序；
（5）会应用函数设计 Python 实用程序；
（6）会应用 Numpy、Matplotilb 等第三方库设计 Python 实用程序；
（7）在学习活动中培养严谨、规范的职业品质及精益求精的工匠精神。

学习内容

本模块的学习内容及逻辑关系如图 3-1 所示。

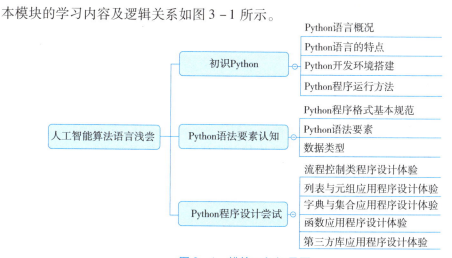

图 3-1　模块三知识导图

3.1 初识 Python

微课 3.1 初识 Python

3.1.1 Python 语言概述

Python 是一种解释型、面向对象、动态数据类型的高级程序设计语言。自从 20 世纪 90 年代初 Python 语言诞生至今,Python 语言已逐渐应用于系统管理任务的处理、人工智能计算和 Web 应用开发等。2004 年以后,Python 语言的使用率呈线性增长,Python 语言已经成为最受欢迎的程序设计语言之一。

Python 语言的版本有 2000 年 10 月 16 日发布的 Python 2、稳定版本 Python 2.7、2008 年 12 月 3 日发布的 Python 3,Python 3 不完全兼容 Python 2。

> Python 语言诞生于 1991 年,由荷兰的计算机程序员吉多·范·罗苏姆(Guido van Rossum)设计并领导开发。
>
> 1989 年圣诞节期间,吉多·范·罗萨姆为了在阿姆斯特丹打发时间,决心开发一个新的解释程序,作为 ABC 语言的一种继承。
>
> ABC 语言是由吉多·范·罗萨姆参加设计的一种为非专业程序员设计的教学语言,但是 ABC 语言并没有成功。
>
> 选择"Python"(蟒蛇)作为程序的名字,是因为吉多·范·罗萨姆是 BBC 电视剧《蒙提·派森的飞行马戏团》(Monty Python's Flying Circus)的爱好者。
>
> 1991 年,用 C 语言实现的第一个 Python 解释器诞生。
>
> Python 语言是开源项目的优秀代表,其解释器的全部代码都可以在 Python 语言的主网站(https://www.python.org/)自由下载。

3.1.2 Python 语言的特点

(1)有相对较少的关键字,结构简单,学习起来相对容易。
(2)有丰富的跨平台库,和 UNIX、Windows 和 MacOS 的兼容性较好。
(3)支持互动模式,可以从终端输入执行代码并获得结果,能互动测试和调试代码片断。
(4)基于开放源代码的特性,能够被移植到许多平台。
(5)可扩展强,如果需要一段运行很快的关键代码,或者想要编写一些不愿开放的算法,可以使用 C 或 C++语言编写,再从 Python 程序中调用。
(6)提供了主要商业数据库的接口。

3.1.3　Python 开发环境搭建

在 Windows 环境下安装 Python 软件，操作比较简单，基本步骤如下。

（1）在 Python 官网（https：//www. Python. org/downloads/windows/）下载 Python 软件，如图 3－2 所示。

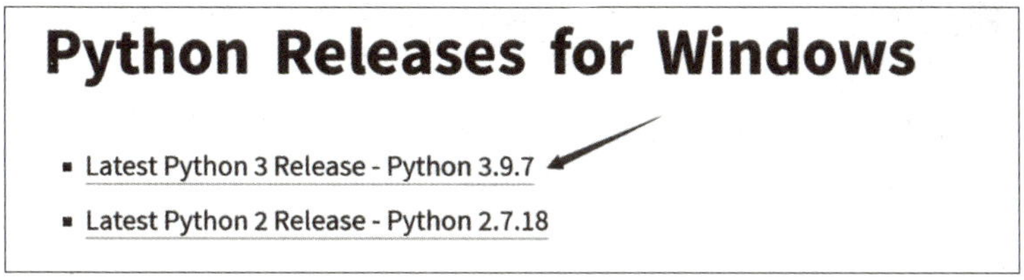

图 3－2　Python 软件下载步骤（1）

（2）单击 Python 3 版本的链接，得到图 3－3 所示的对应选项。

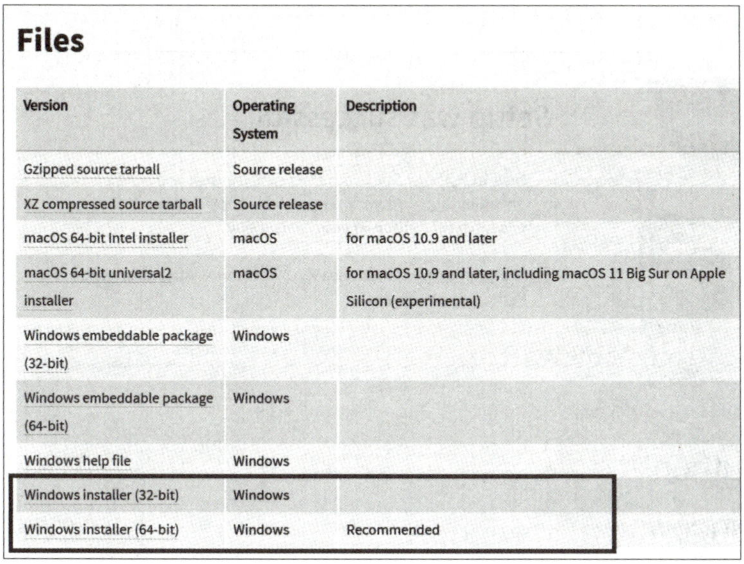

Files

Version	Operating System	Description
Gzipped source tarball	Source release	
XZ compressed source tarball	Source release	
macOS 64-bit Intel installer	macOS	for macOS 10.9 and later
macOS 64-bit universal2 installer	macOS	for macOS 10.9 and later, including macOS 11 Big Sur on Apple Silicon (experimental)
Windows embeddable package (32-bit)	Windows	
Windows embeddable package (64-bit)	Windows	
Windows help file	Windows	
Windows installer (32-bit)	Windows	
Windows installer (64-bit)	Windows	Recommended

图 3－3　Python 软件下载步骤（2）

（3）选择对应的文件，下载到相应的位置。下载后可以在操作系统看见图 3－4 所示图标。

（4）双击 Python 软件图标进行安装，在图 3－5 所示安装界面，注意勾选“Add Python 3.9 to PATH”复选框，把 Python 运行程序加入路径，之后单击“Install Now”链接。

图 3－4　Python 软件图标

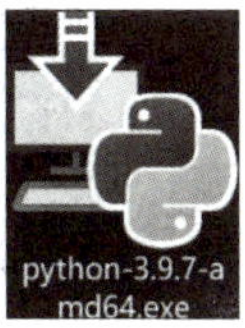

（5）安装进度条完成后出现图 3－6 所示界面，单击“Close”按钮关闭安装程序。

（6）打开 Windows 命令提示符窗口，输入“python －－version”，出现版本提示，则说明安装成功，如图 3－7 所示。

图 3 – 5　Python3.9 安装向导（1）

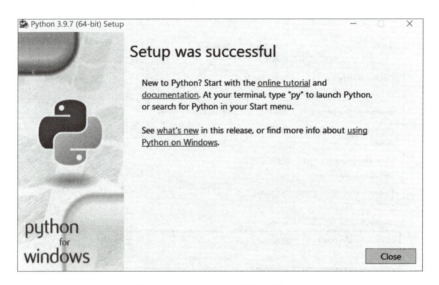

图 3 – 6　Python3.9 安装向导（2）

图 3 – 7　Python3.9 安装成功界面

（7）输入"python"，进入 Python shell，输入并执行一条语句"hello world"，测试结果如图 3 – 8 所示。

图 3-8　Python3.9 运行测试（1）

（8）编写仅有一条语句"print("hello world")"的程序，保存文件名为"test.py"，输入命令，执行该程序，测试结果如图 3-9 所示。

图 3-9　Python3.9 运行测试（2）

如果两种方式的测试中都出现了图 3-8 和图 3-9 所示的结果，说明 Windows 环境下 Python 软件的安装配置已经完成。

3.1.4　Python 程序运行方法

Python 程序运行方法通常有两种。

1. 使用 Python 自带的交互式解释器运行 Python 程序

这种方法是输入 Python 语句后立刻查看运行结果，可以很好地结合输入查看结果。

例如，直接在交互式解释器中输入"print（3＊4）"，系统直接将结果在下面一行输出。打印程序的运行状态如下：

```
Python 3.8.10(default,Jun  2 2021,10:49:15)
[GCC 9.4.0]on linux
Type "help","copyright","credits" or "license" for more information.
>>> print(3*4)
12
>>>
```

说明：

（1）粗体"**print（3＊4）**"是用户输入的字符，细体是系统提示的信息。

（2）">>>"是输入提示符，其后面可以输入表达式或者 Python 语句。当输入表达式的时候，会将计算结果输出在下一行；当输入 Python 语句的时候，如"print（3＊4）"，会将输出显示在下一行。

2. 运行脚本程序文件

将 Python 程序以".py"为扩展名保存到源代码文件中，然后在命令行输入 Python 文件名执行。

例如，创建一个名为"test.py"的文件，该文件只有一条语句：

```
print(3*4)
```

在操作系统终端输入"python test.py"，运行结果为：

```
$ Python3 test.py
12
```

单元小结

Python是一种解释型、面向对象、动态数据类型的高级程序设计语言。

Python具有结构简单、支持互动模式、开放源代码、可扩展强等特点。

目前应用Python软件的版本是Python 3，可通过官方网站下载

安装Python软件时，需要注意勾选"Add Python 3.9 to PATH"复选框，把Python运行程序加入路径。

Python程序可直接在交互式解释器中运行，也可以运行脚本程序文件的方式运行Python程序。

练习思考

请按要求完成下列操作。

（1）请在IDLE（Python 3.*）中，运行"print("Hellow China!")"程序，观察运行结果。

（2）请在Windows命令提示符模式下输入"print("Hellow China!")"，观察运行情况。

（3）请在IDLE（Python 3.*）中，新建文件，输入"print("Hellow China!")"，并保存为"test.py"程序到指定路径。

（4）请在IDLE（Python 3.*）中运行"test.py"程序，观察运行结果。

（5）请在Windows命令提示符模式下输入之前保存路径下的"test.py"程序，观察运行结果。

3.2 Python语法要素认知

3.2.1 Python程序格式基本规范

微课3.2.1　Python程序格式基本规范

Python语言作为一种计算机编程语言，有自己的特定语法，但Python的语法相对比较

简单，现对 Python 语言的基本语法进行简单介绍。

1. 缩进

Python 语言最大的特点是使用缩进表示代码块，不需要像 C 语言等其他编程语言那样使用大括号"{}"。缩进通常通过按 Tab 键或按 4 次 Space 键来操作。缩进的空格数是可变的，但是同一个代码块的语句必须包含相同的缩进空格数。例如：

```
if True:
    print("True")
else:
    print("False")
```

如果缩进不一致，会导致运行错误。如下述代码段：

```
#! /usr/bin/python
# -*- coding:UTF-8 -*-
# 文件名:test.py
if True:
    print("Answer")
    print("True")
else:
    print("Answer")
    # 没有严格缩进,在运行时会报错
   print("False")
```

运行结果为：

```
File "test.py",line 11
    print("False")
                 ^
IndentationError:unindent does not match any outer indentation level
```

"IndentationError：unindent does not match any outer indentation level"的报错含义是：使用的缩进方式不一致，代码格式未对齐。

2. 注释

Python 程序中单行注释用"#"开头，多行注释使用 3 个单引号（'''）或 3 个双引号（"""）。示例如下。

1）单行注释

```
#! /usr/bin/python
# -*- coding:UTF-8 -*-
#文件名:test.py
#注释1
print("Hello,World!")   #注释2
```

运行结果为：

```
Hello,World!
```

2）多行注释

```
#! /usr/bin/python
#-*-coding:UTF-8-*-
# 文件名:test.py

'''
使用单引号的多行注释。
使用单引号的多行注释。
'''

"""
使用双引号的多行注释。
使用双引号的多行注释。
"""
```

3. 空行

Python 程序的函数之间或类的方法之间用空行分隔，表示一段新的代码的开始。类和函数的入口之间也用一行空行分隔，以突出类和函数入口的开始。空行的作用是分隔两段不同功能或含义的代码，便于代码的维护或重构。空行与代码缩进不同，书写时不插入空行，Python 程序用交互式解释器运行时也不会出错。

4. 长语句行

Python 程序的一行语句为 80 个字符，对于超长语句可以但不建议使用反斜杠连接行，最好在需要的地方使用圆括号连接行。例如：

```
year2 =2018
if(year2 % 4 ==0 and year2 % 100 !=0 or
      year2 % 400 ==0):
    print(year2,"是闰年!")
else:
    print(year2,"不是闰年!")
```

5. 分号

Python 程序允许但不建议在行尾加分号，也不要用分号将两条命令放在同一行中。建议每一条命令单独占一行。

6. 括号

除用于实现行连外，在返回语句或者条件语句中不使用括号。例如：

```
if(x):        #x 两侧的括号多余
```

```
    foo()

if not(x):      #x 两侧的括号多余
    foo()

return(x)       #x 两侧的括号多余
```

7. 空格

(1) 在赋值（=）、比较（==，<，>，!=，<>，<=，>=，in，not in，is，is not）、布尔（and，or，not）等运算符两边各加一个空格，以使代码更清晰。对算术运算符不作限定，但建议运算符两侧保持一致。例如：

```
#不推荐
x==1
#推荐
x == 1
```

(2) 逗号、冒号、分号前面不加空格，但其后面建议加空格。例如：

```
#推荐
if x == 0:
    print(x,y)
x, y = y, x


#不推荐
if x==0:
    print(x,y)
x,y = y,x
```

(3) 参数列表、索引或切片的左括号前不加空格。例如：

```
#推荐
func(1)
x[1] = y[3:5]
#不推荐
func (1)
x[1] = y[3:5]
```

(4) 当等号用于指示关键字参数或默认参数值时，不在其两侧使用空格。例如：

```
# 推荐
def average(sum,num=100):returen sum/num
# 不推荐
def average(sum,num = 100):returen sum/num
```

(5) 不用空格来垂直对齐多行之间的标记，因为这会增加维护的负担。例如：

```
# 推荐(不整齐的注释)
x = 1    # 注释
score_1 = 2    # 不整齐的注释
dictionary = {
        "ID":  1,
        "grade":  2,
        }
#推荐(整齐的注释)
x = 1                   #注释
score_1 = 2             #整齐的注释
dictionary = {
        "ID"      :  1,
        "grade"   :  2,
        }
```

8. 文档字符串

文档字符串是 Python 语言独特的注释方式，是包、模块、类或函数中的第一条语句。文档字符串可以通过对象__doc__成员被自动提取，通常用于提供在线帮助信息。

文档字符串的规范格式如下：

(1) 前、后使用三重双引号（"""）或三重单引号（'''）；

(2) 第一行概述，接一个空行，然后是剩余部分；

(3) 各行应与第一行的第一个引号对齐。

例如：

```
def Avg(Score, Num = 100):
    """ 计算班级的平均分

        从 Score 中读取所有学生的成绩,逐一加求总分,然后把总分除以人数 Num,
        结果就是平均分,返回该结果

        参数
           Score:记录所有学生的成绩列表
           Num:班级总人数,默认值是 100

        返回值
           float 类型的平均分
    """
    pass
```

文档字符串可以通过__doc__成员进行查看，也可以置于 help() 函数的结果里。例如：

```
>>>print(Avg.__doc__)
```

3.2.2 Python 语法要素

1. 标识符

标识符是 Python 程序中自定义的类名、函数名、变量等符号和名称。在使用 Python 程序的标识符时需要遵守一些规则和指南,否则将引发错误。

微课 3.2.2 Python 语法要素

变量标识符有如下规则。

(1) 变量名只能由字母、数字和下划线构成,且数字不能作首字符。如可将变量命名为 info_1,但不能将其命名为 1_info。

(2) 变量名不能包含空格,单词分隔可使用下划线。如,变量名 sys_info 可行,但变量名 sys info 会引发错误。

(3) 不能用 Python 关键字和函数名等保留字用作变量名,如 print 是 Python 程序的输出函数名,不能用作变量名。

2. 变量与赋值

与其他程序设计语言一样,Python 程序中的变量也是指在程序运行中可以根据程序的运行情况改变的量。

在 Python 程序中定义变量就是为变量命名,变量名实际是一个标记,是为了方便在程序中通过这个标记调用内存中的值。

Python 程序的变量用"="进行赋值。

先将整数 9 赋值给变量 a,再将 a 的值打印出来的程序示例为:

```
>>>a = 9
>>>print(a)
9
```

Python 变量的赋值操作并不是实际复制一个数值给变量,而是建立一个内存值,用变量标记去指向它。对变量 a 和 b 操作的程序示例为:

```
>>>a = 9
>>>print(a)
9
>>>b = a
>>>a = 6
>>>print(a)
6
>>>print(b)
9
```

3. 数据的输入与输出

1) Python 程序的输出

(1) 表达式语句。

例如：3 * 4

(2) print( ) 函数。

例如：print(3 * 4)

(3) Python 程序输出格式控制。

Python 程序输出格式可用一些 str.format( ) 函数控制，使输出值形式格式化成更多样式。

①str( ) 函数：可以将输出值转成字符串，返回一个用户易读的表达形式。

②repr( ) 函数：可以产生一个交互式解释器易读的表达形式。

例如：

```
>>> s = 'Hello,World'
>>> str(s)
'Hello,World '

>>> repr(s)
"'Hello,World '"

>>> str(1/7)
'0.14285714285714285'

>>> x = 10 * 3.25
>>> y = 200 * 200
>>> s = 'x 的值为:' + repr(x) + ',  y 的值为:' + repr(y) + '...'
>>> print(s)
x 的值为:32.5,  y 的值为:40000...
```

repr( ) 函数可以转义字符串中的特殊字符，参数可以是 Python 程序的任何对象。

例如：

```
>>> hello = 'hello,world \n'
>>> hellos = repr(hello)
>>> print(hellos)
'hello,world \n'
>>> repr((x,y,('Google','Baidu')))
"(32.5,40000,('Google','Baidu'))"
```

③字符串对齐函数。

a. rjust( ) 函数是将字符串靠右，在左边填充空格；ljust( ) 函数是将字符串靠左，在右边填充空格；center( ) 函数是将字符串居中，在左、右两边填充空格。

例如：

```
>>> str = "abc"
>>> str.rjust(10)
'       abc'
>>> str.ljust(10)
'abc       '
>>> str.center(10)
'   abc    '
>>>
```

b. zfill() 函数：在数字的左边填充 0。

例如：

```
>>> '12'.zfill(5)
'00012'
>>> '-3.14'.zfill(7)
'-003.14'
>>> '3.14159265359'.zfill(5)
'3.14159265359'
```

c. format() 函数：将用参数替换 print() 函数的"{}"中格式化字段的内容。如果"{}"中是数字，则指向传入对象在 format() 函数中的位置。

例如：

```
>>> print('{}and:"{}!"'.format('Jack','Mike'))
Jack and:"Mike!"
>>> print('{0}和{1}'.format('Google','Mike'))
Google 和 Mike
>>> print('{1}和{0}'.format('Google','Mike'))
Mike 和 Google
```

2）Python 程序的输入

Python 语言提供 input() 内置函数从标准输入设备（默认是键盘）读入一行文本。

例如：

```
>>> str = input("请输入:")
请输入:Jack
>>> print("你输入的内容是:",str)
你输入的内容是： Jack
```

3.2.3 数据类型

Python 语言自带的数据类型有数值、字符串、列表、元组、集合、字典等，其中数、字符串、列表是人工智能技术中常用的数据类型。

3.2.3.1 数值

1. 数值类型

Python 3 中的数值类型包括整型（int）、浮点型（float）和复数型（complex）。如：-1，0，1，100，2021 等是 int 型；3.14，6.28，-0.638 等都是 float 型；3+4j、6-8j 等是 complex 型。

数据类型可以通过 type() 函数查看。

例如：

微课 3.2.3.1 数据类型——数值

```
>>> a = 2.4
>>> a
2.4
>>> type(a)
<class 'float'>
>>> b = 10
>>> type(b)
<class 'int'>
>>> c = 3 + 4j
>>> type(c)
<class 'complex'>
```

2. 整数运算

整数是没有小数点的数字。对整数可以执行加（+）、减（-）、乘（*）、除（/）、整除（//）、求余（%）、乘方（**）等基本运算。同一个表达式中可以使用多种运算，也可以用括号来修改运算次序。

例如：

```
>>> 2 + 3
5
>>> 3 - 2
1
>>> 2 * 3
6
>>> 3 / 2
1.5
>>> 3 ** 2
```

```
9
>>>3**3
27
>>>10**6
1000000
>>>2+3*4
14
>>>(2+3)*4
20
>>>7/2
3.5
>>>7//5
1
>>>7%5
2
>>>9/0
Traceback(most recent call last):
  File "<stdin>",line 1,in <module>
ZeroDivisionError:division by zero
```

示例中"9/0"后面是"0 作为除数"的错误信息。

进行数值运算时也可在">>>"提示符后面输入 Python 语句。

例如：

```
>>>a=6
>>>b=3
>>>a*3
18
>>>print(a*3)
18
>>>a-3
3
>>>a=a-3
>>>a
3
>>>a=a+b
>>>a
6
```

示例中的"a = a + b"可以简写成"a + = b"；"a = a - 3"，还可以简写成"a - =

3"等。

例如：

```
>>> a = 3
>>> b = 6
>>> a += b
>>> print(a)
9
>>> a -= 3
>>> print(a)
6
>>> a *= 2
>>> print(a)
12
```

运算符混合使用时需要注意优先级，如需要改变优先级时可使用括号。

例如：

```
>>> 1 + 2 * 4
9
>>> (1 + 2) * 4
12
```

3. 浮点数运算

浮点数是带小数点的数字。对浮点数可以执行加（+）、减（-）、乘（*）、除（/）、乘方（**）等运算，但浮点数的小数点会存在不确定性尾数。

例如：

```
>>> 0.1 + 0.1
0.2
>>> 0.2 + 0.2
0.4
>>> 2 * 0.1
0.2
>>> 2 * 0.2
0.4
>>> 0.2 + 0.1
0.30000000000000004
>>> 3 * 0.1
0.30000000000000004
```

浮点数运算出现不确定性尾数，是计算机内部采用二进制数表示，在十进制数与二进制数转换时造成的。如十进制数 0.1 转换成二进制数是 0.062 5 + 0.031 25 + …，它是无限接近0.1的。消除不确定性尾数误差，可使用round()函数。

例如：

```
>>> 0.1 + 0.2
0.30000000000000004
>>> round(0.1 + 0.2,1)
0.3
```

3.2.3.2 字符串

1. 字符串的表示方法

Python程序中用引号括起的字符序列称为字符串。引号可以是单引号，也可以是双引号。

下列用两种方法表示的字符序列输出结果都为字符串。

微课3.2.3.2 数据类型——字符串

```
>>> "This is a string."
'This is a string.'
>>> 'This is also a string.'
'This is also a string.'
```

这种灵活的表示，可以在字符串中包含引号和撇号。

例如：

```
>>> 'I told my friend,"Python is my favorite language!"'
'I told my friend,"Python is my favorite language!"'
>>> "The language 'Python' is named after Monty Python,not the snake."
"The language 'Python' is named after Monty Python,not the snake."
>>> "One of Python's strengths is its diverse and supportive community."
"One of Python's strengths is its diverse and supportive community."
```

2. 字符串操作

1) 修改大、小写

对字符串可执行的最简单的操作之一是修改其中单词的大、小写。操作的方法是用title()、upper()、lower()函数。其中，title()函数是使字符串以首字母大写的方式显示每个单词，即将每个单词的首字母都改为大写；upper()函数是将所有字符改为大写；lower()函数是将所有字符改为小写。

例如：

```
>>> str = "Python language"
>>> print(str.title())
Python Language
>>> str = "Python Language"
```

```
>>> print(str.upper())
PYTHON LANGUAGE
>>> print(str.lower())
python language
```

2）合并字符串

Python 程序使用加号合并字符串，称为"拼接"。下面的示例将 firstname、空格和 lastname 合并以得到完整的姓名。

```
>>> firstname = "Paul"
>>> lastname = "Simon"
>>> fullname = firstname + " " + lastname
>>> print(fullname)
Paul Simon
```

3）字符串乘法

使用"＊"号可以进行字符串乘法，"＊"号后面只能是整数，实质是把"＊"号前面的字符串重复多次。

例如：

```
>>> "ab"*3
'ababab'
>>> "123"*4
'123123123123'
```

4）提取指定位置字符

用字符串名后面的方括号"[ ]"中的数字，指定提取字符的位置，以提取该位置的单个字符。其中，第一个字符的位置为0，下一个是1，依此类推。最后一个字符的位置也可以用 -1 表示，从右到左紧接着为 -2，-3，依此类推。但如指定的位置超过了字符串的范围，会出现异常。

例如：

```
>>> str = 'abcdefghijklmnopqrstuvwxyz'
>>> str[0]
'a'
>>> str[1]
'b'
>>> str[-1]
'z'
>>> str[-2]
'y'
>>> str[25]
```

```
'z'
>>> str[5]
'f'
>>> str[26]
Traceback(most recent call last):
  File "<stdin>",line 1,in <module>
IndexError:string index out of range
```

5）修改字符串

在 Python 程序中修改字符串需要使用 replace( ) 函数。

操作方法如下：

```
>>> name = "Mike"
>>> name.replace("M","P")
'Pike'
```

6）切取字符串

在 Python 程序中从字符串中抽取指定位置的字符，需要使用 slice（切片）操作。slice 操作可以从一个字符串中抽取从 start 开始到 end 之前的子字符串。

操作方法如下。

（1）［:］提取从开头到结尾的整个字符串。

例如：

```
>>> nums = '0123456789abcde'
>>> nums[:]
'0123456789abcde'
```

（2）［start:］从 start 提取到结尾。

例如：

```
>>> nums = '0123456789abcde'
>>> nums[10:]
'abcde'
```

（3）［: end］从开头提取到 end – 1。

例如：

```
>>> nums = '0123456789abcde'
>>> nums[:10]
'0123456789'
```

（4）［start：end］从 start 提取到 end – 1。

例如：

```
>>> nums = '0123456789abcde'
```

```
>>> nums[5:10]
'56789'
```

(5)[start：end：step] 从 start 开始，每 step（步长）个字符提取一个，直到 end-1。
例如：

```
>>> nums = '0123456789abcde'
>>> nums[5:10:3]
'58'
```

(6) 偏移量从左至右由 0，1 开始依次增加；从右至左由 -1，-2 开始依次减小。
例如：

```
>>> nums = '0123456789abcde'
>>> nums[-5]
'a'
>>> nums[5:-2]
'56789abc'
>>> nums[-6:-2]
'9abc'
```

(7) 省略 start 时，切片会默认使用偏移量 0。
例如：

```
>>> nums = '0123456789abcde'
>>> nums[:3]
'012'
```

(8) 省略 end 时，切片会默认使用偏移量 -1。
例如：

```
>>> nums = '0123456789abcde'
>>> nums[3:]
'3456789abcde'
```

(9) 步长不是默认的 1 时，需要在第二个冒号后面进行指定。
例如：

```
>>> nums = '0123456789abcde'
>>> nums[::3]
'0369c'
>>> nums[2::3]
'258be'
>>> nums[:9:3]
'036'
```

（10）指定的步长为负时，是从右到左反向进行提取操作。
例如：

```
>>> nums = '0123456789abcde'
>>> nums[-1::-1]
'edcba9876543210'
>>> nums[::-1]
'edcba9876543210'
```

（11）小于起始位置的偏移量会被当作0，大于终止位置的偏移量会被当作-1。
例如：

```
>>> nums = '0123456789abcde'
>>> nums[-100:]
'0123456789abcde'
>>> nums[-100:-99]
''
>>> nums[:100]
'0123456789abcde'
>>> nums[100:101]
''
```

7）求字符串长度

len()函数是Python语言内置的，用于计算字符串所包含的字符数。其应用方法为：

```
>>> nums = '0123456789abcde'
>>> len(nums)
15
>>> strb = ""
>>> strc = "abc"
>>> len(strb)
0
>>> len(strc)
3
```

3.2.3.3 列表

序列是Python语言中最基本的数据结构。序列中的每个元素都被分配一个确定其位置的数字，一般称为索引。第一个索引是0，第二个索引是1，依此类推。

Python语言有字符串、列表、元组、字典、集合等内置序列类型，但最常见的是列表和元组。

微课3.2.3.3 数据类型——列表

列表是一组由方括号括起来、由逗号间隔的数值序列。列表的数据项不需要具有相同的类型，如['1','2','3','4','5','6','7','8','9']、['4','5','6','7',

'8','9','a','b','c'] 都是列表。

1. 创建列表

```
>>> List1 =[1,2,3,4,5]
>>> print(List1)
[1,2,3,4,5]
>>> List2 =["a","b","c","d"]
>>> print(List2)
['a','b','c','d']
```

2. 访问列表元素

在 Python 程序中，列表元素是通过下标访问的。列表元素的下标默认也是从 0 开始。例如：

```
>>> List =["a","b","c","d"]
>>> print(List)
>>> List =["a","b","c","d"]
>>> print(List[1])
b
```

3. 修改列表元素

在 Python 程序中，可以按下标对列表的数据项进行修改或更新，也可以通过 append() 函数来添加列表项，使用 del 语句删除列表的元素。

例如：

```
>>> List2 =["a","b","c","d"]
>>> List2[0] = "A"
>>> print(List2)
['A','b','c','d']
>>> List2.append('e')
>>> print(List2)
['A','b','c','d','e']
>>> del List2[2]
>>> print(List2)
['A','b','d','e']
```

4. 截取列表元素

截取列表元素只需要按下标操作即可。

例如：

```
>>> list =['ZhongNanShan','YuanLongPing','HuangXuHua']
>>> list[1]
'YuanLongPing'
```

```
>>>list[0]
'ZhongNanShan'
>>>list[2]
'HuangXuHua'
```

5. 删除列表

删除列表及列表元素可应用 del 语句。del 语句可以按索引从列表中移除元素,也可以从列表中移除切片,或清空整个列表。

例如:

```
>>>a=[-1,1,66.25,333,333,1234.5]
>>>del a[0]
>>>a
[1,66.25,333,333,1234.5]
>>>del a[2:4]
>>>a
[1,66.25,1234.5]
>>>del a[:]
>>>a
[]
>>>del a
>>>a
Traceback(most recent call last):
    File "<pyshell#8>",line 1,in <module>
        a
NameError:name 'a' is not defined
```

由示例可见,当执行"del a"语句后,再引用 a 就会报错。

6. 列表的基本操作

Python 程序中列表的基本操作主要有列表组合、列表元素重复、判断元素是否在列表、迭代等。Python 列表的基本操作见表 3-1。

表 3-1　Python 列表的基本操作

Python 表达式	结果	描述
[1, 2, 3, 4]+[5, 6]	[1, 2, 3, 4, 5, 6]	列表组合
['Hello!']*3	['Hello!','Hello!','Hello!']	列表元素重复
"c" in ["a","b","c"]	True	判断元素是否存在于列表中
for x in [1, 2, 3]: print (x)	1 2 3	迭代

7. 列表常用函数

Python 列表的相关函数主要有 len(list)、max(list)、min(list)、list(seq)。

(1) len（list）：求取列表元素个数。
(2) max（list）：返回列表元素最大值。
(3) min（list）：返回列表元素最小值。
(4) list（tuple）：把元组转换为列表。

例如：

```
>>> list1 = [1,2,3]
>>> len(list1)
3
>>> max(list1)
3
>>> min(list1)
1
>>> tuple = (1,2,3,4,5)
>>> list(tuple)
[1,2,3,4,5]
```

8. 列表的常用函数

列表类型支持的函数很多，列表的常用函数见表3-2。

表3-2　列表的常用函数

函数	功能
list. append（obj）	在列表末尾添加新的对象
list. count（obj）	统计某个元素在列表中出现的次数
list. extend（seq）	在列表末尾一次性追加另一个列表中的多个值（用新列表扩展原来的列表）
list. index（obj）	从列表中找出某个值第一个匹配项的索引位置
list. insert（index，obj）	将对象插入列表
list. pop（[index = -1]）	移除列表中的一个元素（默认最后一个元素），并且返回该元素的值
list. remove（obj）	移除列表中某个值的第一个匹配项
list. reverse（）	反转列表中的元素
list. sort（*key = None，reverse = False）	对原列表进行排序
list. clear（）	删除列表中的所有元素
list. copy（）	返回列表的浅拷贝

列表函数的应用方法及操作结果如下：

```
>>>
>>> fruits =['orange','apple','pear','banana','kiwi','apple','banana']
>>> fruits.count('apple')
2
>>> fruits.count('tangerine')
0
>>> fruits.index('banana')
3
>>> fruits.index('banana',4)    #寻找从位置4开始的下一个"banana",返回其位置
6
>>> fruits.insert(3,"watermelon")
>>> fruits
['orange','apple','pear','watermelon','banana','kiwi','apple','banana']
>>> fruits.reverse()
>>> fruits
['banana','apple','kiwi','banana','watermelon','pear','apple','orange']
>>> fruits.append('grape')
>>> fruits
['banana','apple','kiwi','banana','watermelon','pear','apple','orange','grape']
>>> fruits.sort()
>>> fruits
['apple','apple','banana','banana','grape','kiwi','orange','pear','watermelon']
>>> fruits.pop()
'watermelon'
>>> fruits
['apple','apple','banana','banana','grape','kiwi','orange','pear']
>>> fruits.remove("banana")
>>> fruits
['apple','apple','banana','grape','kiwi','orange','pear']
```

在示例中，insert()，remove()，sort()等函数只修改列表，不输出返回值（返回的默认值为 None）。

在列表函数应用中还需注意，不是所有数据都可以排序或比较。

如：[None, 'hello', 10] 不可排序，因为整数不能与字符串对比，而 None 不能与其他类型对比。

再如：复数 3+4j<5+7j 操作无效，因为复数类型没有定义顺序关系。

3.2.3.4 元组

元组也是 Python 语言内置的最常用的序列数据类型。元组与列表类似，二者的区别如下。

（1）元组使用小括号，列表使用方括号。如：('爱国','敬业','诚信','友善')，(1,2,3,4,5)，("c","h","i","n","a")等都是元组。

微课3.2.3.3 数据类型——元组

（2）元组的元素不能修改，也不允许为元组中的单个元素赋值。

1. 创建元组

创建元组只需要在括号中添加元素，并使用逗号隔开即可。

例如：

```
>>>tup1=()#创建空元组
>>>tup2=(50,)#创建只包含一个元素的元组
>>>#其他元组
>>>tup3=('爱国','敬业','诚信','友善')
>>>tup4=(1,2,3,4,5)
>>>tup5=("c","h","i","n","a")
>>>print(tup1)
()
>>>print(tup2)
(50,)
>>>print(tup3)
('爱国','敬业','诚信','友善')
>>>print(tup4)
(1,2,3,4,5)
>>>print(tup5)
('c','h','i','n','a')
```

2. 访问元组

元组与字符串、列表一样，下标索引也是从 0 开始。元组中元素的值都可以用下标索引来访问。

例如：

```
>>>tup1=('爱国','敬业','诚信','友善')
>>>tup2=(1,2,3,4,5)
>>>tup3=("chinese",)
>>>print(tup3[0],"第",tup2[0],"是",tup1[0])
chinese 第 1 是 爱国
```

3. 修改元组

元组只能进行连接组合等修改，其元素值不允许修改。

例如：

```
>>> tup1 = ("chinese",)
>>> tup2 = ("c","h","i","n","e","s","e")
>>> tup3 = (":",)
>>> tup4 = tup1 + tup3 + tup2
>>> print(tup4)
('chinese',':','c','h','i','n','e','s','e')
```

4. 删除元组

元组只能用 del 语句整个删除，其元素值不允许删除。元组被删除后输出变量会有异常信息。

例如：

```
>>> tup = (1,2,3,4,5)
>>> del tup
>>> print("after delet tup:",tup)
Traceback(most recent call last):
  File "<pyshell#3>",line 1,in <module>
    print("after delet tup:",tup)
NameError:name 'tup' is not defined
```

5. 元组索引和截取

因为元组也是一个序列，所以可以访问元组中指定位置的元素，也可以截取索引中的一段元素。

例如：

```
>>> tup = ('爱国','敬业','诚信','友善')
>>> tup[2]
'诚信'
>>> tup[-2]
'诚信'
>>> tup[1:2]
('敬业',)
>>> tup[1:3]
('敬业','诚信')
```

6. 元组的基本操作

元组的基本操作与列表一样，也可以进行连接、复制、判存和迭代等操作。Python 元组的基本操作见表 3-3。

表 3-3 Python 元组的基本操作

Python 表达式	结果	描述
(1, 2, 3, 4) + (5, 6)	(1, 2, 3, 4, 5, 6)	组合
('Hello!') * 3	('Hello!', 'Hello!', 'Hello!')	重复
"c" in ("a","b","c")	True	判断元素是否存在于元组中
for x in (1, 2, 3): print (x)	1 2 3	迭代

7. 元组的常用函数

（1）len（tuple）：求取元组元素个数。

（2）max（tuple）：返回元组元素最大值。

（3）min（tuple）：返回元组元素最小值。

（4）tuple（list）：将列表转换为元组。

例如：

```
>>> list = [1,2,3,4,5]
>>> tup = tuple(list)
>>> tup
(1,2,3,4,5)
>>> len(tup)
5
>>> max(tup)
5
>>> min(tup)
1
```

3.2.3.5　字典

字典也是一种常用的 Python 语言内置数据类型。与字符串、列表、元组等是以连续整数为索引的序列不同，字典以关键字为索引。关键字通常是字符串或数字，也可以是其他任意不可变类型。如只包含字符串、数字、元组的元组，也可以用作字典的关键字。列表不能用作关键字，因为列表可以用索引、切片、append（）、extend（）等函数修改。

字典可以理解为"键值对"的集合，但字典的键必须是唯一的。

1. 字典的创建

（1）在花括号"{}"中输入逗号分隔的键值对。创建一个空字典可仅用花括号"{}"。

（2）用 dict（）构造函数创建字典。

dict（）构造函数可以直接用键值对序列创建字典。

例如：

```
>>> dict([('sape',4139),('guido',4127),('jack',4098)])
{'sape':4139,'guido':4127,'jack':4098}
```

（3）用字典推导式创建字典。

字典推导式可以用任意键值表达式创建字典。
例如：

```
>>> {x:x** 2 for x in(2,4,6)}
{2:4,4:16,6:36}
```

（4）用关键字参数创建字典。
关键字是简单字符串时，可以直接用关键字参数指定键值对。
例如：

```
>>> dict(sape=4139,guido=4127,jack=4098)
{'sape':4139,'guido':4127,'jack':4098}
```

2. 字典的主要操作

（1）通过关键字存储、提取值。
（2）用 del 语句删除键值对。
（3）用已存在的关键字存储值，取代该关键字关联的旧值。
（4）执行 list(d) 操作，返回该字典中所有键的列表。
（5）使用 sorted(d) 排序。
（6）使用关键字 in 检查字典里是否存在某个键。
操作方法如下：

```
>>> tel={'jack':4098,'sape':4139}#创建字典
>>> tel['guido']=4127#通过关键字"4127"存储值
>>> tel#输出字典键值对
{'jack':4098,'sape':4139,'guido':4127}
>>> tel['jack']#提取关键字
4098
>>> del tel['sape']#删除键值对
>>> tel['irv']=4127#用已存在的关键字存储值
>>> tel
{'jack':4098,'guido':4127,'irv':4127}
>>> list(tel)#返回字典中所有键的列表
['jack','guido','irv']
>>> sorted(tel)#对字典排序
['guido','irv','jack']
>>> 'guido' in tel#检查字典中是否存在'guido'键
True
>>> 'jack' not in tel#检查字典中是否不存在'jack'键
False
```

3.2.3.6 集合

集合也是 Python 语言支持的数据类型。集合是由不重复元素组成的无序容器。

1. 集合的创建

非空集合可以用花括号或 set( ) 函数创建,但创建空集合只能用 set( ) 函数。
例如:

```
>>> basket = {'apple','orange','apple','pear','orange','banana'}
>>> print(basket)                    # 重复地被移除
{'apple','banana','pear','orange'}
```

2. 集合的基本用法

集合的基本用法有成员检测、消除重复元素。
例如:

```
>>> basket = {'apple','orange','apple','pear','orange','banana'}
>>> 'orange' in basket              #判断是否是集合的元素
True
>>> 'crabgrass' in basket
False
```

3. 集合的运算

集合对象支持合集、交集、差集、对称差分等数学运算。
例如:

```
>>> a = set('abracadabra')
>>> b = set('alacazam')
>>> a                               #a 中元素
{'b','a','c','d','r'}
>>> a - b                           #差集
{'r','d','b'}
>>> a |b                            #并集
{'b','l','a','m','c','d','r','z'}
>>> a&b                             #交集
{'c','a'}
>>> a^b                             #属于 ab,但不同时属于 ab
{'m','z','d','b','r','l'}
```

3.2.3.7 数据类型应用转换

Python 语言是强类型语言,一个变量确定类型后就不能变化。在程序设计中,如果需要将变量转换为另外一种类型,就需要进行类型转换。例如:用户输入的年龄是字符串类型,而在计算中,需要将它转换成整数类型。

在 Python 程序中,任何仅含数字的序列都被认为是整数,但 0 不能作为前缀放在其他数字前面,否则会出现异常提示。

微课 3.2.3.7　数据类型应用转换

例如：

```
>>> 1
1
>>> 0
0
>>> 01
SyntaxError:invalid token
```

"SyntaxError：invalid token"是提示：程序中有一个"非法标识"（invalid token）。

1. 其他数据类型转换为数值型

将其他数据类型转换为整型可使用 int（ ）函数。转换后仅保留传入数据的整数部分并舍去小数部分。

1）布尔型转换为整型

布尔型是只有 True 和 False 两个可选值的最简单的数据类型。将其转换为整型时，结果分别为 1 和 0。

例如：

```
>>> int(True)
1
>>> int(False)
0
```

2）浮点型转换为整型

当将浮点型转换为整型时，所有小数点后面的部分会被舍去。

例如：

```
>>> int(98.6)
98
>>> int(1.0e4)
10000
```

3）字符串转换为整型

（1）对于仅包含数字和正、负号的字符串可以通过 int（ ）函数转换为整型。

例如：

```
>>> int('99')
99
>>> int('-23')
-23
>>> int('+12')
12
```

（2）如将一个与数字无关的类型转化为整型，会出现异常。

例如：

```
>>> int("12 months")
Traceback(most recent call last):
  File "<stdin>",line 1,in <module>
ValueError:invalid literal for int()with base 10:'12 months'
```

（3）int()函数可以接受由浮点数或数字组成的字符串，但不能接受包含小数点或指数的字符串。

例如：

```
>>> int("3.14")
Traceback(most recent call last):
  File "<stdin>",line 1,in <module>
ValueError:invalid literal for int()with base 10:'3.14'
>>> int("1.0e2")
Traceback(most recent call last):
  File "<stdin>",line 1,in <module>
ValueError:invalid literal for int()with base 10:'1.0e2'
```

2. 其他数据类型转换为浮点型

将其他数据类型转换为浮点型，使用float()函数。

1）布尔型转换为浮点型

布尔型在浮点数的计算中等价于1.0和0.0。

例如：

```
>>> float(True)
1.0
>>> float(False)
0.0
```

2）整型转换为浮点型

例如：

```
>>> float(98)
98.0
```

3）字符串转换为浮点型

float()函数能将包含整数或浮点数的字符串转换成浮点型。

例如：

```
>>> float('99')
99.0
>>> float('98.6')
98.6
```

```
>>> float('-1.5')
-1.5
>>> float('1.0e4')
10000.0
```

3. 其他数据类型转为字符串

其他数据类型转为字符串，使用 str( ) 函数。

例如：

```
>>> a = 1
>>> b = 1.1
>>> c = False
>>> str(a)
'1'
>>> str(b)
'1.1'
>>> str(c)
'False'
>>> str(3.14)
'3.14'
```

4. 混合数据类型计算

如果混合使用多种不同的数据类型进行计算，Python 语言会自动进行类型转换。

（1）整型与浮点型混合使用时，自动转换为浮点型。

例如：

```
>>> 4 + 7.0
11.0
```

（2）布尔型与整型或浮点型混合使用时，False 会被当作 0 或 0.0，Ture 会被当作 1 或 1.0。

例如：

```
>>> True + 2
3
>>> False + 5.0
5.0
```

单元小结

Python 语言编程需要遵循基本的语法规范，主要有缩进、注释、空行、长语句、分号、括号、文档字符串等。

（1）缩进用来表示代码块，通常通过按 Tab 键或按 4 次 Space 键操作，缩进的空格数可变，但同一个代码块的语句必须包含相同的缩进空格数。

（2）单行注释采用"#"号开头，多行注释使用 3 个单引号或 3 个双引号。

（3）函数之间或类的方法之间需用空行分隔，类和函数的入口之间也用一行空行分隔。

（4）一行语句为 80 个字符。对于超长语句一般用圆括号连接行。

（5）行尾不加分号，也不用分号将两条命令放在同一行中，一般每一条命令单独占一行。

（6）除用于实现行连接外，在返回语句或者条件语句中不使用括号。

（7）在赋值（=）、比较（==，<，>，!=，<>，<=，>=，in，not in，is，is not）、布尔（and，or，not）等运算符两边各加一个空格，以使代码更清晰。算术运算符只要两侧保持一致，不作限定；逗号、冒号、分号前面不加空格，但其后一般加空格。

（8）文档字符串是 Python 语言独特的注释方式，用前、后的三重双引号或三重单引号表示。

Python 的语法要素主要有标识符、变量及赋值、输出和输入。

（1）标识符是 Python 程序中自定义的类名、函数名、变量等符号和名称。变量名只能由字母、数字和下划线构成。变量名不能用数字作首字符，不能包含空格，不能用 Python 关键字和函数名等保留字。

（2）变量用"="进行赋值。

（3）输出可以用表达式语句，也可以用 print() 函数。输出格式可以用相应 str.format() 函数控制，以使输出值形式更具多样式。常用的格式控制函数有 str() 函数、repr() 函数、rjust() 函数、ljust() 函数、center() 函数、zfill() 函数、format() 函数。

（4）通过内置函数 input() 从标准输入设备（默认是键盘）读入一行文本。

Python 3 中的数值类型包括整型（int）、浮点型（float）和复数型（complex），可以通过 type() 函数查看。

（1）整数是没有小数点的数字。对整数可以执行加（+）、减（-）、乘（*）、除（/）、整除（//）、求余（%）、乘方（**）等基本运算。同一个表达式中可以使用多种运算，也可以用括号修改运算次序。

（2）浮点数是带小数点的数字。对浮点数也可执行加（+）、减（-）、乘（*）、除（/）、乘方（**）等运算。但浮点数的小数点会存在不确定性尾数。不确定性尾数是计算机内部采用二进制数表示，在十进制数与二进制数转换时造成的。消除不确定性尾数误差，可使用 round() 函数。

（3）用单引号或双引号括起的字符序列称为字符串。对字符串可进行修改大、小写，合并字符串，字符串乘法，提取指定位置的字符，修改字符串，切取字符串，求字符串长度等操作。用 title() 函数使字符串首字母大写，用 upper() 函数将所有字符改为大写，用 lower() 函数将所有字符改为小写。还可以进行"拼接"、用乘法实现字符串重复、提取指定位置的字符、用 replace() 函数修改字符串、用 slice（切片）切取等操作。

（4）列表是 Python 语言中最常见的内置序列类型。列表是一组由方括号括起来、由逗号间隔的数值序列。列表的数据项可以具有相同的类型，也可以是不同的类型；可以直接按格式创建，也可以通过下标访问。列表元素可以通过 append() 函数来添加列表项，使用

del 语句删除列表的元素或从列表中移除切片。列表可以按下标执行截取操作，也可以进行列表组合、列表元素重复、判断元素是否在列表中、迭代等。Python 列表的常用函数主要有 len(list) 函数（求元素个数）、max(list) 函数（求元素最大值）、min(list) 函数（求元素最小值）、list(seq) 函数（把元组转换为列表）等。列表类型支持计数、追加、查找、插入、移除、反转、排序等多种方法。

（5）元组也是 Python 语言内置的最常用的序列数据类型。元组使用小括号，元组的元素不能修改，也不允许为元组中的单个元素赋值。创建元组只需要在括号中添加元素，并使用逗号隔开即可。元组的元素下标索引也是从 0 开始，元组中元素的值都可以用下标索引来访问。元组只能进行连接、组合等修改，其元素值不允许修改。元组只能用 del 语句整个删除，其元素值不允许删除。元组作为一种序列，可以访问其指定位置的元素，也可以截取索引中的一段元素。元组也可以进行连接、复制、判存和迭代等操作。元组的常用函数有 len(tuple) 函数（求取元组元素个数）、max(tuple) 函数（求元素最大值）、min(l tuple) 函数（求元素最小值）、tuple(list) 函数（将列表转换为元组）。

（6）Python 语言是强类型语言，一个变量确定类型后就不能变化。在 Python 程序设计中，如果需要将变量转换为另外一种类型，就需要进行类型转换。将其他数据类型转换为整型可使用 int() 函数。转换后仅保留传入数据的整数部分并舍去小数部分。将其他数据类型转换为浮点型，使用 float() 函数。将其他数据类型转为字符串，使用 str() 函数。混合使用多种不同的数据类型进行计算时 Python 程序会自动进行类型转换。整型与浮点型混合使用时，自动转换为浮点型。布尔型与整型或浮点型混合使用时，False 会被当作 0 或 0.0，Ture 会被当作 1 或 1.0。

（7）字典也是一种常用的 Python 语言内置数据类型。字典是由花括号"{}"括起来的、由逗号分隔的键值对，以关键字为索引。

（8）集合也是 Python 语言支持的数据类型，它是由不重复元素组成的无序容器。

练习思考

1. 分析下列 Python 语句是否规范，存在什么格式问题。
if True：
　　print("Answer")
　　print("True")
else：
　　print("Answer")
print("False")

2. 给下列有格式问题的 Python 语句加上注释，内容是错误形式。
（1）if(x)：
　　foo()
（2）def average(sum,num = 100):referen sum/num
（3）name
　　mode12

4word

try

3. 请在划线处写出下列每条语句的执行结果。

(1) '-3.14'.zfill(8) _____

print('{}是:"{}!"'.format('杜富国','英雄')) _____

str = "China"

str.rjust(2) _____

(2) 3+2*4 _____

(1+2)*4 _____

9/2 _____

9//7 _____

9%4 _____

a = 9

b = 3

a += b

print(a) _____

a -= 3

print(a) _____

a *= 2

print(a) _____

(3) str = '0123456789abcde'

str[:] _____

str[5:] _____

str[:5] _____

str[10:15] _____

str[1:15:4] _____

str[4:-4] _____

str[::4] _____

(4) fruits = ['orange','apple','pear','banana','kiwi','apple','banana']

fruits.count('pear') _____

fruits.index('apple',3) _____

fruits.insert(5,"watermelon") _____

fruits.append('grape') _____

fruits.sort()

fruits _____

(5) tup1 = ('爱国','敬业','诚信','友善')

tup2 = ("社会","主义","核心价值观")

tup1[0] _____

tup1[-3] _____

print(tup2[0],tup2[1],tup1[2],"是:",tup1) _____
（6）int(1.0e3) _____
　　int(False) _____
　　float(True) _____
　　float('3.14') _____
　　str(1+2.5) _____
　　int(1.1+2) _____
　　True+2.1) _____

3.3　Python 程序设计尝试

Python 程序分为顺序结构、循环结构和选择结构 3 种基本结构。
顺序结构是一种线性、有序的结构，它依次执行各语句模块。
循环结构是重复执行一个或几个模块，直到满足某一条件为止。
选择结构是根据条件成立与否选择程序执行的通路。
结构化程序设计可以使程序结构清晰，易于阅读、测试、排错和修改。每个模块执行单一功能，模块间联系较少，使程序编写更简单，程序更可靠，而且每个模块都可以独立编制、测试，提高了可维护性。
因为顺序结构程序就是从上至下逐条依次执行，所以在此重点介绍 Python 程序的循环结构和选择结构的相关支持语法。

3.3.1　流程控制类程序设计体验

3.3.1.1　条件表达式

条件表达式对程序的流程控制有重要的作用，是流程控制类程序设计的重要组成部分。
条件表达式就是对数据关系进行比较判断的表达式，其实质是布尔表达式，运算结果是布尔值（True 或 False）。
构成条件表达式的操作符号有关系运算符和逻辑运算符。

1. 关系运算符

1）常用关系运算符

常用关系运算符有：==（等于）、!=（不等于）、>（大于）、<（小于）、>=（大于且等于）、<=（小于且等于）。
关系运算符的使用方法如下：

```
>>> a = 1
>>> b = 1
>>> c = 2
>>> a == b
```

```
True
>>> a != b
False
>>> a == c
False
>>> a != c
True
>>> a > b
False
>>> a < c
True
>>> b <= c
True
```

2）集合类型关系运算符

用于列表、元组等集合类型数据的关系运算符有 in 和 not in。

集合类型关系运算符的使用方法如下：

```
>>> lst = [1,2,[3,4,5]]
>>> 1 in lst
True
>>> 3 in lst
False
>>> 3 not in lst
True
>>> 3 in lst[2]
True
>>> 3 in lst[-1]
True
```

上例中，"not"是逻辑运算符，其作用是对原先的结果进行求反操作。

例如：

```
>>> not 1
False
>>> not 0
True
>>> not True
False
>>> not False
True
```

2. 逻辑运算符

逻辑运算符用于对多个条件进行判断。"and"为与运算,"or"为或运算。其运算规则如下。

(1) and(与):当条件有一个是 False 时,结果就是 False;只有条件全为 True 时,结果才为 True。

(2) or(或):当条件有一个是 True 时,结果就是 True;只有条件全为 False 时,结果才为 False。

例如:

```
>>>2 >1 or 2 >3
True
>>>2 >1 and 2 >3
False
```

3.3.1.2 选择结构程序设计体验

1. 代码块

Python 程序是由代码块构成的。通过代码块可以正确控制程序结构,提高程序的可读性。

代码块是通过缩进代码创建的一组语句,缩进量一般为 4 个空格或一个 Tab。

Python 语言对代码的缩进要求非常严格,同一个级别代码块的缩进量必须一样,否则交互式解释器会报 SyntaxError 异常错误。

微课3.3.1.2 选择结构程序设计

例如:

```
height = float(input("输入身高:"))#输入身高
weight = float(input("输入体重:"))#输入体重
bmi = weight/(height* height)#计算 BMI 指数
#判断身材是否合理
if bmi <18.5:
    print("BMI 指数为:" + str(bmi))#输出 BMI 指数
    print("体重过轻")
if bmi >=18.5 and bmi <24.9:
    print("BMI 指数为:" + str(bmi))#输出 BMI 指数
    print("正常范围,注意保持")
if bmi >=24.9 and bmi <29.9:
    print("BMI 指数为:" + str(bmi))#输出 BMI 指数
    print("体重过重")
if bmi >=29.9:
    print("BMI 指数为:" + str(bmi))#输出 BMI 指数
    print("肥胖")
```

上例中,"if bmi < 18.5:"语句后面的两个 print 语句为同一个 if 分支的语句,为同一作用域,如果缩进不同,将会出现错误,如图 3-10 所示。

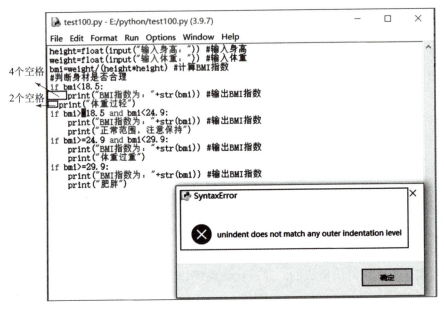

图 3-10　代码块缩进不同的错误

Python 程序的代码块以":"开始,其后缩进量相同的语句为同一代码块。

2. 选择结构程序设计

1) if 语句

在 Python 程序中,选择结构程序一般使用 if 语句,其格式有多种形式,分别如下。

格式 1:

if 布尔表达式 a:

　　a 为 True 时执行的代码块

格式 2:

if 布尔表达式 a:

　　a 为 True 时执行的代码块

else:

　　a 为 False 时执行的代码块

格式 3:

if 布尔表达式 a:

　　a 为 True 时执行的代码块

elif 布尔表达式 b:

　　b 为 True 时执行的代码块

elif…

　　…

else:

　　上面条件都不满足时执行的代码块

2）程序案例
【案例1】

```
score = 67

if score >= 60:
    print("及格")
```

程序运行结果如图3-11所示。

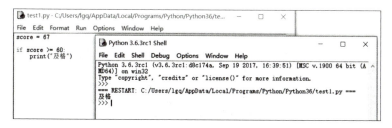

图3-11 案例1程序运行结果

【案例2】

```
score = 56

if score >= 60:
    print("及格")
else:
    print("不及格")
```

程序运行结果如图3-12所示。

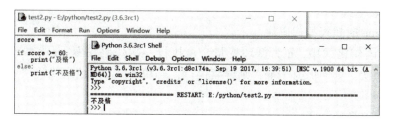

图3-12 案例2程序运行结果

【案例3】

```
score = 82

if score >= 90:
    print("优秀")
elif score >= 80:
```

```
        print("良好")
elif score >= 70:
        print("中等")
elif score >= 60:
        print("及格")
else:
        print("不及格")
```

运行结果如图 3-13 所示。

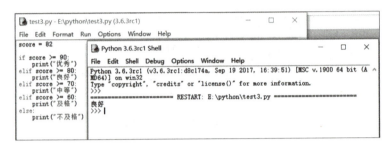

图 3-13 案例 3 程序运行结果

3.3.1.3 循环结构程序设计体验

循环结构程序在执行时,如果给定的判断条件为真则执行循环体,直到判断条件为假时,才退出循环体,执行其后面的语句。

Python 语言的循环语句有 while 语句和 for 语句两种。

1. while 循环应用

1) while 语句的格式

while 语句的一般格式如下:

while 布尔表达式 a:
    a 为 True 时执行的代码块 b

微课 3.3.1.3 循环结构程序设计

上述 while 语句格式中,a 为循环变量,每执行一次代码块 b,a 的值相应修改一次。如 a 仍为 True,则继续执行代码块 b,否则结束代码块 b,去执行其后的语句。

2) while 简单循环程序

【案例 4】

```
count = 1

while count <= 5:
        print(count)
        count += 1
```

程序运行结果如图 3-14 所示。

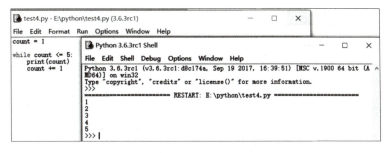

图3-14 案例4 程序运行结果

3）使用循环控制语句 break 的 while 循环程序

break 语句是一种循环控制语句。在循环程序设计中，如果需要让循环在某一条件下停止，可以在循环中用 break 语句声明。break 语句的作用是退出整个循环语句，如案例5所示。

【案例5】

```
while count <=100:
    if(count >10):
        break
    print(count)
    count +=1
```

程序运行结果如图3-15所示。

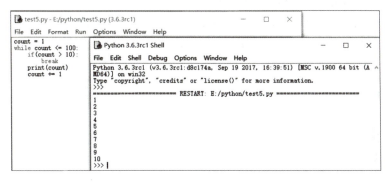

图3-15 案例5 程序运行结果

由程序运行结果可见，程序没有循环到100，而是当 count 等于11时就退出循环了。

使用 while 循环和 break 语句，可以遍历检查一个列表是否有偶数，若找到偶数则跳出循环；若循环结束，即没有找到偶数，则执行 else 部分代码段，如案例6所示。

【案例6】

```
datas =[1,3,5,7,9]

pos =0
while pos <len(datas):
```

```
            data = datas[pos]
            if data % 2 == 0:
                print('找到偶数',data)
                break
            pos += 1
        else:   #没有执行 break
            print('该列表没有偶数')
```

程序运行结果如图 3 – 16 所示。

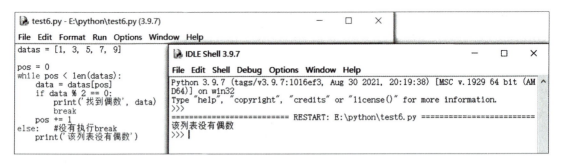

图 3 – 16　案例 6 程序运行结果

4) 使用循环控制语句 continue 的 while 循环程序

continue 语句是另一种循环控制语句。在循环程序设计中，如果不需要结束整个循环，而只想跳到下一轮循环的开始，可使用 continue 语句，如案例 7 所示。

【案例 7】

```
count = 1

while count <= 50:
    if(count % 5 != 0):
        count += 1
        continue
    print(count)
    count += 1
```

程序运行结果如图 3 – 17 所示。

由案例 7 可见，每当 count 不是 5 的倍数时，就直接进入下一步循环。

5) while 循环的迭代

迭代是通过重复执行的代码处理相似的数据集的过程，并且本次迭代的处理数据要依赖上一次的结果继续往下进行。

Python 程序可以使用 while 循环进行迭代。允许在集合长度未知和具体实现未知的情况下遍历整个集合，并且支持迭代快速读写其中的数据，如案例 8 所示。

图 3-17 案例 7 程序运行结果

【案例 8】

```
datas = [1,3,5,7,9]

pos = 0
while pos < len(datas):
    print(datas[pos])
    pos += 1
```

程序运行结果如图 3-18 所示。

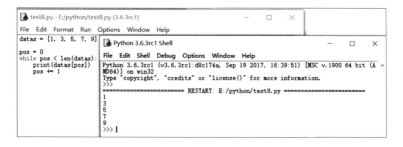

图 3-18 案例 8 程序运行结果

2. for 循环应用

在 Python 程序中，for 循环相当于一个迭代器，可以遍历任意序列，如字符串、列表、元组、字典等。遍历就是从头至尾查看序列中的每个元素。for 循环中隐藏的机制是索引指针 index 从 0 开始，每执行一次循环体，自动执行 index + 1 操作，直到遍历完整个序列。

1）for 循环语句的格式

for 迭代变量 in 序列：
　　循环体

其中：

（1）迭代变量用于保存读取的值；

（2）序列是遍历的对象，可以是 range( ) 函数、字符串、列表、元组等任何有序的

序列;

(3) 循环体是重复执行的代码块。

for 循环语句的含义是:从第一项开始,逐一将序列中的数据项分配给迭代变量执行代码块,直到整个序列完成。

2) for 循环的应用

上述由 while 循环实现的迭代操作,使用 for 循环实现的方法如案例 9 所示。

【案例 9】

```
datas = [1,3,5,7,9]

for data in datas:
    print(data)
```

程序运行结果如图 3-19 所示。

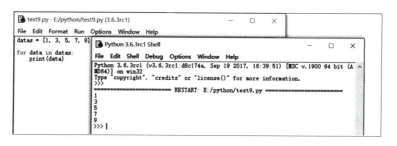

图 3-19 案例 9 程序运行结果

元组或者列表在一次迭代过程产生一项,而字符串迭代会产生一个字符,如案例 10 所示。

【案例 10】

```
stra = "abc"

for c in stra:
    print(c)
```

程序运行结果如图 3-20 所示。

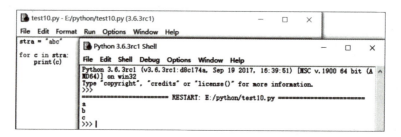

图 3-20 案例 10 程序运行结果

3）使用循环控制语句 break、continue 的 for 循环程序

在 for 循环中使用循环控制语句 break 和的效果与 while 循环一样，如案例 11 所示。

【案例 11】

```
datas = [1,3,5,7,9]
for n in datas:
    if(n == 5):
        break
    print(n)
print("---------")
for n in datas:
    if(n == 5):
        continue
    print(n)
```

程序运行结果如图 3-21 所示。

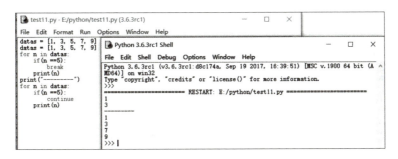

图 3-21　案例 11 程序运行结果

4）固定次数的 for 循环程序

固定次数的 for 循环可以和 range() 函数一起使用。

range() 函数的功能是返回在特定区间的自然数序列。其用法类似 slice 操作，函数格式为：range(start, stop, step)。

其中：

（1）start：起始位置，默认值为 0；

（2）stop：结束位置，最后一个数值是 stop-1 位置的数据；

（3）step：步长，默认值是 1，如果需要反向创建自然数序列，可使 step 的值为 -1。

range() 函数返回的是一个可迭代的对象，因此可以使用"for...in"的结构遍历，也可以把返回的对象转化为一个序列（例如列表），如案例 12 所示。

【案例 12】

```
for x in range(0,3):
    print(x)
```

```
#转换成list
print(list(range(0,3)))
```

程序运行结果如图 3-22 所示。

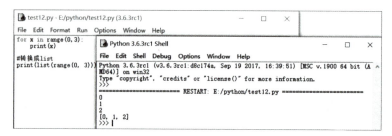

图 3-22　案例 12 程序运行结果

案例 13 是 range( ) 函数的反向应用方法。

【案例 13】

```
for x in range(3,-1,-1):
    print(x)

print(list(range(0,3)))
```

程序运行结果如图 3-23 所示。

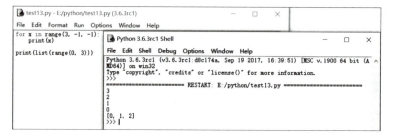

图 3-23　案例 12 程序运行结果

应用 range( ) 函数，令步长 step 为 2，可得到 0~10 的偶数，如图 3-24 所示。

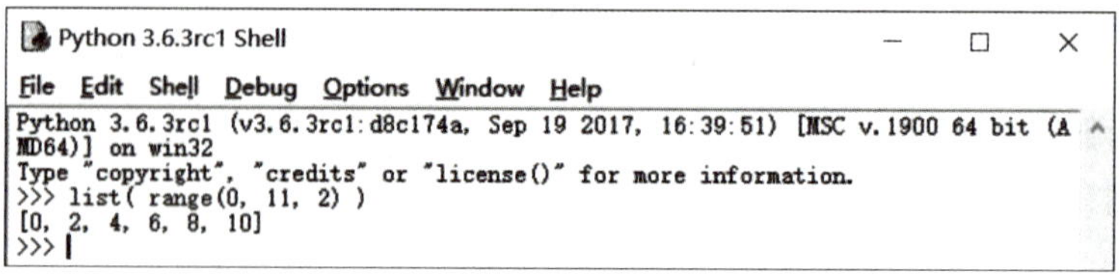

图 3-24　用 range( ) 函数求偶数方法

3.3.2 列表与元组应用程序设计体验

3.3.2.1 列表推导式及其应用

列表推导式可以利用 range 区间、元组、列表、字典和集合等数据类型，快速生成一个满足指定需求的列表。

微课 3.3.2.1 列表推导式及应用

其格式如下：

[表达式 for 迭代变量 in 可迭代对象[if 条件表达式]]

式中，"[if 条件表达式]"是可以省略的。

其功能是：从序列中读取满足 if 条件的数据项执行表达式的操作，并生成一个新列表。

【案例 14】用列表推导式创建平方值的列表。

程序代码如下：

```
squares = [x**2 for x in range(10)]
squares
```

以上代码等价于下面所示用 for 语句创建的平方值的列表程序，程序运行结果如图 3-25 所示。

```
squares = []
for x in range(10):
    squares.append(x**2)

squares
```

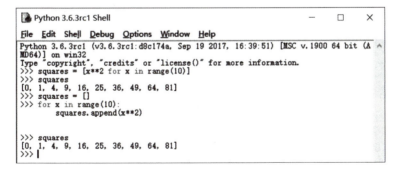

图 3-25 案例 14 程序运行结果

显然，用列表推导式创建的列表更简洁、易读。

实际上，列表推导式中的表达式就相当于 for 循环语句中的循环体，不同之处是列表推导式最终会将循环过程中表达式的计算结果组成一个列表。

【案例 15】用列表推导式组合两个列表中不相等的元素。

程序代码如下：

```
[(x,y) for x in [1,2,3] for y in [3,1,4] if x != y]
```

等价于下面所示的 for 循环程序,程序运行结果如图 3-26 所示。

```
combs = []
for x in [1,2,3]:
    for y in [3,1,4]:
        if x != y:
            combs.append((x,y))
combs
```

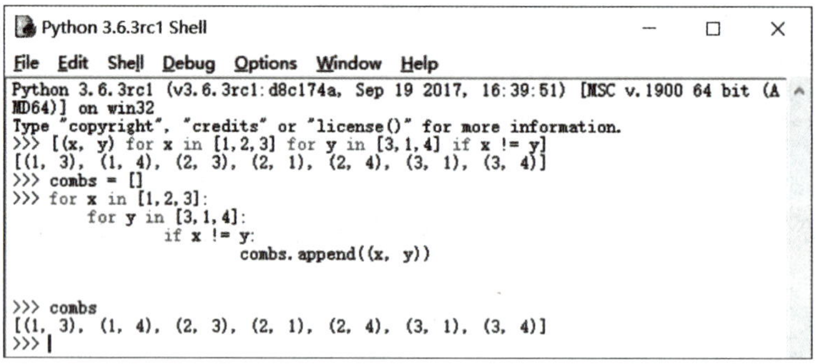

图 3-26 案例 15 程序运行结果

在应用列表推导式时,如果表达式是元组,则必须加上括号,如案例 15 中的"(x, y)",否则会提示"SyntaxError：invalid syntax"错误。

【案例 16】创建一个列表,使其值是原来的两倍。

程序代码如下：

```
vec = [-4,-2,0,2,4]
[x*2 for x in vec]
```

程序运行结果如图 3-27 所示。

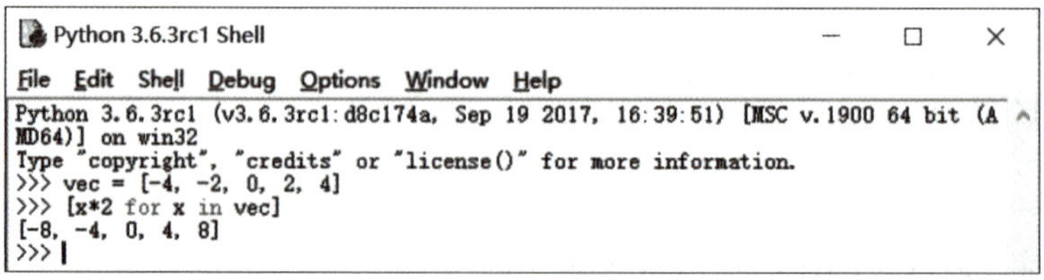

图 3-27 案例 16 程序运行结果

【案例 17】创建一个列表,去除列表中的负数。

程序代码如下：

```
vec = [-4,-2,0,2,4]
```

```
[x for x in vec if x >=0]
```

程序运行结果如图 3–28 所示。

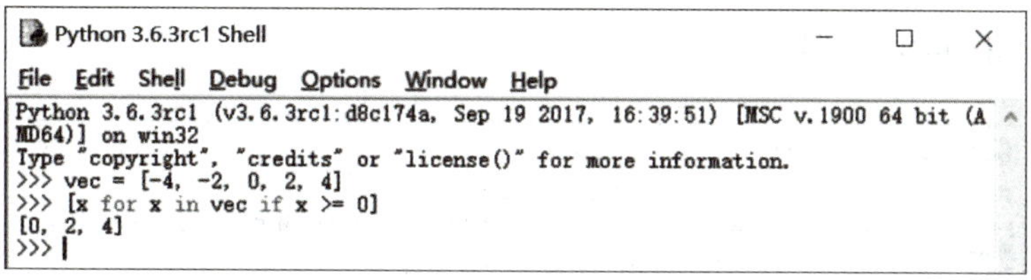

图 3–28 案例 17 程序运行结果

【案例 18】创建一个列表，求列表每个元素的绝对值。
程序代码如下：

```
vec=[-4,-2,0,2,4]
[abs(x)for x in vec]
```

程序运行结果如图 3–29 所示。

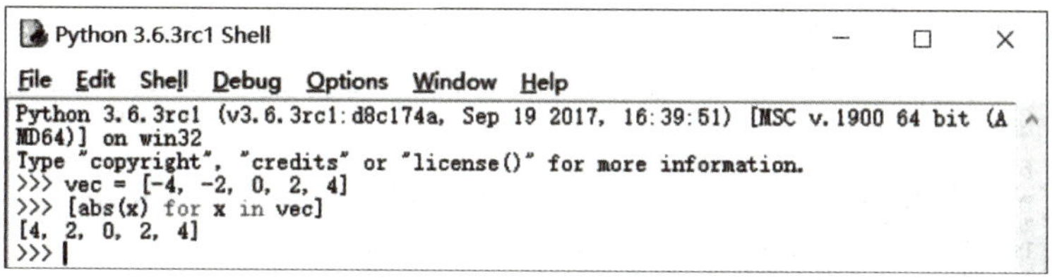

图 3–29 案例 18 程序运行结果

【案例 19】创建一个列表，对每个元素应用函数操作，去除字符串头、尾的空格。
程序代码如下：

```
freshfruit =[' banana',' loganberry ','passion fruit ']
[weapon.strip()for weapon in freshfruit]
```

程序运行结果如图 3–30 所示。

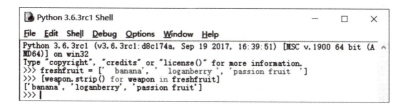

图 3–30 案例 19 程序运行结果

案例 19 中的 strip（ ）函数的功能是移除字符串头、尾指定的字符（默认为空格或换行符）或字符序列。

【案例 20】创建一个元素是元组的列表。

程序代码如下：

```
[(x,x**2)for x in range(6)]
```

程序运行结果如图 3－31 所示。

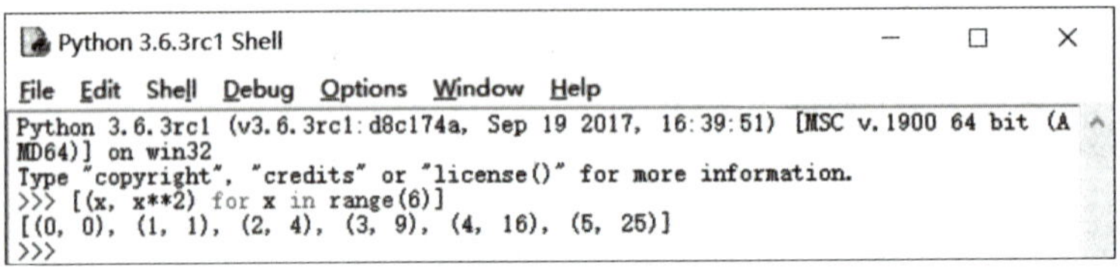

Python 3.6.3rc1 Shell
File Edit Shell Debug Options Window Help
Python 3.6.3rc1 (v3.6.3rc1:d8c174a, Sep 19 2017, 16:39:51) [MSC v.1900 64 bit (AMD64)] on win32
Type "copyright", "credits" or "license()" for more information.
>>> [(x, x**2) for x in range(6)]
[(0, 0), (1, 1), (2, 4), (3, 9), (4, 16), (5, 25)]
>>>

图 3－31　案例 20 程序运行结果

【案例 21】把二维列表转换为一维列表。

程序代码如下：

```
vec=[[1,2,3],[4,5,6],[7,8,9]]
[num for elem in vec for num in elem]
```

程序运行结果如图 3－32 所示。

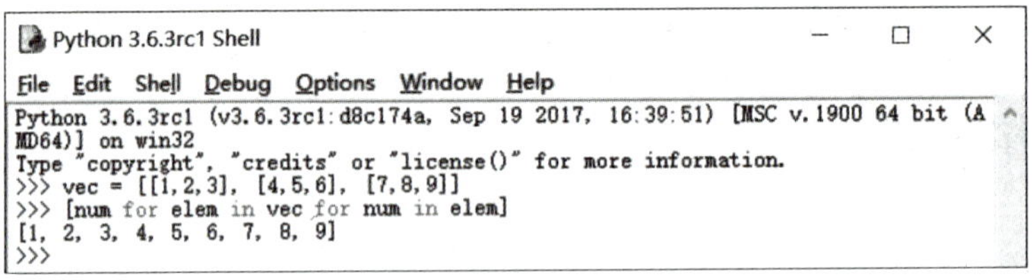

Python 3.6.3rc1 Shell
File Edit Shell Debug Options Window Help
Python 3.6.3rc1 (v3.6.3rc1:d8c174a, Sep 19 2017, 16:39:51) [MSC v.1900 64 bit (AMD64)] on win32
Type "copyright", "credits" or "license()" for more information.
>>> vec = [[1,2,3], [4,5,6], [7,8,9]]
>>> [num for elem in vec for num in elem]
[1, 2, 3, 4, 5, 6, 7, 8, 9]
>>>

图 3－32　案例 21 程序运行结果

列表推导式可以使用复杂的表达式和嵌套函数，如案例 22 所示。

【案例 22】创建圆周率为 1～5 位小数的字符列表。

程序代码如下：

```
from math import pi
[str(round(pi,i))for i in range(1,6)]
```

程序运行结果如图 3－33 所示。

Python 3.6.3rc1 Shell
File Edit Shell Debug Options Window Help
Python 3.6.3rc1 (v3.6.3rc1:d8c174a, Sep 19 2017, 16:39:51) [MSC v.1900 64 bit (AMD64)] on win32
Type "copyright", "credits" or "license()" for more information.
>>> from math import pi
>>> [str(round(pi, i)) for i in range(1, 6)]
['3.1', '3.14', '3.142', '3.1416', '3.14159']
>>>

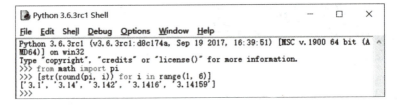

图 3－33　案例 22 程序运行结果

本案例中"from math import pi"的功能是从 math 库中导入圆周率"pi"。

列表推导式中的初始表达式可以是任何表达式,甚至可以是另一个列表推导式,即可以嵌套列表推导式,如案例 23 所示。

【案例 23】将一个由 3 个长度为 4 的列表组成的 3×4 的矩阵转置,即行转成列,列转成行。

程序代码如下:

```
matrix = [
    [1,2,3,4],
    [5,6,7,8],
    [9,10,11,12],
]
[[row[i] for row in matrix] for i in range(4)]
```

程序运行结果如图 3-34 所示。

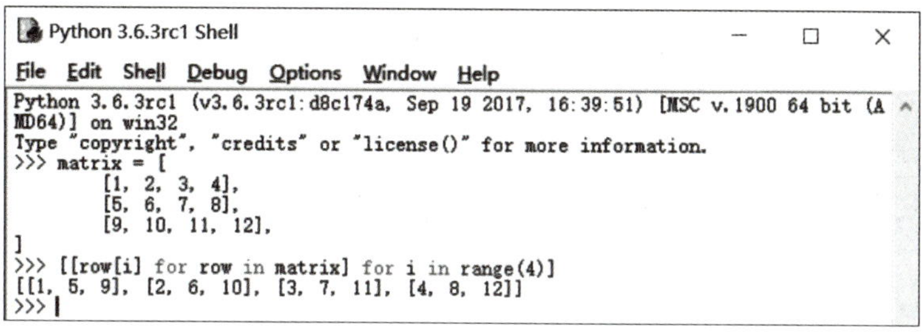

图 3-34 案例 23 程序运行结果

本案例中,表达式"[row[i] for row in matrix]"本身也是一个列表推导式,是列表推导式的嵌套应用。

嵌套的列表推导式基于其后的 for 求值,与此案例等价的 for 循环程序如图 3-35 所示。

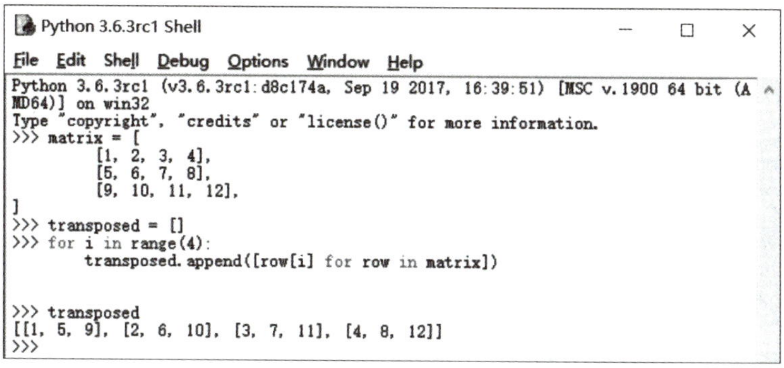

图 3-35 与案例 23 等价的 for 循环程序运行结果

3.3.2.2 元组的打包与解包

元组虽然与列表很相似,但二者的使用场景不同,用途也不同。元组是不可变的,一般可包含异质元素序列,通过解包或索引访问;列表是可变的,列表元素一般为同质类型,可迭代访问。

1. 元组打包

在将多个以逗号分隔的值赋给一个变量时,多个值被打包成一个元组类型。

微课 3.3.2.2 元组的打包与解包

例如:

```
>>> t = 12345,54321,'hello!'
>>> t
(12345,54321,'hello!')
```

因此,在输入元组时圆括号可以没有,但最好加上圆括号;而输出元组时都要由圆括号标注,这样才能正确地解释嵌套元组。

2. 元组解包

将一个元组赋给多个变量时,它将解包成多个值,然后分别将其赋给相应的变量。

例如:

```
>>> t = (12345,54321,'hello!')
>>> x,y,z = t
>>> x
12345
>>> y
54321
>>> z
'hello!'
```

解包适用于右侧的任何序列。序列解包时,左侧变量与右侧序列元素的数量应相等。如果解包出来的元素数目与变量数目不匹配,就会引发 ValueError 异常。

例如:

```
>>> t = (12345,54321,'hello!')
>>> x,y = t
Traceback(most recent call last):
    File "<pyshell#7>",line 1,in <module>
        x,y = t
ValueError:too many values to unpack(expected 2)
```

3.3.2.3 列表应用程序示例

【案例 24】冒泡排序

冒泡排序是计算机科学领域的一种较简单而常用的排序算法。

1. 算法思想

重复地访问要排序的元素序列，依次比较两个相邻的元素，根据排序要求（升序或降序），把顺序错误的元素进行交换，重复执行直到排序完成。

因每一次重复都会使最大的元素（升序）或最小的元素置于序列的末尾，所以形象地称其为"冒泡排序"。

2. 操作方法

这里仅以升序为例，降序过程与升序相反。

（1）从序列的第一个元素开始，依次比较相邻的两个元素，如果前面的元素比后面的元素大，则交换位置。直到所有元素都比较到，当前最大的元素已交换至序列最后。

（2）重复上一步，直到排序完成。

3. 实现代码

```
arr = [1,2,7,6,5,4]
for i in range(len(arr)):
    for j in range(i):
        if arr[j] > arr[j+1]:
            arr[j],arr[j+1] = arr[j+1],arr[j]
print(arr)
```

程序运行结果如图 3-36 所示。

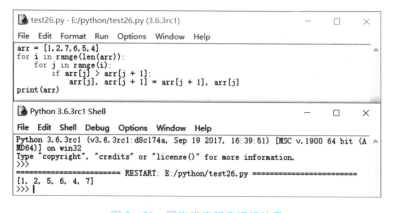

图 3-36　冒泡排序程序运行结果

在上述程序代码中，"arr[j]，arr[j+1] = arr[j+1]，arr[j]"是一个赋值语句。Python 语言允许同时为多个变量赋值。该语句的含义是将等号后面的 arr[j+1] 的值赋给 arr[j]，将 arr[j] 的值赋给 arr[j+1]。因此，该语句的功能是实现 arr[j] 和 arr[j+1] 两个元素的交换。

3.3.3　字典与集合应用程序设计体验

1. 字典的 items() 函数

应用字典循环，用 items() 函数同时取出键和对应的值。

例如：

```
>>> knights = {'gallahad':'the pure','robin':'the brave'}
>>> for k,v in knights.items():
       print(k,v)

gallahad the pure
robin the brave
```

2. 集合推导式

与列表推导式类似，集合也支持推导式。

例如：

```
>>> a = {x for x in 'abracadabra' if x not in 'abc'}
>>> a
{'r','d'}
```

3. 字典应用程序示例

【案例25】应用列表和字典设计名片管理程序。

1）程序功能

（1）可根据用户输入的操作序号实现下述功能：

①输入"1"：添加一个新的名片；

②输入"2"：删除一个名片；

③输入"3"：修改一个名片；

④输入"4"：查询一个名片；

⑤输入"5"：显示所有的名片；

⑥输入"6"：退出系统。

（2）名片属性：姓名、QQ号、微信、住址。

2）实现代码

```
#1 打印功能提示
print('='*50)
print('名字关系系统 V2.0')
print('1:添加一个新的名片')
print('2:删除一个名片')
print('3:修改一个名片')
print('4:查询一个名片')
print('5:显示所有的名片')
print('6:退出系统')
print('='*50)

#用来存储名片
```

```python
card_infors = []

while True:
    # 2 获取用户选择
    num = input('请输入操作序号:')
    if num.isdigit():
        num = int(num)
        if num == 1:
            new_name = input('请输入名字:')
            new_qq = input('请输入QQ:')
            new_weixin = input('请输入微信:')
            new_addr = input('请输入新的住址:')

            # 定义一个新的字典,用来存储一个新的名片
            new_infor = {}
            new_infor['name'] = new_name
            new_infor['qq'] = new_qq
            new_infor['weixin'] = new_weixin
            new_infor['addr'] = new_addr

            # 将一个字典添加到列表中
            card_infors.append(new_infor)
            #print(card_infors)   # for test
        elif num == 2:
            del_name = input("请输入要删除的名字:")
            find_flag = False
            for line in card_infors:
                if line['name'] == del_name:
                    find_flag = True
                    card_infors.remove(line)
                    break
            if find_flag:
                print("已删除!")
            else:
                print("输入的用户名不存在")
                # print(card_infors)   for test
        elif num == 3:
            old_name = input('请输入要修改的姓名:')
```

```python
            flag = 0
            for line in card_infors:
                if line['name'] == old_name:
                    new_name = input('姓名:')
                    new_qq = input('年龄:')
                    new_weixin = input('微信:')
                    new_addr = input('住址:')

                    line['name'] = new_name
                    line['qq'] = new_qq
                    line['weixin'] = new_weixin
                    line['addr'] = new_addr
                    flag = True
                    break
            if flag:
                print("已修改!")
            else:
                print('输入的用户不存在!')
        elif num == 4:
            find_nmae = input("请输入要查找的姓名:")

            find_flag = 0    # 默认表示没有找到

            for temp in card_infors:
                if find_nmae == temp['name']:
                    print('%s\t%s\t%s\t%s' % (temp['name'], temp['qq'], temp['weixin'], temp['addr']))
                    find_flag = 1    # 表示找到了
                    break

            # 判断是否找到
            if find_flag == 0:
                print('没有找到')

        elif num == 5:
            print("姓名\tQQ\t微信\t住址\t")
            for temp in card_infors:
```

```
                print('%s\t%s\t%s\t%s\t' %(temp['name'],temp['qq'],temp['weixin'],temp['addr']))
            elif num==6:
                break
            else:
                print('输入有误！请重新输入')
                continue
        print('')
    else:
        print("输入错误,请重新输入!")
```

程序运行结果如图 3-37 所示。

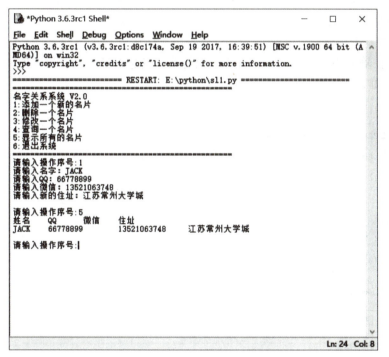

图 3-37　名片管理程序运行结果

3.3.4　函数应用程序设计体验

3.3.4.1　函数概述

1. 函数的基本概念

程序设计语言中的函数又称为方法,是组织好、可重复使用的、用于实现单一或相关联功能的代码段。

函数可以提高应用的模块性和代码的重复利用率。

微课3.3.4.1　函数应用程序设计

2. 函数的使用

Python 语言提供了许多内置函数,如 print( )、input( ) 等。用户也可以自己创建函数,称为用户自定义函数。

在程序设计中，内置函数可以直接使用。对一些会重复使用的功能，可以用自定义函数来完成。自定义函数一旦编写完毕，使用起来和内置函数完全一样。

1）自定义函数的语法格式

def 函数名（参数 = 默认值）：

实现函数功能的语句

return［返回值］

2）函数的规则

（1）函数代码块以 def 关键词开头，后接函数名称和圆括号"（）"。

（2）任何传入参数和自变量都必须放在圆括号中，在圆括号之内可以定义参数。

（3）函数代码块以冒号起始，并且缩进。

（4）以"return［表达式］"结束的函数，选择性地返回一个值给调用方。不带表达式的 return 语句相当于返回 None。

3）函数的基本用法

【案例 26】输入用户的名称，在函数中执行欢迎信息，函数没有返回值。

程序代码如下：

```
#定义函数
def welcome(name = "NoName"):
    print("hello," + name)
    print("how are you")

#使用函数
welcome("Jack")
welcome()
```

程序运行结果如图 3-38 所示。

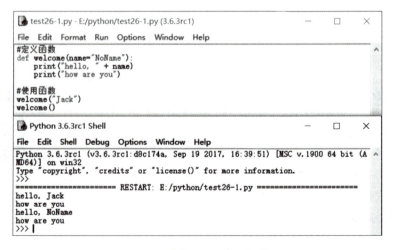

图 3-38　案例 26 程序运行结果

【案例 27】用直角三角形的直角边长，计算并返回斜边长度。
程序代码如下：

```
import math

#定义函数
def length(a,b):
    sum = a*a + b*b
    return math.sqrt(sum)

#使用函数
a = length(3,4)
print(a)
print(length(12,5))
```

程序运行结果图 3-39 所示。

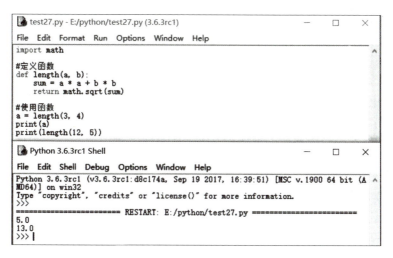

图 3-39　案例 27 程序运行结果

4）函数的变量作用域

Python 程序中同样的名称在不同的使用情况下可能用于表示不同的事物。Python 程序中每一个函数都可定义自己的命名空间。比如在主程序中定义一个变量 x，在另外一个函数中也可定义名称为 x 的变量，但两个 x 指代的是不同的变量。

变量根据其作用域可分为全局变量和局部变量。在函数外部定义的变量称为全局变量，在函数内部定义的变量称为局部变量。所有函数都可以使用全局变量，而局部变量仅能在函数内部使用，如案例 28 所示。

【案例 28】

```
animal = 'fruitbat'
```

```
def print_global():
    print('inside print_global:',animal)

print('at the top level:',animal)
print_global()
```

程序运行结果如图 3-40 所示。

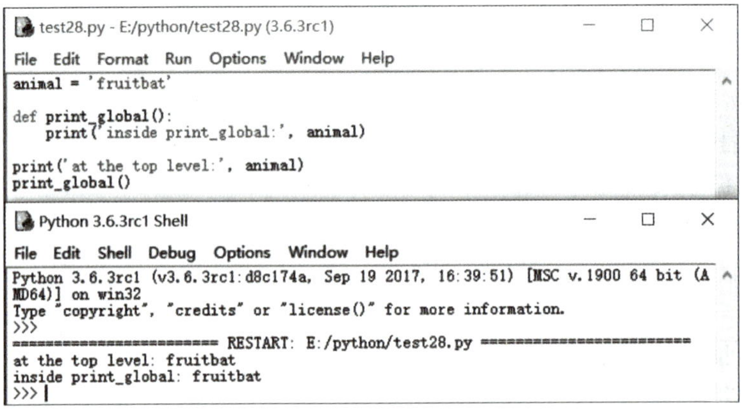

图 3-40　案例 28 程序运行结果

在案例 28 中，变量 animal 是全局变量，因此 print_global() 语句执行的结果是 "'inside print_global：', animal"。

全局变量不能在函数内修改，否则会报错，如案例 29 所示。

【案例 29】

```
animal = 'fruitbat'

def change_and_print_global():
    print('inside change_and_print_global:',animal)
    animal = 'wombat'    #函数内修改全局变量的值
    print('after the change:',animal)

change_and_print_global()
```

程序运行结果如图 3-41 所示。
函数内部定义的与全局变量同名的局部变量可以在函数内赋值，如案例 30 所示。

【案例 30】

```
animal = 'fruitbat'

def change_local():
```

```
        animal = 'wombat'          # animal 为局部变量
        print('inside change_local:',animal,id(animal))   #使用局部变量

change_local()
print(animal)         #使用全局变量
print(id(animal))         #使用全局变量
```

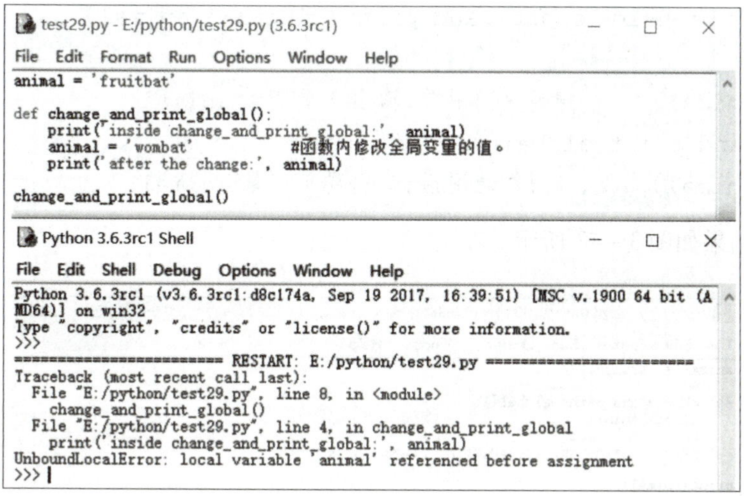

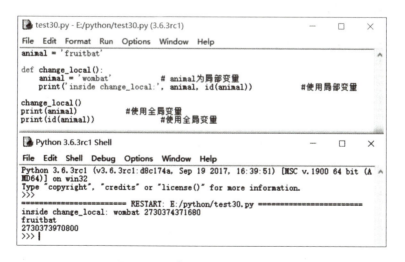

图 3-41 案例 29 程序运行结果

程序运行结果如图 3-42 所示。

图 3-42 案例 30 程序运行结果

在案例 30 中，print 语句中"id(animal)"是打印输出对象的内存地址。

当局部变量与全局变量名字相同时，为了明确读取的是全局变量而不是函数中的局部变量，通常在变量前面加关键字 global 进行声明，否则 Python 程序会使用局部命名空间的局部

变量，函数执行后回到原来的命名空间，如案例 31 所示。

【案例 31】

```
animal = 'fruitbat'

def change_and_print_global():
    global animal
    animal = 'wombat'
    print('inside change_and_print_global:',animal)


print(animal)            #函数调用前,输出全局变量 animal
change_and_print_global()    #调用函数
print(animal)            #函数调用后,输出局部变量 animal
```

程序运行结果如图 3-43 所示。

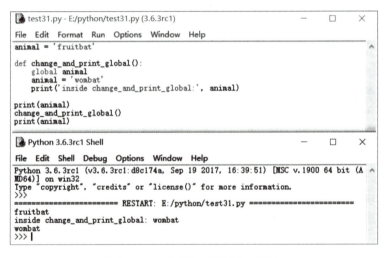

图 3-43　案例 31 程序运行结果

3.3.4.2　lambda 表达式函数

lambda 表达式用于创建小巧的匿名函数，匿名函数只能是单个表达式。

例如："lambda a，b: a + b" 函数返回两个参数的和。

lambda 表达式函数可用于任何需要函数对象的地方，可以引用包含作用域中的变量。

1. 用 lambda 表达式返回函数

如：

```
>>> def make_incrementor(n):      #定义 make_incrementor()函数
    return lambda x:x + n        #返回 lambda 表达式函数


>>> f = make_incrementor(2020)    #应用 make_incrementor()函数,n = 2020
```

```
>>> f(0)        #x = 0
2020
>>> f(1)        #x = 1
2021
```

2. 用 lambda 表达式作函数的实参

例如：

```
>>> pairs = [(1,'one'),(2,'two'),(3,'three'),(4,'four')]
>>> pairs.sort(key = lambda pair:pair[1])        #排序关键字为元组 pair 的第二个元素

>>> pairs
[(4,'four'),(1,'one'),(3,'three'),(2,'two')]
```

3.3.4.3 递归函数

所谓递归就是在函数中对自身进行引用。最经典的递归应用实例是阶乘。

阶乘的数学定义是：$n! = n \times (n-1) \times (n-2) \times \cdots \times 1$。

例如：$5! = 5 \times 4 \times 3 \times 2 \times 1$，$4! = 4 \times 3 \times 2 \times 1$，所以 $5! = 5 \times 4!$，$4! = 4 \times 3!$，依此类推。

因此，数学中的递归定义是：$0! = 1$，$n! = n \times (n-1)!$，即求 $n!$ 需求出 $(n-1)!$，求 $(n-1)!$ 需求出 $(n-2)!$ ⋯，直到 $1! = 1 \times 0!$。

在程序设计中，可以将阶乘写成一个单独的函数，在函数中使用递归调用，如案例 32 所示。

【案例 32】

```
def fact(n):
    if n == 0:
        return 1
    else:
        return n* fact(n-1)        #递归调用

print(fact(1))
print(fact(3))
print(fact(5))
```

程序运行结果如图 3-44 所示。

3.3.4.4 程序示例

斐波那契数列又称为黄金分割数列，是意大利数学家莱昂纳多·斐波那契（Leonardo Fibonacci）以兔子繁殖为例引入的。斐波那契数列的形式为 1，1，2，3，5，8，13，21，34，⋯，因此又称为兔子数列。其数学定义为

$$F(1) = 1, F(2) = 1, F(n) = F(n-1) + F(n-2)(n \geq 2, n \in N)$$

用普通递推方法和递归方法实现的斐波那契数列程序如案例 33 和案例 34 所示。

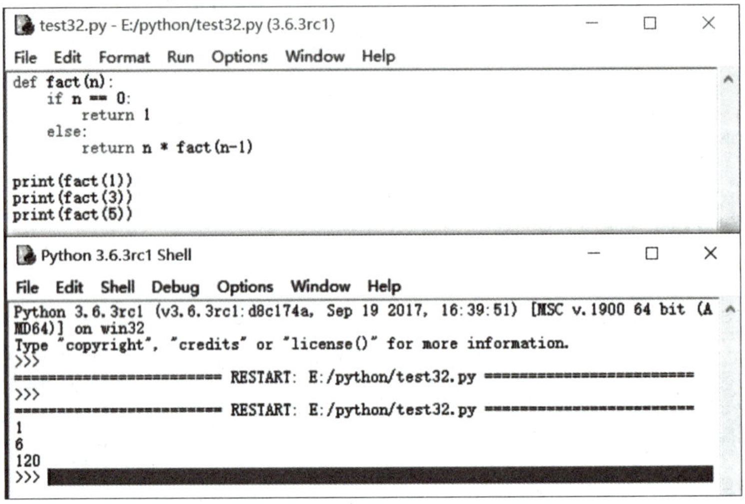

```
def fact(n):
    if n == 0:
        return 1
    else:
        return n * fact(n-1)
print(fact(1))
print(fact(3))
print(fact(5))
```

图 3-44 案例 32 程序运行结果

【案例 33】

```
def fib(n):
    a,b = 1,1
    while n > 0:
        a,b = b,a + b
        n -= 1
    return a

for i in range(10):
    print(fib(i),end = ' ')
print()
```

程序运行结果如图 3-45 所示。

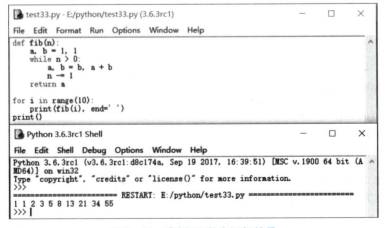

图 3-45 案例 33 程序运行结果

本案例中的语句"print(fib(i), end = ' ')"中的"end = ' '"是打印格式控制,Python 语言默认的打印格式是换行符,"end = ' '"的作用是在末尾增加一个空字符,即打印内容以空格间隔。

【案例 34】

```
def fib(n):
    if n <=1:
        return 1
    return fib(n-1) + fib(n-2)

for i in range(10):
    print(fib(i),end = ' ')
print()
```

程序运行结果如图 3-46 所示。

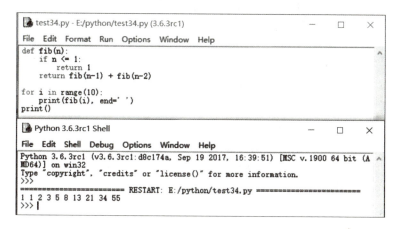

图 3-46 案例 34 程序运行结果

3.3.5 第三方库应用程序设计体验

3.3.5.1 NumPy 应用程序设计体验

1. NumPy 的特点

NumPy(Numerical Python)是 Python 语言的一个扩展程序库,支持大量的维度数组与矩阵运算,也针对数组运算提供大量的数学函数库。

NumPy 数组的重要特点如下。

(1) NumPy 数组在创建时具有固定的大小,更改 ndarray 对象的大小将创建一个新数组并删除原来的数组。

(2) NumPy 数组中的元素都具有相同的数据类型,在内存中的大小相同,但当 Python 程序的原生数组里包含了 NumPy 对象时,允许在 NumPy 数组中有大小不同的元素。

(3) NumPy 数组有助于对大量数据进行高级数学和其他类型的操作,且比 Python 程序的原生数组的代码少,执行效率更高。因此,越来越多的基于 Python 语言的科学和数学软件包使用 NumPy 数组。

(4) NumPy 的主要对象是同构多维数组。同构多维数组是通常为数字的一个元素表,由非负整数元组索引,在 NumPy 维度中称为轴。

2. ndarray 对象

NumPy 包的核心是 ndarray 对象。ndarray 对象是用于存放同类型元素的多维数组,其中的每个元素在内存中都有相同大小的存储区域。

1) ndarray 对象的内部组成

(1) 一个指向数据(内存或内存映射文件中的一块数据)的指针。

(2) 数据类型或 dtype,描述在数组中的固定大小值的格子。

(3) 一个表示数组形状(shape)的元组,表示各维度大小的元组。

(4) 一个跨度元组(stride),其中的整数是指为了前进到当前维度下一个元素需要"跨过"的字节数。

2) ndarray 对象的创建

创建一个 ndarray 对象可调用 NumPy 的 array(1)函数。

例如:

```
numpy.array( object,dtype = None,copy = True,order = None,subok = False,ndmin =0)
```

参数的含义如下:

(1) object:数组或嵌套的数列;

(2) dtype:数组元素的数据类型,可选;

(3) copy:对象是否需要复制,可选;

(4) order:创建数组的样式,C 为行方向,F 为列方向,A 为任意方向(默认);

(5) subok:默认返回一个与基类类型一致的数组;

(6) ndmin:指定生成数组的最小维度。

3) ndarray 对象的属性

ndarray 对象的属性见表 3 - 4。

表 3 - 4 ndarray 对象的属性

ndarray. ndim	数组的轴(维度)的个数。维度的数量称为 rank
ndarray. shape	每个维度中数组的大小,是一个整数的元组。如对于 n 行、m 列的矩阵,shape 就是 (n, m)
ndarray. size	数组元素的总数,等于 shape 的元素的乘积,如 n 行、m 列的矩阵,size 就是 $n \times m$
ndarray. dtype	数组元素的类型。可以使用标准的 Python 类型创建或指定 dtype,也可以使用 NumPy 提供的类型,如 numpy. int32、numpy. int16 和 numpy. float64
ndarray. itemsize	数组中每个元素的字节大小。如元素为 float64 类型的数组的 itemsize 为 8(= 64/8),complex32 类型的数组的 itemsize 为 4(= 32/8)
ndarray. data	该缓冲区包含数组的实际元素。通常不使用,而使用索引访问数组中的元素

3. NumPy 的安装

Python 官网上的发行版是不包含 NumPy 模块的，需要自行安装。最简单的安装方法是通过 pip 安装。

NumPy 的安装步骤如下。

（1）按"Win + R"组合键打开计算机的"运行"对话框，输入"cmd"命令，单击"确定"按钮，打开命令窗口，如图 3 – 47 所示。

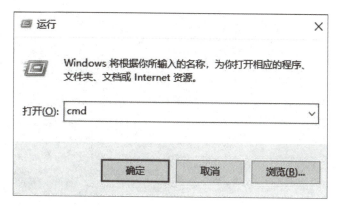

图 3 – 47　输入"cmd"命令打开命令窗口

（2）在命令窗口中输入"pip – – version"，查看计算机中是否安装了 pip。如果安装了 pip 则显示版本信息及安装路径，如图 3 – 48 所示。

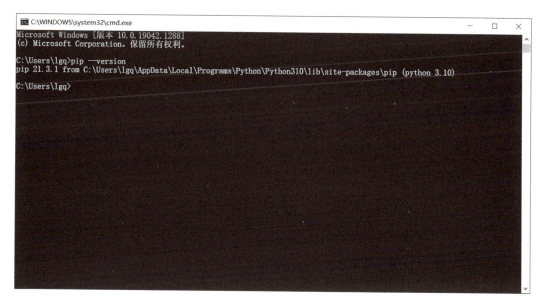

图 3 – 48　检查是否安装 pip

（3）如果未安装 pip 则运行"easy_install.exe pip"安装 pip。如果已经安装 pip，但 pip 是旧版本，可以输入"pip install pip – – upgrade"命令升级 pip，并重新输入"pip – – version"命令查看版本。

（4）最新版本的 pip 安装好后，输入命令"pip install numpy"，安装 NumPy，直到出现安装成功界面，如图 3-49 所示。

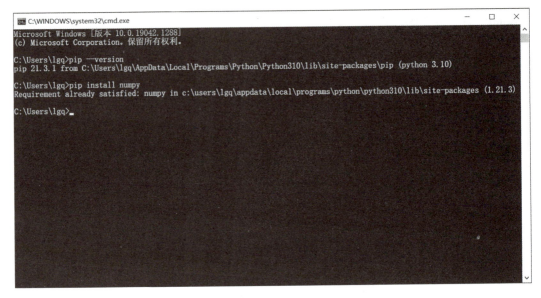

图 3-49 NumPy 安装成功界面

4. NumPy 的应用

1）创建数组

（1）用 array（ ）函数从常规 Python 列表或元组中创建数组。

例如：

```
>>> import NumPy as np
>>> a = np. array([2,3,4])
>>> a
array([2,3,4])
>>> a. dtype
dtype('int64')
>>> b = np. array([(1.5,2,3),(4,5,6)])
>>> b
array([[1.5, 2., 3.],
[4., 5., 6.]])
>>> b. dtype
dtype('float64')
```

上例中，语句"b = np. array（[（1.5，2，3），（4，5，6）]）"中的列表元素是一个元组，输出结果是一个二维数组，因此，array（ ）可以将由序列构成的序列转换成二维数组。当序列中的元素是由序列构成的序列时，array（ ）还可以将其转换成三维数组，依此类推。

由上例的运行结果可见，由 array（ ）创建的数组类型是由列表中元素的类型推导出来的。数组的类型也可以在创建时显式指定数组的类型。

例如：

```
>>> import NumPy as np
>>> c = np.array([[1,2],[3,4]],dtype = complex)
>>> c
array([[1.+0.j, 2.+0.j],
       [3.+0.j, 4.+0.j]])
```

（2）用 zeros() 函数创建由 0 组成的数组。

通常，数组的元素最初是未知的，但其大小是已知的。因此，NumPy 提供了创建具有初始占位符内容的数组的函数，从而减少了数组增长引起的操作花费的增加。

zeros() 函数用于创建由 0 组成的数组。

例如：

```
>>> import NumPy as np
>>> np.zeros((3,4))
array([[0., 0., 0., 0.],
       [0., 0., 0., 0.],
       [0., 0., 0., 0.]])
```

（3）用 ones() 函数创建一个全 1 的数组。

例如：

```
>>> import NumPy as np
>>> np.ones((2,3,4),dtype = np.int16)     #创建 2 个 3 行 4 列的全 1 数组
array([[[1,1,1,1],
        [1,1,1,1],
        [1,1,1,1]],
       [[1,1,1,1],
        [1,1,1,1],
        [1,1,1,1]]],dtype = int16)
```

（4）用 empty() 函数创建一个初始内容随机的数组。

empty() 函数创建的数组元素，取决于内存的状态。在默认情况下，数组的 dtype 是 float64 类型。

例如：

```
>>> import NumPy as np
>>> np.empty((2,3))
array([[1.39069238e-309,1.39069238e-309,1.39069238e-309],
       [1.39069238e-309,1.39069238e-309,1.39069238e-309]])
```

（5）用 arange() 函数创建数字组成的数组。

arange( ) 函数类似于 range( ) 函数，但该函数返回的是数组而不是列表。
例如：

```
>>> import NumPy as np
>>> np.arange(10,30,5)              #创建范围为[10,30),步长为5的数组
array([10,15,20,25])
>>> np.arange(0,2,0.3)
array([0.,0.3,0.6,0.9,1.2,1.5,1.8])
>>> np.linspace(0,2,9)              # 9 numbers from 0 to 2
array([0.,0.25,0.5,0.75,1.,1.25,1.5,1.75,2.])
>>> x = np.linspace(0,2 * pi,100)   # useful to evaluate function at lots of points
>>> f = np.sin(x)
>>> x
array([0.        ,0.06346652,0.12693304,0.19039955,0.25386607,
       0.31733259,0.38079911,0.44426563,0.50773215,0.57119866,
       0.63466518,0.6981317 ,0.76159822,0.82506474,0.88853126,
       0.95199777,1.01546429,1.07893081,1.14239733,1.20586385,
       1.26933037,1.33279688,1.3962634 ,1.45972992,1.52319644,
       1.58666296,1.65012947,1.71359599,1.77706251,1.84052903,
       1.90399555,1.96746207,2.03092858,2.0943951 ,2.15786162,
       2.22132814,2.28479466,2.34826118,2.41172769,2.47519421,
       2.53866073,2.60212725,2.66559377,2.72906028,2.7925268 ,
       2.85599332,2.91945984,2.98292636,3.04639288,3.10985939,
       3.17332591,3.23679243,3.30025895,3.36372547,3.42719199,
       3.4906585 ,3.55412502,3.61759154,3.68105806,3.74452458,
       3.8079911 ,3.87145761,3.93492413,3.99839065,4.06185717,
       4.12532369,4.1887902 ,4.25225672,4.31572324,4.37918976,
       4.44265628,4.5061228 ,4.56958931,4.63305583,4.69652235,
       4.75998887,4.82345539,4.88692191,4.95038842,5.01385494,
       5.07732146,5.14078798,5.2042545 ,5.26772102,5.33118753,
       5.39465405,5.45812057,5.52158709,5.58505361,5.64852012,
       5.71198664,5.77545316,5.83891968,5.9023862 ,5.96585272,
       6.02931923,6.09278575,6.15625227,6.21971879,6.28318531])
>>> f = np.sin(x)
>>> f
array([0.00000000e+00, 6.34239197e-02, 1.26592454e-01, 1.89251244e-01,
       2.51147987e-01, 3.12033446e-01, 3.71662456e-01, 4.29794912e-01,
       4.86196736e-01, 5.40640817e-01, 5.92907929e-01, 6.42787610e-01,
```

```
        6.90079011e-01, 7.34591709e-01, 7.76146464e-01, 8.14575952e-01,
        8.49725430e-01, 8.81453363e-01, 9.09631995e-01, 9.34147860e-01,
        9.54902241e-01, 9.71811568e-01, 9.84807753e-01, 9.93838464e-01,
        9.98867339e-01, 9.99874128e-01, 9.96854776e-01, 9.89821442e-01,
        9.78802446e-01, 9.63842159e-01, 9.45000819e-01, 9.22354294e-01,
        8.95993774e-01, 8.66025404e-01, 8.32569855e-01, 7.95761841e-01,
        7.55749574e-01, 7.12694171e-01, 6.66769001e-01, 6.18158986e-01,
        5.67059864e-01, 5.13677392e-01, 4.58226522e-01, 4.00930535e-01,
        3.42020143e-01, 2.81732557e-01, 2.20310533e-01, 1.58001396e-01,
        9.50560433e-02, 3.17279335e-02,-3.17279335e-02,-9.50560433e-02,
       -1.58001396e-01,-2.20310533e-01,-2.81732557e-01,-3.42020143e-01,
       -4.00930535e-01,-4.58226522e-01,-5.13677392e-01,-5.67059864e-01,
       -6.18158986e-01,-6.66769001e-01,-7.12694171e-01,-7.55749574e-01,
       -7.95761841e-01,-8.32569855e-01,-8.66025404e-01,-8.95993774e-01,
       -9.22354294e-01,-9.45000819e-01,-9.63842159e-01,-9.78802446e-01,
       -9.89821442e-01,-9.96854776e-01,-9.99874128e-01,-9.98867339e-01,
       -9.93838464e-01,-9.84807753e-01,-9.71811568e-01,-9.54902241e-01,
       -9.34147860e-01,-9.09631995e-01,-8.81453363e-01,-8.49725430e-01,
       -8.14575952e-01,-7.76146464e-01,-7.34591709e-01,-6.90079011e-01,
       -6.42787610e-01,-5.92907929e-01,-5.40640817e-01,-4.86196736e-01,
       -4.29794912e-01,-3.71662456e-01,-3.12033446e-01,-2.51147987e-01,
       -1.89251244e-01,-1.26592454e-01,-6.34239197e-02,-2.44929360e-16])
>>>
```

上述示例中,当 arange( ) 函数与浮点参数一起使用时,由于浮点数精度的限制,通常不可能预测所获得的元素的数量,所以,当需要设定数组元素的数量时,可使用 linspace( ) 函数,其格式如语句 "np.linspace(0,2,9)",含义是创建 0~2 的 9 个元素。

2) 打印数组

(1) 打印布局。

打印数组时,NumPy 以与嵌套列表类似的方式显示,布局规则如下:

①最后一个轴从左到右打印;

②倒数第二个轴从上到下打印;

③其余部分从上到下打印,每个切片用空行分隔;

④将一维数组打印为行,将二维数据打印为矩阵,将三维数据打印为矩形数组列表。

例如:

```
>>> import NumPy as np
>>> a = np.arange(6)           # 创建起始为 0,步长为 1 的 6 个元素的一维数组
>>> print(a)
```

```
[0 1 2 3 4 5]
>>>
>>> b = np.arange(12).reshape(4,3)    #创建起始为0、步长为1、4行3列、12个元素的二维数组
>>> print(b)
[[0  1  2]
 [3  4  5]
 [6  7  8]
 [9 10 11]]
>>>
>>> c = np.arange(24).reshape(2,3,4)    #创建起始为0、步长为1、2个3行4列的24个元素的矩形数组列表
>>> print(c)
[[[ 0  1  2  3]
  [ 4  5  6  7]
  [ 8  9 10 11]]
 [[12 13 14 15]
  [16 17 18 19]
  [20 21 22 23]]]
```

(2) 大数组打印方式。

当数组太大而无法打印时,NumPy 会自动跳过数组的中心部分并仅打印角点。

例如:

```
>>> import NumPy as np
>>> print(np.arange(10000))
[   0    1    2..., 9997 9998 9999]
>>>
>>> print(np.arange(10000).reshape(100,100))
[[   0    1    2...,   97   98   99]
 [ 100  101  102...,  197  198  199]
 [ 200  201  202...,  297  298  299]
 ...,
 [9700 9701 9702...,9797 9798 9799]
 [9800 9801 9802...,9897 9898 9899]
 [9900 9901 9902...,9997 9998 9999]]
```

3) NumPy 的基本操作

(1) NumPy 数组上的算术运算符可以应用到元素级别。

例如:

```
>>> import NumPy as np
>>> a = np.array([20,30,40,50])
>>> b = np.arange(4)
>>> a
array([20,30,40,50])
>>> b
array([0,1,2,3])
>>> c = a - b
>>> c
array([20,29,38,47])
>>> b**2          #b = b^2
array([0,1,4,9])
>>> 10*np.sin(a)
array([9.12945251, -9.88031624,  7.4511316, -2.62374854])
>>> a < 35
array([True,True,False,False])
```

(2) 在 NumPy 数组中，乘积运算符"*"是按元素进行运算的。矩阵乘积使用"@"运算符或 dot() 函数/方法执行。

例如：

```
>>> import NumPy as np
>>> A = np.array([[1,1],
                  [0,1]])
>>> B = np.array([[2,0],
                  [3,4]])
>>> A*B
array([[2,0],
       [0,4]])
>>> A @ B
array([[5,4],
       [3,4]])
>>> A.dot(B)
array([[5,4],
       [3,4]])
```

(3) "+="和"*="等操作直接更改被操作的矩阵数组而不会创建新矩阵数组。

例如：

```
>>> import NumPy as np
>>> a = np.ones((2,3),dtype = int)
```

```
>>> a
array([[1,1,1],
       [1,1,1]])
>>> b = np.random.random((2,3))      #创建一个2行3列的随机数数组
>>> b
array([[0.28384287,0.04567618,0.7346074],
       [0.12572935,0.34440942,0.23281794]])
>>> a* =3
>>> a
array([[3,3,3],
       [3,3,3]])
>>> b += a
>>> b
array([[3.28384287,3.04567618,3.7346074],
       [3.12572935,3.34440942,3.23281794]])
>>> a += b                           #b不能自动转换为整型
Traceback(most recent call last):
  ...
TypeError:Cannot cast ufunc add output from dtype('float64')to dtype('int64')with casting rule 'same_kind'
```

(4) 数据类型转换。

上例中，执行语句"a += b"时报错，原因是当使用不同类型的数组进行操作时，结果数组的类型对应于更一般或更精确的数组，称为向上转换行为。整型数据可以转换为浮点型，浮点型数据不能转换为整型。

例如：

```
>>> import NumPy as np
>>> a = np.ones(3,dtype = np.int32)
>>> b = np.linspace(0,np.pi,3)   #从0至pi的3个数
>>> b.dtype.name
'float64'
>>> c = a + b
>>> c
array([1.       , 2.57079633, 4.14159265])
>>> c.dtype.name
'float64'
>>> d = np.exp(c* 1j)
>>> d
```

```
array([0.54030231+0.84147098j, -0.84147098+0.54030231j,
       -0.54030231-0.84147098j])
>>> d.dtype.name
'complex128'
```

(5) 用 ndarray 类的方法计算一元数组中所有元素的总和。

例如：

```
>>> import NumPy as np
>>> a = np.random.random((2,3))
>>> a
array([[0.18626021, 0.34556073, 0.39676747],
       [0.53881673, 0.41919451, 0.6852195]])
>>> a.sum()
2.5718191614547998
>>> a.min()
0.1862602113776709
>>> a.max()
0.6852195003967595
```

(6) 指定 axis 参数的 ndarray 类的操作。

在默认情况下，ndarray 类的操作对象是数组的所有元素。如需对特定元素操作，需使用 axis 参数指定。

例如：

```
>>> import NumPy as np
>>> b = np.arange(12).reshape(3,4)
>>> b
array([[ 0, 1, 2, 3],
       [ 4, 5, 6, 7],
       [ 8, 9,10,11]])
>>>
>>> b.sum(axis=0)          # 沿行求每列的和
array([12,15,18,21])
>>>
>>> b.min(axis=1)          # 沿列求每行的最小值
array([0,4,8])
>>>
>>> b.cumsum(axis=1)       # 沿列对行求累加和
array([[ 0, 1, 3, 6],
```

```
       [ 4, 9,15,22],
       [ 8,17,27,38]])
>>> b.cumsum(axis=0)           #沿行对列求累加和
array([[ 0, 1, 2, 3],
       [ 4, 6, 8,10],
       [12,15,18,21]],dtype=int32)
```

(7) 通函数。

NumPy 提供的如 sin( )，cos( ) 和 exp( ) 等数学函数称为"通函数"（ufunc）。通函数对数组按元素进行运算，产生一个新数组作为输出。

例如：

```
>>> import NumPy as np
>>> B = np.arange(3)
>>> B
array([0,1,2])
>>> np.exp(B)
array([1.         , 2.71828183, 7.3890561])
>>> np.sqrt(B)
array([0.        , 1.        , 1.41421356])
>>> C = np.array([2.,-1.,4.])
>>> np.add(B,C)
array([2., 0., 6.])
```

(8) 数组的索引、切片和迭代。

①一维数组和列表及其他 Python 序列类型一样，可以进行索引、切片和迭代操作。

例如：

```
>>> import NumPy as np
>>> a = np.arange(10)**3
>>> a
array([0, 1, 8, 27, 64,125,216,343,512,729])
>>> a[2]
8
>>> a[2:5]
array([8,27,64])
>>> a[:6:2] = -1000
>>> a
array([-1000,    1,-1000,   27,-1000,  125,  216,  343,  512, 729])
```

```
>>> a[::-1]                                              # reversed a
array([ 729, 512, 343, 216, 125, -1000,   27, -1000,    1, -1000])
>>> for i in a:
        print(i**(1/3.))

nan
1.0
nan
3.0
nan
5.0
5.999999999999999
6.999999999999999
7.999999999999999
8.999999999999998
```

②多维数组的每个轴可以有一个索引，这些索引以逗号分隔的元组给出。当提供的索引少于轴的数量时，缺失的索引被认为是完整的切片。

例如：

```
>>> import NumPy as np
>>> def f(x,y):
        return 10*x+y

>>> b = np.fromfunction(f,(5,4),dtype = int)
>>> b
array([[ 0, 1, 2, 3],
       [10,11,12,13],
       [20,21,22,23],
       [30,31,32,33],
       [40,41,42,43]])
>>> b[2,3]
23
>>> b[0:5,1]
array([1,11,21,31,41])
>>> b[:,1]
array([1,11,21,31,41])
>>> b[1:3,:]
```

```
array([[10,11,12,13],
       [20,21,22,23]])
>>> b[-1]
array([40,41,42,43])
```

③多维数组的迭代是相对于第一个轴完成的。

例如：

```
>>> import NumPy as np
>>> def f(x,y):
        return 10*x+y

>>> b=np.fromfunction(f,(5,4),dtype=int)
>>> for row in b:
        print(row)
```

[0 1 2 3]
[10 11 12 13]
[20 21 22 23]
[30 31 32 33]
[40 41 42 43]

④用 flat 属性对数组中的每个元素执行操作。

例如：

```
>>> import NumPy as np
>>> def f(x,y):
        return 10*x+y

>>> b=np.fromfunction(f,(5,4),dtype=int)
>>> for element in b.flat:
        print(element)
```

0
1
2
3
10
11
12

```
13
20
21
22
23
30
31
32
33
40
41
42
43
```

（9）改变数组的形状。

一个数组的形状是由每个轴的元素数量决定的。

例如：

```
>>> import NumPy as np
>>> a = np.floor(10*np.random.random((3,4)))
>>> a
array([[2., 8., 0., 6.],
       [4., 5., 1., 1.],
       [8., 9., 3., 6.]])
>>> a.shape
(3,4)
```

可以使用多种命令更改数组的形状。

例如：

```
>>> import NumPy as np
>>> a = np.floor(10*np.random.random((3,4)))
>>> a
array([[2.,4.,9.,5.],
       [9.,0.,2.,2.],
       [5.,0.,8.,4.]])
>>> a.ravel()      #将多维数组散开成一维数组
array([2.,4.,9.,5.,9.,0.,2.,2.,5.,0.,8.,4.])
>>> a.reshape(6,2)      #修改数组形状为6行2列,若列参数为-1,则自动计算列数
array([[2.,4.],
```

```
            [9. ,5. ],
            [9. ,0. ],
            [2. ,2. ],
            [5. ,0. ],
            [8. ,4. ]])
>>> a.T                    #将数组转置
array([[2. ,9. ,5. ],
       [4. ,0. ,0. ],
       [9. ,2. ,8. ],
       [5. ,2. ,4. ]])
>>> a.T.shape
(4,3)
>>> a.shape
(3,4)
```

上例中的 ravel( )、reshape(6,2)、T 三个命令返回的都是一个修改后的数组,不会更改原始数组,而该 ndarray.resize 方法会修改数组本身。

例如:

```
>>> import NumPy as np
>>> a = np.floor(10*np.random.random((3,4)))
>>> a
array([[3. ,8. ,7. ,4. ],
       [9. ,0. ,1. ,1. ],
       [7. ,8. ,0. ,2. ]])
>>> a.resize((2,6))
>>> a
array([[3. ,8. ,7. ,4. ,9. ,0. ],
       [1. ,1. ,7. ,8. ,0. ,2. ]])
```

(10) 数组堆叠。

①vstack( ) 函数和 hstack( ) 函数可以将几个数组沿不同的轴堆叠在一起。其中,hstack( ) 函数沿第二轴堆叠,vstack( ) 函数沿第一轴堆叠。

例如:

```
>>> import NumPy as np
>>> a = np.floor(10*np.random.random((2,2)))
>>> a
array([[8., 8.],
       [0., 0.]])
>>> b = np.floor(10*np.random.random((2,2)))
```

```
>>> b
array([[1., 8.],
       [0., 4.]])
>>> np.vstack((a,b))        #垂直堆叠
array([[8., 8.],
       [0., 0.],
       [1., 8.],
       [0., 4.]])
>>> np.hstack((a,b))        #水平堆叠
array([[8., 8., 1., 8.],
       [0., 0., 0., 4.]])
```

②column_stack( ) 函数可以将一维数组作为列堆叠到二维数组中。它相当于 hstack( ) 函数的二维数组。

例如：

```
>>> import NumPy as np
>>> a = np.floor(10*np.random.random((2,2)))
>>> a
array([[8., 8.],
       [0., 0.]])
>>> b = np.floor(10*np.random.random((2,2)))
>>> b
array([[1., 8.],
       [0., 4.]])
>>> from numpy import newaxis
>>> np.column_stack((a,b))
array([[8., 8., 1., 8.],
       [0., 0., 0., 4.]])
>>>
>>> a = np.array([4.,2.])
>>> b = np.array([3.,8.])
>>> np.column_stack((a,b))
array([[4.,3.],
       [2.,8.]])
>>> np.hstack((a,b))
array([4.,2.,3.,8.])
>>> a[:,newaxis]            #新建一个维度
array([[4.],
```

```
        [2.]])
>>> np.column_stack((a[:,newaxis],b[:,newaxis]))
array([[4., 3.],
       [2., 8.]])
>>> np.hstack((a[:,newaxis],b[:,newaxis]))
array([[4., 3.],
       [2., 8.]])
```

(11) 数组拆分。

用 hsplit( ) 函数将数组沿水平轴拆分。

```
>>> import NumPy as np
>>> a = np.floor(10*np.random.random((2,12)))
>>> a
array([[9., 5., 6., 3., 6., 8., 0., 7., 9., 7., 2., 7.],
       [1., 4., 9., 2., 2., 1., 0., 6., 2., 2., 4., 0.]])
>>> np.hsplit(a,3)        #将数组a拆分成3个数组
[array([[9., 5., 6., 3.],
       [1., 4., 9., 2.]]),array([[6., 8., 0., 7.],
       [2., 1., 0., 6.]]),array([[9., 7., 2., 7.],
       [2., 2., 4., 0.]])]
>>> np.hsplit(a,(3,4))    #将数组a的第3列和第4列的索引拆分
[array([[9., 5., 6.],
       [1., 4., 9.]]),array([[3.],
       [2.]]),array([[6., 8., 0., 7., 9., 7., 2., 7.],
       [2., 1., 0., 6., 2., 2., 4., 0.]])]
```

3.3.5.2　Matplotilb 应用程序设计体验

1. Matplotilb 的安装

Python 官网上的发行版是不包含 Matplotilb 模块的，需要自行安装。最简单的安装方法仍是通过 pip 安装。

Matplotilb 的安装步骤如下。

(1) 如 3.3.5.1 节中的图 3-47 所示，按 "Win+R" 组合键打开计算机的 "运行" 对话框，输入 "cmd" 命令，单击 "确定" 按钮，打开命令窗口。

(2) 在命令窗口中输入 "pip - - version"，查看计算机中是否安装了 pip。如果已安装 pip 则显示版本信息及安装路径，如图 3-48 所示。

(3) 如果未安装 pip 则运行 "easy_install.exe pip" 安装 pip。如果已经安装 pip，但 pip 是旧版本，可以输入 "pip install pip - - upgrade" 命令升级 pip，并重新输入 "pip - - version" 命令查看版本。

(4) 最新版本的 pip 安装好后，输入 "pip install matplotilb" 命令，安装 Matplotilb，直到出现安装成功界面，如图 3-50 所示。

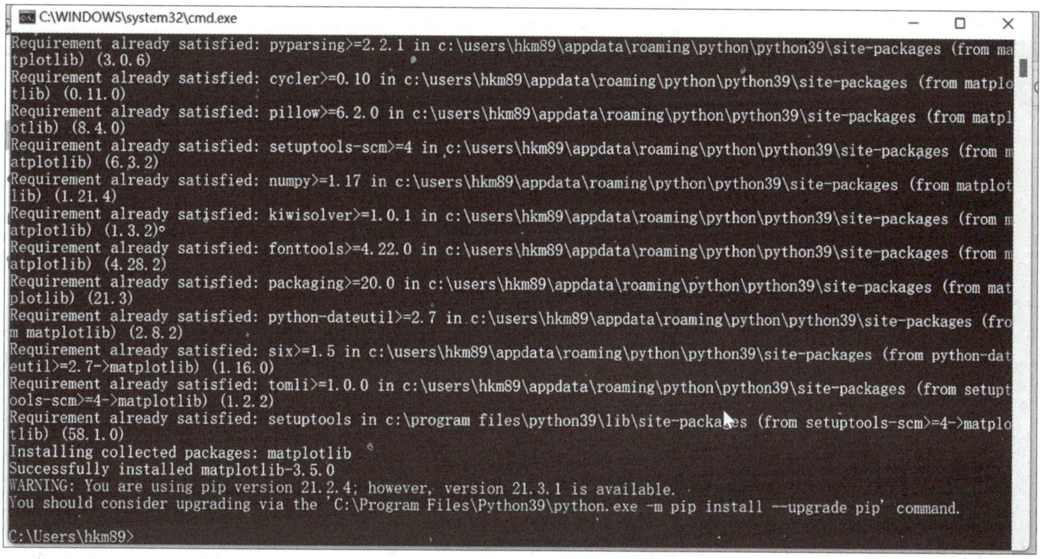

图 3－50　Matplotilb 安装成功界面

（5）输入"pip list"命令，检查安装情况，如出现图 3－51 所示界面，说明 Matplotilb 已安装成功，在后面的应用中可直接调用。

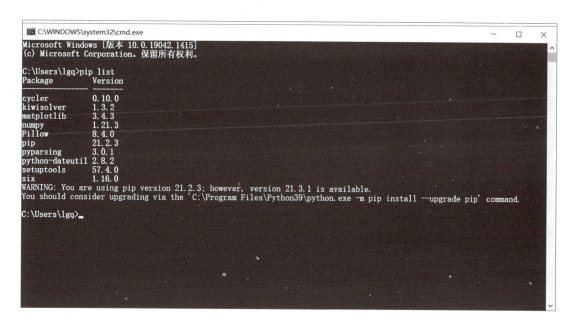

图 3－51　检查 Matplotilb 的安装情况

2. Matplotilb 应用基础

1）Figure 对象

Matplotlib 是 Python 语言中类似 MATLAB 的绘图工具。在绘图之前，需要一个 Figure 对象，它相当于一张画板。

Figure 对象导入的方法如下：

```
import Matplotlib.pyplot as plt
fig = plt.figure()
```

2) Axes 对象的添加方法

导入 Figure 对象后，在绘图前还需要添加 Axes 对象（直角坐标轴），轴是绘图的基准。Axes 对象的添加方法如下：

```
import Matplotlib.pyplot as plt
fig = plt.figure()
ax = fig.add_subplot(111)
ax.set(xlim=[0.5,4.5], ylim=[-2,8], title='An Example Axes',
       ylabel='Y-Axis', xlabel='X-Axis')
plt.show()
```

上述代码的功能是在一幅图上添加一个 Axes 对象，然后设置这个 Axes 对象的 X 轴以及 Y 轴的取值范围（该设置不强制），效果如图 3-52 所示。

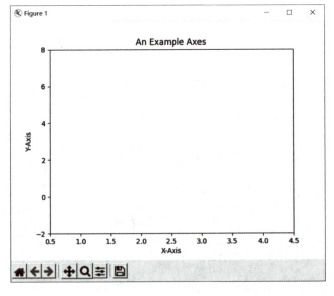

图 3-52　Axes 对象添加示意

代码中的 fig.add_subplot(111) 用于添加 Axes 对象，参数的含义是在画板的第 1 行第 1 列的第一个位置生成一个 Axes 对象准备绘图。也可以通过 fig.add_subplot(221) 的方式生成 Axes 对象，前面两个参数确定了画板的划分，"22" 会将整个画板划分成 2*2 的方格，第三个参数取值范围是 [1, 2*2]，表示第几个 Axes 对象。具体代码如下：

```
import Matplotlib.pyplot as plt
fig = plt.figure()
```

```
ax1 = fig. add_subplot(221)
ax2 = fig. add_subplot(222)
ax3 = fig. add_subplot(223)
ax4 = fig. add_subplot(224)
plt.show()
```

程序运行结果如图 3-53 所示。

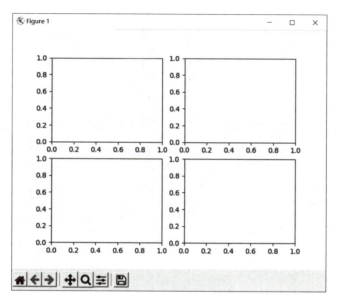

图 3-53 添加 Axes 对象的其他方法

3) Multiple Axes（多轴系统）

在循环绘图时，可用下面的代码一次性生成所有 Axes 对象，程序运行结果如图 3-54 所示。

```
import Matplotlib.pyplot as plt
fig,axes = plt. subplots(nrows = 2,ncols = 2)
axes[0,0]. set(title = 'Upper Left')
axes[0,1]. set(title = 'Upper Right')
axes[1,0]. set(title = 'Lower Left')
axes[1,1]. set(title = 'Lower Right')
plt. show()
```

代码中 fig 还是原来的画板，Axes 以二维数组的形式访问。

4) pyplot() 函数

Axes 对象一般用于处理复杂的绘图工作，对于简单的绘图，下述方式可以快速地将图绘出，如图 3-55 所示。

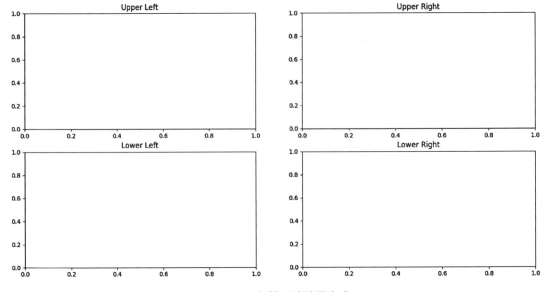

图 3-54　多轴系统绘图方式

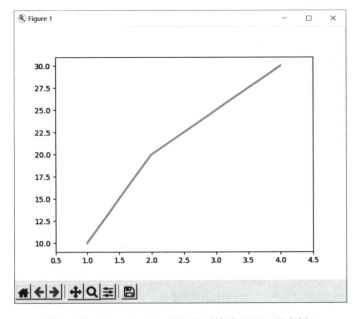

图 3-55　用 pyplot( ) 函数绘制简单图形（见彩插）

```
import Matplotlib.pyplot as plt
plt.plot([1,2,3,4],[10,20,25,30],color='lightblue',linewidth=3)
plt.xlim(0.5,4.5)
plt.show()
```

5）线的绘制

应用 plot( ) 函数可以画出一系列点，并且用线将其连接起来。代码如下：

```
import math
import NumPy as np
import Matplotlib.pyplot as plt

fig = plt.figure()
ax1 = fig.add_subplot(221)
ax2 = fig.add_subplot(222)
ax3 = fig.add_subplot(224)
x = np.linspace(0,np.pi)
y_sin = np.sin(x)
y_cos = np.cos(x)
ax1.plot(x,y_sin)
ax2.plot(x,y_sin,'go--',linewidth=2,markersize=12)
ax3.plot(x,y_cos,color='red',marker='+',linestyle='dashed')
plt.show()
```

上述代码的功能是在 3 个 Axes 对象上绘图,程序运行结果如图 3-56 所示。

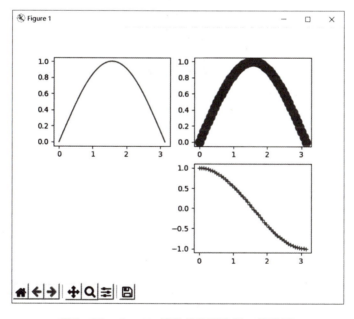

图 3-56 plot()函数的绘图结果(见彩插)

"ax2.plot(x, y_sin, 'go--', linewidth=2, markersize=12)"中的前两个参数为 x 轴、y 轴数据。第三个参数表示 MATLAB 风格的绘图,"'go--'"表示用字符形式描述的绿色、圆形、虚线。第四个参数"linewidth=2"表示线宽,第五个参数"markersize=12"表示圆圈的大小。对应 ax3 上的颜色,marker 为线型。

"ax3.plot(x, y_cos, color='red', marker='+', linestyle='dashed')"中的前两个参数同 ax2,第三个参数表示颜色,第四个参数表示标记为"+"号,第五个参数表示线型

为虚线。

除 plot() 函数外，还可以通过关键字参数的方式绘图，代码如下：

```
import Matplotlib.pyplot as plt
import NumPy as np

x = np.linspace(0,10,200)
data_obj = {'x':x,
            'y1':2*x+1,
            'y2':3*x+1.2,
            'mean':0.5*x*np.cos(2*x)+2.5*x+1.1}

fig,ax = plt.subplots()
#填充两条线之间的颜色
ax.fill_between('x','y1','y2',color='yellow',data=data_obj)

# plot the "centerline" with `plot`
ax.plot('x','mean',color='black',data=data_obj)

plt.show()
```

上述代码中，在数据部分只传入了字符串，这些字符串对应一个 data_obj 中的关键字，以此方式绘图时，将在传入 data 中寻找对应关键字的数据来绘图。程序运行结果如图 3-57 所示。

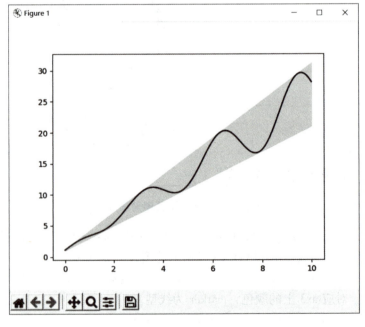

图 3-57 关键字参数方式的绘图结果（见彩插）

6）散点图的绘制

散点图是只画点，不用线将点连接起来。代码如下：

```
import Matplotlib.pyplot as plt
import NumPy as np

x = np.arange(10)
y = np.random.randn(10)
plt.scatter(x,y,color = 'red',marker = ' + ')
plt.show()
```

程序运行结果如图 3-58 所示。

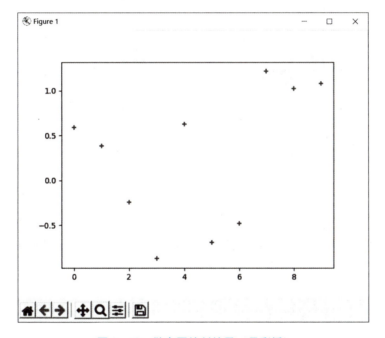

图 3-58　散点图绘制结果（见彩插）

7）条形图的绘制

条形图分两种，一种是水平条形图，另一种是垂直条形图。代码如下：

```
import Matplotlib.pyplot as plt
import NumPy as np

np.random.seed(1)
x = np.arange(5)
y = np.random.randn(5)

fig,axes = plt.subplots(ncols = 2,figsize = plt.figaspect(1./2))
```

```
vert_bars = axes[0].bar(x,y,color = 'lightblue',align = 'center')
horiz_bars = axes[1].barh(x,y,color = 'lightblue',align = 'center')
#在水平或者垂直方向上画线
axes[0].axhline(0,color = 'gray',linewidth = 2)
axes[1].axvline(0,color = 'gray',linewidth = 2)
plt.show()
```

程序运行结果如图 3-59 所示。

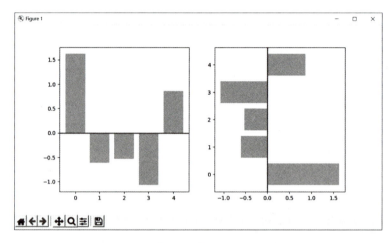

图 3-59 条形图绘制结果（见彩插）

由上述代码可见，条形图返回了一个 Artists 数组，对应每个条形，例如图 3-59 中 Artists 数组的大小为 5。通过 Artists 数组可以对条形图的样式进行更改，代码如下：

```
import Matplotlib.pyplot as plt
import NumPy as np

np.random.seed(1)
x = np.arange(5)
y = np.random.randn(5)

fig,ax = plt.subplots()
vert_bars = ax.bar(x,y,color = 'lightblue',align = 'center')

# We could have also done this with two separate calls to `ax.bar` and numpy boolean indexing.
for bar,height in zip(vert_bars,y):
    if height < 0:
```

```
            bar.set(edgecolor = 'darkred',color = 'salmon',linewidth = 3)
```
```
plt.show()
```
程序运行结果如图3-60所示。

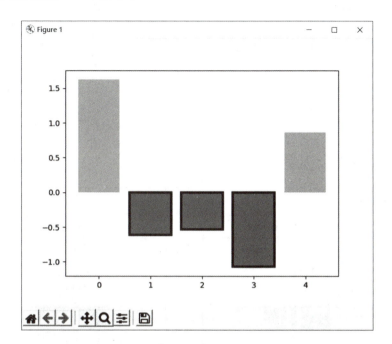

图3-60　条形图编辑结果（见彩插）

8）直方图的绘制

直方图用于统计数据出现的次数或者频率，有多种参数可以调整，代码如下：

```
import Matplotlib.pyplot as plt
import NumPy as np

np.random.seed(19680801)
n_bins = 10
x = np.random.randn(1000,3)

fig,axes = plt.subplots(nrows = 2,ncols = 2)
ax0,ax1,ax2,ax3 = axes.flatten()

colors = ['red','tan','lime']
ax0.hist(x,n_bins,density = True,histtype = 'bar',color = colors,label = colors)
```

```
ax0.legend(prop = {'size':10})
ax0.set_title('bars with legend')

ax1.hist(x,n_bins,density = True,histtype = 'barstacked')
ax1.set_title('stacked bar')
ax2.hist(x,  histtype = 'barstacked',rwidth = 0.9)
ax3.hist(x[:,0],rwidth = 0.9)
ax3.set_title('different sample sizes')

fig.tight_layout()
plt.show()
```

程序运行结果如图 3-61 所示。

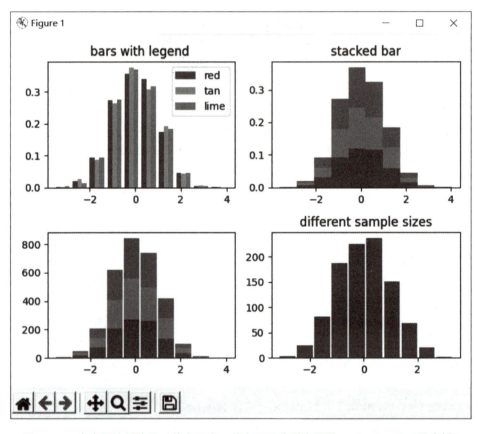

图 3-61　直方图绘制结果（从左至右、从上至下分别为子图 1、2、3、4）（见彩插）

参数中 density 控制 Y 轴表示概率还是数量，与返回的第一个变量对应；histtype 控制直方图的样式，默认是 'bar'，对于多个条形就以相邻的方式呈现如子图 1 所示，'barstacked' 表示条形叠在一起，如子图 2、3 所示；rwidth 控制宽度，这样可以空出一些间隙，如子图 4 所示。

9）饼图的绘制

饼图是自动根据数据的百分比画饼，代码如下：

```
import Matplotlib.pyplot as plt

labels = 'Frogs','Hogs','Dogs','Logs'
sizes = [15,30,45,10]
explode = (0,0.1,0,0)   # only "explode" the 2nd slice(i.e. 'Hogs')

fig1,(ax1,ax2) = plt.subplots(2)
ax1.pie(sizes,labels = labels,autopct = '%1.1f%%',shadow = True)
ax1.axis('equal')
ax2.pie(sizes,autopct = '%1.2f%%',shadow = True,startangle = 90,explode = explode,
        pctdistance = 1.12)
ax2.axis('equal')
ax2.legend(labels = labels,loc = 'upper right')

plt.show()
```

程序运行结果如图3-62所示。

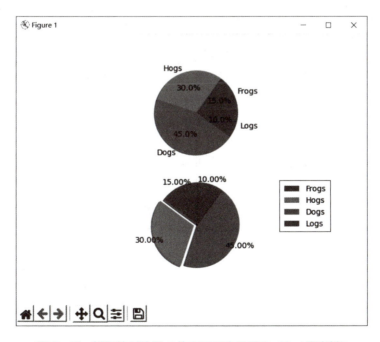

图3-62 饼图绘制结果（从上至下为子图1、2）（见彩插）

上述代码中labels是各个块的标签，如子图1。"autopct = %1.1f%%"表示格式化百分比精确输出，explode 表示突出某些块，不同的值突出的效果不一样。"pctdistance = 1.12"表示百分比距离圆心的距离，默认是 0.6。

单元小结

Python 程序分为顺序结构、循环结构和选择结构 3 种基本结构。顺序结构是一种线性、有序的结构，依次执行各语句模块；循环结构是重复执行一个或几个模块，直到满足某一条件为止；选择结构是根据条件成立与否选择程序执行的通路。

条件表达式是由关系运算符或逻辑运算符构成的布尔表达式，运算结果是 True 或 False。条件表达式是控制程序流程的重要组成部分。常用的关系运算符有：==（等于）、!=（不等于）、>（大于）、<（小于）、>=（大于且等于）、<=（小于且等于）。用于如列表、元组等集合类型数据的关系运算符有 in 和 not in。逻辑运算符用于对多个条件进行判断。"and" 为与运算，"or" 为或运算。

在 Python 语言中，选择结构程序使用 if 语句，if 语句有多种格式。

Python 语言的循环结构程序是在程序运行时，如果给定的判断条件为真则执行循环体，直到判断条件为假时才退出循环体，执行其后面的语句。循环语句有 while 语句和 for 语句两种。在 while 循环语句和 for 循环语句中都可以使用 break 语句退出整个循环语句，使用 continue 语句跳到下一轮循环。循环语句具有迭代功能。迭代是通过重复执行的代码处理相似的数据集，且本次迭代的处理数据依赖上一次结果的过程。

列表推导式可以利用 range 区间、元组、列表、字典和集合等数据类型，快速生成一个满足指定需求的列表。其格式为"[表达式 for 迭代变量 in 可迭代对象 [if 条件表达式]]"。

元组是一般包含异质元素的不可变序列，通过解包或索引访问。在将多个以逗号分隔的值赋给一个变量时，多个值被打包成一个元组类型。将一个元组赋给多个变量时，它将解包成多个值，然后分别将其赋给相应的变量。解包适用于右侧的任何序列。序列解包时，左侧变量与右侧序列元素的数量应相等。

函数又称为方法，是组织好、可重复使用的、用于实现单一或相关联功能的代码段。函数可以提高应用的模块性和代码的重复利用率。Python 语言提供了 print()、input() 等许多内置函数，内置函数可以直接使用。用户也可以自定义函数。自定义函数一旦编写完毕，使用起来和内置函数完全一样。函数的代码块以 def 关键词开头，后接函数名称和圆括号"()"；任何传入参数和自变量必须放在圆括号中，在圆括号中可以定义参数；函数代码块以冒号起始，并且缩进；以"return [表达式]"结束的函数，选择性地返回一个值给调用方。不带表达式的 return 语句相当于返回 None。

变量分为全局变量和局部变量。在函数外部定义的变量称为全局变量，所有函数都可以使用全局变量；在函数内部定义的变量称为局部变量，局部变量仅能在函数内部使用。

练习思考

1. 分析下列程序的运行结果。

(1) score = 75
    if score >= 90：
        print("优秀")
    elif score >= 80：
        print("良好")
    elif score >= 70：
        print("中等")
    elif score >= 60：
        print("及格")
    else：
        print("不及格")

(2) count = 1
    while count <= 30：
    if(count % 5 !=0)：
        count += 1
        continue
    print(count)
    count += 1

(3) datas = [1,3,5,7,9,11,13]
    for n in datas：
    if(n == 9)：
        break
    print(n)
  print("---------")
  for n in datas：
    if(n == 9)：
        continue
    print(n)

(4) def welcome(name = "NoName")：
    print("hello!" + name)
    print("how are you!")
  welcome("Jack")
  welcome()

2. 分析下列程序，在划线处写出下列每条语句的运行结果。

(1) vec = [-2,-1,0,1,2]
    [x * 3 for x in vec] _____
    [x for x in vec if x <= 0] _____
    [abs(x) for x in vec] _____
    [(x,x * 3) for x in range(5)] _____

（2） t = 123456789 , 'abcdef'

　　 t _____

　　 t = (123456789 , 'abcdef')

　　 x , y = t

　　 x _____

　　 y _____

模块四

人工智能典型应用案例简析

分类和模式识别是近年来人工智能应用较为热门及普遍的领域。基于 OpenCV 方法或深度学习、神经网络方法的手写识别在智能手机、掌上电脑、银行支票等场景的应用都取得了不错的效果。分类是指对输入的有标签数据，经过分类模型处理后，把输入数据分成一类或多类的过程，垃圾邮件分类、动植物分类等是常见的应用。专家系统是人工智能研究较早、技术比较成熟的应用领域。人脸识别技术中的表情识别技术是近年来随着人工智能技术和计算机技术的发展所产生的更进一步应用，其任务是通过在静态图像或动态视频序列中分离出特定的表情状态，确定被识别对象的心理情绪。本模块以手写数字识别、花卉分类、动物识别专家系统和人脸表情识别为例简要分析人工智能的应用实现方法及过程。

学习目标

（1）能理解并描述手写数字识别的相关技术、算法思想，熟悉算法实现过程；
（2）能理解并描述花卉识别的模型结构、算法思想，熟悉算法实现过程；
（3）能理解并描述动物识别专家系统的结构、算法思想，熟悉算法实现过程；
（4）能理解并描述人脸表情识别的相关技术、算法思想，熟悉算法实现过程。

学习内容

本模块的学习内容及逻辑关系如图 4-1 所示。

图 4-1 模块四知识导图

4.1 手写数字识别

4.1.1 案例简介

手写识别中最基础的是手写数字识别。手写数字识别只需要识别 0~9 的数字，样本数据集也只需要覆盖绝大部分包含数字 0~9 的字体类型。手写数字识别相对简单，样本特征少，实现难度也低。

本案例的功能是用户在网页界面上手写数字，程序通过识别，给出最接近手写数字的数字。

4.1.2 相关技术

1. TensorFlow

TensorFlow 是一个深度学习库，由谷歌公司开源，可以对定义在 Tensor（张量）上的函数自动求导。Tensor 意味着 N 维数组，Flow（流）意味着基于数据流图的计算。TensorFlow 即张量从图的一端流动到另一端。其一大亮点是支持异构设备分布式计算，能够在各个平台上自动运行模型，从电话、单个 CPU/GPU 到成百上千个 GPU 卡组成的分布式系统；支持卷积神经网络、循环神经网络（RNN）和长短期记忆（LSTM）算法。TensorFlow 是目前在图

微课 4.1 手写数字识别
系统的算法及实现

像处理（Image）、自然语言处理（NLP）中最流行的深度神经网络模型。

深度学习通常意味着建立具有很多层的大规模的人工神经网络。除了输入"X"，函数还使用一系列参数，其中包括标量值、向量、矩阵和高阶张量。在训练网络之前，需要定义一个代价函数。训练时，需要连续地将多批新输入投入网络，对所有的参数求导后代入代价函数，从而更新整个网络模型。在这个过程中，较大的数字或者张量在一起相乘百万次的处理，使整个模型的代价非常大，采用手动求导耗时非常长，因此，TensorFlow 对函数自动求导以及分布式计算，可以节省很多时间来训练网络。

2. Flask

Flask 是一个微型的由 Python 语言开发的 Web 框架，基于 Werkzeug WSGI 工具箱和 Jinja2 模板引擎。Flask 使用 BSD 授权。Flask 也被称为"microframework"，它使用简单的核心，用 Flask – extension 增加其他功能。Flask 没有默认使用的数据库、窗体验证工具，然而，Flask 保留了扩增的弹性，可以用 Flask – extension 加入 ORM、窗体验证、文件上传、各种开放式身份验证等功能。

4.1.3 算法思想

首先，用 TensorFlow 官方给出的 mnist 数据集训练出一个模型。
其次，用 TensorFlow 官方给出的 mnist 数据集测试该模型的精度。
最后，将手写的数字图片传入人工神经网络，得出预测结果。

4.1.4 算法实现

1. 环境配置

```
Python >= 3.5.3
TensorFlow == 1.2.0
Flask
```

2. 数据集

手写数字识别经典数据集：数据集选择的 FishionMint 数据集中的 t10k，其共含有 10 000 张 28 像素×28 像素的手写图片（二值图片），如图 4 – 2 所示。

名称	修改日期	类型	大小
t10k-images-idx3-ubyte.gz	2017/7/18 1:47	360压缩	1,611 KB
t10k-labels-idx1-ubyte.gz	2017/7/18 1:47	360压缩	5 KB
train-images-idx3-ubyte.gz	2017/7/18 1:47	360压缩	9,681 KB
train-labels-idx1-ubyte.gz	2017/7/18 1:47	360压缩	29 KB

图 4 – 2 手写图片

3. 构建模型

本案例实现手写数字识别，使用的是卷积神经网络，建模思想来自 LeNet – 5，如图 4 – 3 所示。

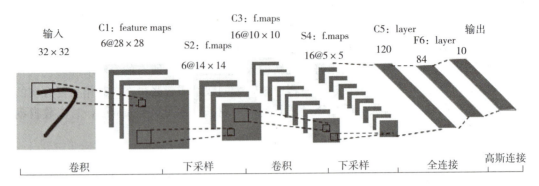

图 4 – 3　手写数字识别的卷积神经网络模型

LeNet – 5 不包括输入，共有 7 层，较低层由卷积计算层和池化层交替构成，更高层则是全连接和高斯连接层。

LeNet – 5 的输入与 BP 神经网络不一样。这里假设图像是黑白的，那么 LeNet – 5 的输入是一个 32×32 的二维矩阵。同时，输入与下一层并不是全连接的，而是稀疏连接的。本层每个神经元的输入来自前一层神经元的局部区域（5×5），卷积核对原始图像卷积的结果加上相应的阈值，得出的结果再经过激活函数处理，输出即形成卷积计算层（C 层）。卷积计算层中的每个特征映射都各自共享权重和阈值，这样能大大减少训练开销。下采样层（S 层）为了减少数据量同时保存有用信息而进行亚抽样。

第一个卷积计算层（C1 层）由 6 个特征映射构成，每个特征映射是一个 28×28 的神经元阵列，其中每个神经元负责从 5×5 的区域中通过卷积滤波器提取局部特征。在一般情况下，滤波器数量越多，就会得出越多的特征映射，反映越多的原始图像的特征。本层训练参数共［6×(5×5+1)=］156 个，每个像素点都是由上层（5×5=）25 个像素点和 1 个阈值连接计算所得，共（28×28×156=）122 304 个连接。

S2 层是对应上述 6 个特征映射的下采样层（池化层）。池化层的实现方法有两种，分别是最大池化法和平均池化法，LeNet – 5 采用的是平均池化法，即取 $n×n$ 区域内像素的平均值。C1 层通过 2×2 的窗口区域像素求平均值，再加上本层的阈值，然后经过激活函数的处理，得到 S2 层。池化层的实现，在保存图片信息的基础上，减少了权重参数，降低了计算成本，还能控制过拟合。本层学习参数共有（1×6+6=）12 个，S2 层中的每个像素都与 C1 层中的 2×2 个像素和 1 个阈值相连，共［6×(2×2+1)×14×14=］5 880 个连接。

S2 层和 C3 层的连接比较复杂。C3 层是由 16 个大小为 10×10 的特征映射组成的，当中的每个特征映射与 S2 层的若干个特征映射的局部感受野（大小为 5×5）相连。其中，前 6 个特征映射与 S2 层的连续 3 个特征映射相连，后面接着的 6 个映射与 S2 层的连续 4 个特征映射相连，其后的 3 个特征映射与 S2 层不连续的 4 个特征映射相连，最后一个映射与 S2 层的所有特征映射相连。此处卷积核大小为 5×5，所以学习参数共有［6×(3×5×5+1)+9×(4×5×5+1)+1×(6×5×5+1)=］1 516 个，而图像大小为 28×28，因此共有 151 600 个连接。

S4 层是对 C3 层进行的下采样，与 S2 层同理，学习参数有（16×1+16=）32 个，同时共有［16×(2×2+1)×5×5=］2 000 个连接。

C5 层是由 120 个大小为 1×1 的特征映射组成的卷积计算层，而且 S4 层与 C5 层是全连接的，因此学习参数总个数为 [120×(16×25+1)=] 48 120 个。

F6 层是与 C5 层全连接的 84 个神经元，所以共有 [84×(120+1)=] 10 164 个学习参数。

卷积神经网络通过稀疏连接和共享权重和阈值，大大减少了计算的开销，同时，池化减少了过拟合问题的出现，非常适合图像的处理和识别。

4. 模型代码

模型文件为"mode.py"，代码如下：

```python
import TensorFlow as tf

# Softmax Regression Model
def regression(x):
    W = tf.Variable(tf.zeros([784,10]),dtype=tf.float32)
    b = tf.Variable(tf.zeros([10]),dtype=tf.float32)
    y = tf.nn.softmax(tf.matmul(x,W)+b)
    return y,[W,b]


# Multilayer Convolutional Network
def convolutional(x,keep_prob):
def conv2d(x,W):
    return tf.nn.conv2d(x,W,strides=[1,1,1,1],padding='SAME')


def max_pool_2x2(x):
# stride[1,x_movement,y_movement,1]
```

接着定义池化 pooling，为了得到更多的图片信息，padding 时选择一次一步，也就是 strides[1]=strides[2]=1，这样得到的图片尺寸没有变化，

而我们希望压缩一下图片，也就是参数能少一些，从而降低系统的复杂度，因此采用池化来稀疏化参数，也就是卷积神经网络中所谓的下采样层。

池化有两种，一种是最大池化，一种是平均池化，本案例采用的是最大池化 tf.max_pool()。池化的核函数大小为 2*2，因此 ksize=[1,2,2,1]，步长为 2，因此 strides=[1,2,2,1]

```python
    return tf.nn.max_pool(x,ksize=[1,2,2,1],strides=[1,2,2,1],padding='SAME')


def weight_variable(shape):
initial = tf.truncated_normal(shape,stddev=0.1)
return tf.Variable(initial)
```

```python
def bias_variable(shape):
    initial = tf.constant(0.1, shape = shape)
    return tf.Variable(initial)

# First Convolutional Layer
# 需要处理 xs,把 xs 的形状变成[-1,28,28,1],-1 代表先不考虑输入的图片例子多少这个维度,
# 后面的 1 是 channel 的数量,因为输入的图片是黑白的,因此 channel 是 1,如果是 RGB 图像,那么 channel 就是 3。
x_image = tf.reshape(x, [-1,28,28,1])
# 卷积核 patch 的大小是 5*5,因为黑白图片的 channel 是 1,所以输入是 1,输出是 32 个 featuremap(经验值)
W_conv1 = weight_variable([5,5,1,32])
b_conv1 = bias_variable([32])
# relu 激励函数
h_conv1 = tf.nn.relu(conv2d(x_image, W_conv1) + b_conv1)
h_pool1 = max_pool_2x2(h_conv1)
# Second Convolutional Layer 加厚一层,图片大小为 14*14
W_conv2 = weight_variable([5,5,32,64])
b_conv2 = bias_variable([64])
h_conv2 = tf.nn.relu(conv2d(h_pool1, W_conv2) + b_conv2)
h_pool2 = max_pool_2x2(h_conv2)
# Densely Connected Layer 加厚一层,图片大小为 7*7
W_fc1 = weight_variable([7*7*64, 1024])
'''
特征经验 2 的 n 次方,如 32,64,1024
'''
b_fc1 = bias_variable([1024])
h_pool2_flat = tf.reshape(h_pool2, [-1, 7*7*64])
h_fc1 = tf.nn.relu(tf.matmul(h_pool2_flat, W_fc1) + b_fc1)
# Dropout
h_fc1_drop = tf.nn.dropout(h_fc1, keep_prob)
# Readout Layer
W_fc2 = weight_variable([1024,10])
b_fc2 = bias_variable([10])
y = tf.nn.softmax(tf.matmul(h_fc1_drop, W_fc2) + b_fc2)
return y, [W_conv1, b_conv1, W_conv2, b_conv2, W_fc1, b_fc1, W_fc2, b_fc2]
```

5. 运行结果

在配置了项目所需的开发环境及相关第三方库后,运行"main.py"文件。在环境配置正确的情况下,程序会自动调用浏览器打开手写数字识别网页。如果浏览器不能自动弹出,则需要用户手动打开浏览器,输入"127.0.0.1",访问网页。

本案例采用卷积神经网络进行手写数字识别,结果显示卷积神经网络识别正确率较高。手写数字识别程序运行结果截图如图4-4所示。

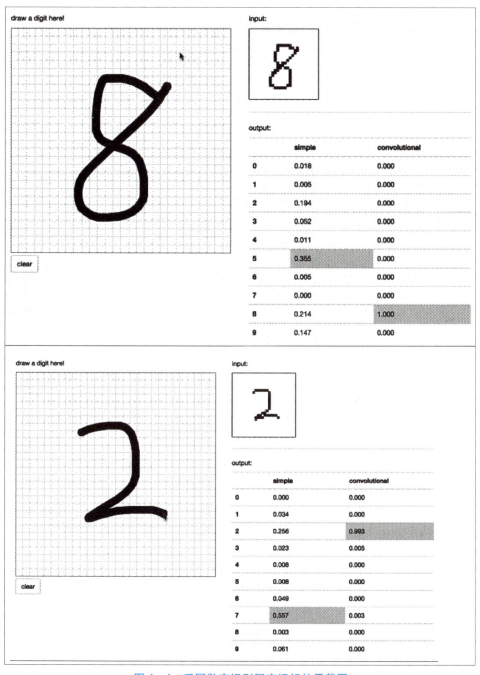

图4-4 手写数字识别程序运行结果截图

单元小结

手写数字识别的功能是用户在网页界面上手写数字,程序通过识别,给出最接近手写数字的数字。其相关技术有 TensorFlow 和 Flask。

算法的基本思想是用 TensorFlow 官方给出的 mnist 数据集训练出一个模型并测试该模型的精度,再将手写数字图片传入人工神经网络得出预测结果。

算法实现需行进行环境配置、选择数据集、构建模型、编写代码、测试运行等步骤。

练习思考

填空题

1. TensorFlow 是一个_____库。
2. 深度学习是具有很_____层的大规模的人工神经网络。
3. Flask 是一个微型的由 Python 语言开发的_____。
4. LeNet-5 不包括输入,共有____层,较低层由_____层和_____层交替构成,更高层则是全_____和高斯连接层。
5. 卷积神经网络通过_____连接、共享_____和阈值,大大减少了计算的开销。

4.2 花卉分类

微课 4.2 花卉分类
程序的算法及实现

4.2.1 案例简介

世界上大约有 369 000 种开花植物。经验丰富的植物分类专家可以根据花朵识别植物。然而,大多数人很难区分这些花。要了解花卉的名称或特征,人们通常会咨询专家、查询花卉指南或通过搜索关键词浏览相关网页。识别花卉名称的有效方法是通过花卉图像对花卉进行分类。花卉分类与其他对象(例如汽车)分类不同,不能将明显的类别彼此区分开来。其类间相似性和大的类内变异导致花卉分类成为一项更困难的任务。

本案例采用深度学习的方法,构建一个多层的卷积神经网络模型,通过训练数据的学习,使模型学习不同种类花卉的特征,并基于 TensorFlow,通过完整的图像识别,实现对 4 种花的种类识别。

本案例的步骤包括处理数据集、从硬盘读取数据、定义卷积神经网络、训练模型以及利用实际测试数据对训练好的模型结果进行测试。

4.2.2 相关技术

如 2.8.1 节所述,卷积神经网络是一种多层深度前馈型人工神经网络,可分为数据输入层、卷积计算层、池化层、全连接层及输出层等部分。卷积神经网络通过将输入的原始数据经过卷积计算层的卷积运算,卷积核的过滤,再经过激活函数的非线性化,进入池化层,通过池化层的离散化过程,降低输入的采样率,减少维度,进入全连接层,将所有神经元完全连接后再输出。从输入到输出,卷积神经网络将原始数据的高层语义概念剥离出来,进行前馈运算。误差函数通过计算真实值和输出值之间的误差值,反向逐层反馈,更新每层的参数,进行反馈运算。利用前馈运算与反馈运算,最终使模型收敛。

4.2.3 算法思想

1. 环境配置

Python == 3.6.5
NumPy == 1.16.0
TensorFlow == 1.9.0
wxPython == 4.0.4
Matplotlib == 3.1.3

2. 数据预处理

本案例采用 4 种花卉品种,分别为蒲公英、玫瑰、向日葵、郁金香。每种花卉图片有 600~800 张,分别放在 4 个文件夹中,样本总数为 3 037 个。

首先,进行图片预处理。将这些分辨率高低不一的图片转换成训练需要的尺寸,将图像分辨率设置为 64 像素×64 像素。因为图片是彩色的,故采用 3 个通道,制作成 TFrecord 数据集,TFrecord 数据文件是一种将图像数据和标签统一存储的二进制文件,能更好地利用内存,在 TensorFlow 中快速地复制、移动、读取、存储等。

其次,根据生成图片的名称验证标签是否正确。根据标签将图片分别放到每个种类的文件夹下,将所有的图像和标签分别打乱组成 lmage_list 和 label_list,按比例分为训练集和测试集,将生成的 List 传入 get_batch(),转换类型,产生一个输入队列 queue,从队列中读取图像,设置好固定的图像高度和宽度(image_W,image_H),设置 batch_size,每个 batch 中存放 100 张图片,设置 capacity,一个队列最多存放 200 张图片。

3. 深度学习模型

目前的深度网络架构主要有 3 类模型。

生成式深度网络架构主要用来描述具有高阶相关性的可观测数据或者可见的对象特征,用于模式分析,类似生成模型。对应的模型是深度前馈神经网络。

判别式深度网络架构主要用来提供模式分类的判别能力,用于描述在可见数据条件下物体的后验类别的概率,类似判别模型。对应的模型是卷积神经网络。

混合式深度网络架构的目标是分类,但是和生成结构混合,以正在或者优先的方式引入生成模型的结果,或者使用判别标注来学习生成模型的参数。

一般的卷积神经网络由多个卷积计算层构成,每个卷积计算层会通过多个不同的卷积核的滤波并加上偏置,提取图像的局部特征。每个卷积核会映射出一个新的二维图像,将前面卷积核的滤波输出结果,用 ReLU 函数进行非线性的激活函数处理,再对激活函数的结果进行池化操作(下采样)。本案例采用的深度学习模型如图 4-5 所示。

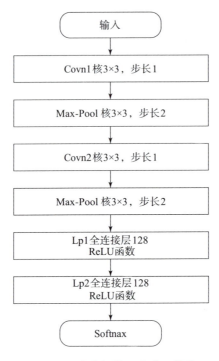

图 4-5 本案例的深度学习模型

4.2.4 算法实现

1. 算法模型

本案例采用经典的 BP 算法，运行需要正向传播输入信号，反向传播输出信号，选定样本组，从中随机选取一组作为训练样本，用不同的随机数初始化权值矩阵 **V**、**W** 和阈值 φ_j、θ_k，并设置学习率参数 α 等。根据网络的层间计算，得出中间层输出向量 **H** 和实际输出向量 **Y**，根据实际输出向量元素 y_k 与目标向量元素 d_k，计算输出层误差，见式（4-1）。

$$\delta_k = y_k(d_k - y_k)(1 - y_k) \tag{4-1}$$

计算中间层各神经元的误差，见式（4-2）。

$$\delta_j = h_j(1 - h_j)\sum_{j=0}^{\sigma-1}\delta_k W_{jk} \tag{4-2}$$

计算权值矩阵的调整增量，见式（4-3）、式（4-4）。

$$\Delta V_{ij}(n) = (\alpha/(1+N))(\Delta V_{ij}(n-1)+1)\delta_i h_j \tag{4-3}$$

$$\Delta W_{jk}(n) = (\alpha/(1+I))(\Delta W_{jk}(n-1)+1)\delta_k h_j \tag{4-4}$$

阈值的调整增量见式（4-5）。

$$\Delta\theta_k(n) = (\alpha/(1+I))(\Delta\theta_k(n-1)+1)\delta_k \tag{4-5}$$

权值矩阵调整公式见式（4-6）、式（4-7）。

$$V_{ij}(n+1) = V_{ij}(n) + \Delta V_{ij}(n) \tag{4-6}$$

$$W_{jk}(n+1) = W_{jk}(n) + \Delta W_{jk}(n) \tag{4-7}$$

阈值调整公式见式（4-8）。
$$\theta_k(n+1) = \theta_k(n) + \Delta\theta_k(n) \qquad (4-8)$$
优化算法采用梯度下降法，对于每一个变量，按照目标函数在该变量的梯度下降的方向（梯度的反方向）进行更新，学习率决定了每次更新的步长，即在超平面上目标函数沿着斜率下降的方向前进，直至到达超平面的谷底，同时采用 Adam 优化器进行优化。

2. 实现代码

在配置项目所需开发环境及相关第三方库后，运行"test.py"文件。
"test.py"文件代码如下：

```python
from PIL import Image
import NumPy as np
import TensorFlow as tf
import Matplotlib.pyplot as plt
import model
from input_data import get_files

# 获取一张图片
def get_one_image(train):
    # 输入参数:train,训练图片的路径
    # 返回参数:image,从训练图片中随机抽取一张图片
    n = len(train)
    ind = np.random.randint(0,n)
    img_dir = train[ind]   # 随机选择测试的图片

    img = Image.open(img_dir)
    plt.imshow(img)
    plt.show()
    image = np.array(img)
    return image

# 测试图片
def evaluate_one_image(image_array):
    with tf.Graph().as_default():
        BATCH_SIZE = 1
        N_CLASSES = 4

        image = tf.cast(image_array,tf.float32)
        image = tf.image.per_image_standardization(image)
```

```
image = tf.reshape(image,[1,64,64,3])

logit = model.inference(image,BATCH_SIZE,N_CLASSES)

logit = tf.nn.softmax(logit)

x = tf.placeholder(tf.float32,shape = [64,64,3])

# you need to change the directories to yours.
logs_train_dir = 'save'

saver = tf.train.Saver()

with tf.Session() as sess:
    print("Reading checkpoints...")
    ckpt = tf.train.get_checkpoint_state(logs_train_dir)
    if ckpt and ckpt.model_checkpoint_path:
        global_step = ckpt.model_checkpoint_path.split('/')[-1].split('-')[-1]
        saver.restore(sess,ckpt.model_checkpoint_path)
        print('Loading success,global_step is % s' % global_step)
    else:
        print('No checkpoint file found')

    prediction = sess.run(logit,feed_dict = {x:image_array})
    print(prediction)
    max_index = np.argmax(prediction)
    # max_index = 0
    # for i in range(0,4):
    #     if prediction[0][i] > prediction[0][max_index]:
    #         max_index = i
    # print(max_index)
    if max_index == 0:
        result = ('这是玫瑰花的可能性为:%.6f' % prediction[:,0])
    elif max_index == 1:
        result = ('这是郁金香的可能性为:%.6f' % prediction[:,1])
```

```
            elif max_index ==2:
                result =('这是蒲公英的可能性为:%.6f' % prediction[:,2])
            else:
                result =('这是向日葵的可能性为:%.6f' % prediction[:,3])
            print(result)

    #---------------------------------------------------------------------

    if __name__ == '__main__':
        img = Image.open('test_img/1234.jpg')
        plt.imshow(img)
        plt.show()
        imag = img.resize([64,64])
        image = np.array(imag)
        evaluate_one_image(image)
```

倒数第 6 行的代码中"test_img/1234.jpg"为本次测试用到的图片，如果需要测试其他图片，则需要将待测试的图片存放到"test_img"文件夹中，并将"1234.jpg"修改为待测试图片名称。

花卉分类程序运行结果如图 4-6 所示。

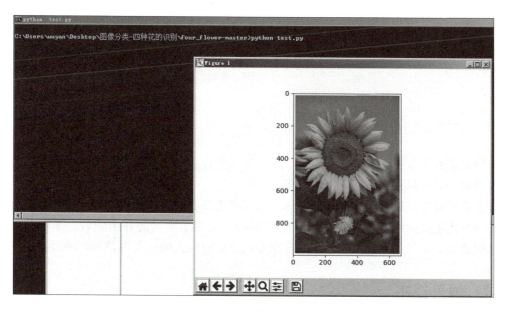

图 4-6　花卉分类程序运行结果

单元小结

花卉识别系统采用深度学习的方法，构建一个多层的卷积神经网络模型，通过训练数据的学习，使模型学习不同种类花卉的特征，并基于 TensorFlow，通过完整的图像识别，实现 4 种花的种类的识别。

本案例的步骤包括处理数据集、从硬盘读取数据、定义卷积神经网络、训练模型以及利用实际测试数据对训练好的模型结果进行测试。

在算法实现过程中需要进行环境配置、进行数据预处理、给出深度学习模型和算法模型、设计代码等。

练习思考

填空题

1. _____性和大的_____导致花卉分类不能将明显的类别彼此区分开来。
2. 花卉分类程序在进行图片预处理时生成的 TFrecord 数据文件是一种将图像数据和_____统一存储的_____进制文件。
3. 深度网络架构主要有 3 类模型，分别是_____式深度网络架构、_____式深度网络架构和_____式深度网络架构。
4. 花卉分类程序采用经典的 BP 算法，运行需要_____传播输入信号，_____传播输出信号。
5. 卷积神经网络由多个卷积计算层构成，每个卷积计算层会通过多个不同的_____的滤波并加上偏置，提取图像的_____。

4.3 动物识别专家系统

4.3.1 案例简介

动物识别专家系统是人工智能中一个比较基础的规则演绎系统，是人工智能较早且较成熟应用领域——专家系统的一个特定例子。

专家系统是集知识表示与推理为一体，以规则为基础对用户提供的事实进行推理而得出结论的一种产生式系统。目前专家系统已经成功地应用于生活的各个领域。车辆传感、药物、纺织服装等重工业和轻工业领域的专家系统已取得巨大的社会效益和经济效益。

4.3.2 相关技术

1. 专家系统的定义

关于专家系统，创始人费根鲍姆曾给出定义：专家系统是一种智能的计算机程序，它运用知识和推理来解决只有专家才能解决的问题。对此，可以简单地理解为：专家系统就是运用知识和推理模拟领域专家决策的智能计算机程序。

专家系统的特点主要如下。

（1）具有专家水平的专业知识。

专家系统具有的专业知识越丰富，质量越高，它解决问题的能力就越强。

专家系统的知识包括问题的初始事实及问题求解过程中产生的中间和最终结论等数据级知识，领域专家的专业知识和模拟专家运用数据知识求解问题的搜索策略、推理方法等控制级知识。其中，数据级知识存储于数据库中；领域专家的专业知识构成知识库，是专家系统的基础；控制级知识为是关于如何利用数据级知识和知识库知识的元知识。

（2）能进行有效的推理。

专家系统模拟领域专家解决具体问题，需要有一个推理机，能根据用户提供的已知事实，运用知识库中的专家知识，通过有效的推理实现问题的求解。

（3）具有启发性。

专家系统在求解问题的过程中，除了专家知识外，还需要借助专家的经验对求解的问题做出一些判断和假设，再依据某些启发性的条件选定一个假设，使推理继续。

（4）具有灵活性。

专家系统的推理机能运用知识库的知识进行推理，以求解问题，同时在知识库进行修改和更新时，只要推理方式不变，推理就可以不变。

（5）具有透明性。

专家系统的透明性是指专家系统具有解释机构，让用户不仅能得到答案，还能知道得出答案的依据。

（6）具有交互性。

专家系统具有交互性和良好的人机界面，能够与领域专家和知识工程师进行对话以获取知识，同时能从用户处获得所需的已知事实并回答用户的提问。

2. 专家系统的类型

根据专家系统的特性及功能，专家系统可分为 10 种类型。各种类型专家系统的功能及代表产品见表 4-1。

表 4-1 专家系统一览表

类型	功能	应用领域	代表产品
解释型	根据感知数据，分析、推理，给出解释	化学结构分析、图像分析、语言理解、信号解释、地质解释、医疗解释等	DENDRAL（分子化学结构分析）、PROSPECTOR（探矿）
诊断型	根据获取的现象、数据或事实推断系统是否有故障，找出故障原因，给出排除故障的方案	医疗诊断、机械故障诊断、计算机故障诊断等	MYCIN（细菌感染性血液病诊治）、CASNET（青光眼医疗诊断）、PUFF（肺功能诊断）、PIP（肾脏病诊断）、DART（计算机硬件故障诊断）

续表

类型	功能	应用领域	代表产品
预测型	根据过去和现在的信息推断可能发生和出现的情况	天气预报、地震预报、市场预测、人口预测、灾难预测等	PLANT/ds（农业病害诊断）、I&W（军事预测）、TYT（台风路径预报）
设计型	根据给定要求进行相应设计	工程设计、电路设计、建筑及装修设计、服装设计、机械设计、图案设计等	XCON（计算机系统配置）、KBVLSI（VLSI 电路设计）
规划型	按给定目标拟定总体规划、行动计划、运筹优化等	机器人动作控制、工程规划、城市规划、生产规划等	NOAH（机器人规划）、SECS（制订有机合成规划）、TART（制订攻击敌方机场计划）
控制型	根据具体情况控制整个系统的行为	大型设备或系统控制	YES/MVS（MVS 操作系统监控）
监督型	对实时监控的对象进行分析和处理	核反应堆事故监控	REACTOR（检测和处理核反应堆事故）
修理型	制订并实施某类故障排除方案，可实时纠错	电气工程、机械工程	ACE（自动电缆专家系统）、DELTA（内燃机故障诊断排除专家系统）
教学型	分析、评价学生学习过程中产生的问题，根据错误原因确定教学内容及有效的教学手段	辅助教学	GUIDON（细菌传染性疾病的医学知识辅助教学系统）
调试型	检测对象的错误，并给出意见和方案	系统调试	TIMM/TUNER（计算机系统的辅助调试系统）

3. 专家系统的一般结构

专家系统是一种包含知识和推理的智能计算机程序，所以专家系统应该有知识存储与推理机制，同时还需要有用于接收用户信息、向用户输出结果的人机交互的接口。因此，专家系统一般由知识库、推理机、数据库、人机接口、知识获取机构、解释机构等部分组成，其中，知识库和推理机是专家系统的核心结构。专家系统的一般结构如图 4-7 所示。

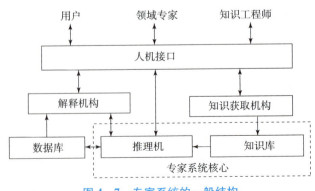

图 4-7 专家系统的一般结构

4. 专家系统的功能

1）知识库

知识库是用来存放以一定的形式表示的专家知识、经验、书本知识和常识的存储器。知识库的结构形式取决于采用的知识表示方式。

2）数据库

数据库也称为动态数据库或黑板，用于存放初始事实数据及问题描述和系统运行过程中的中间结果、最后结果等。

3）推理机

推理机就是一组计算机程序，其功能是模拟领域专家运用知识库的知识，根据当前输入的数据，按照一定的推理策略逐步推理直到得出相应的结论。

推理机包括推理方法和控制策略两部分。推理方法分为确定性推理和不确定性推理两大类。控制策略主要是指推理方向的控制及推理规则的选择策略。

4）知识获取机构

知识获取机构的任务是把用于问题求解的专门知识从某些知识源中提炼出来，并转化为机器能够识别的表示形式存储在数据库中。知识获取机构一直是专家系统开发的关键，是专家系统开发研究中的瓶颈。

5）人机接口

专家系统的人机接口由一组程序和硬件组成，是领域专家、知识工程师、一般用户之间进行交互的界面，用于完成信息的输入和输出。

6）解释机构

解释机构的主要功能是回答用户提出的问题，向用户解释专家系统的推理过程。

透明性是专家系统的性能指标之一。解释的目的是随时回答用户提出的各种问题，包括与专家系统推理有关的问题和与专家系统推理无关的专家系统自身的问题，以增强用户的信任感。

4.3.3 算法思想

1. 专家系统的设计与实现过程

专家系统设计与实现的一般过程如图 4-8 所示。

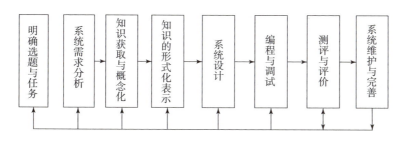

图 4-8 专家系统设计与实现的一般过程

2. 知识库的建立

用产生式系统识别动物，需要一种演绎机制，利用已知事实的集合得出新的结论。方法是为每个待识别的动物作一个产生式，构成一个知识库，供使用者根据事实，在产生式的表中进行扫描，寻找一个能与之匹配的产生式，逐步从基本事实推出结论。

设知识库中共有 15 条规则，可识别 7 种动物。

规则 1：
如果：该动物有毛发
则：该动物是哺乳动物

规则 2：
如果：该动物能产奶
则：该动物是哺乳动物

规则 3：
如果：该动物有羽毛
则：该动物是鸟

规则 4：
如果：该动物会飞，且会下蛋
则：该动物是鸟

规则 5：
如果：该动物吃肉
则：该动物是肉食动物

规则 6：
如果：该动物有犬齿，且有爪，且眼盯前方
则：该动物是食肉动物

规则 7：
如果：该动物是哺乳动物，且有蹄
则：该动物是蹄类动物

规则 8：
如果：该动物是哺乳动物，且是反刍动物
则：该动物是蹄类动物

规则 9：
如果：该动物是哺乳动物，且是食肉动物，且是黄褐色的，且有暗斑点
则：该动物是金钱豹

规则 10：
如果：该动物是黄褐色的，且是哺乳动物，且是食肉动物，且有黑色条纹
则：该动物是虎

规则 11：
如果：该动物有暗斑点，且有长腿，且有长脖子，且是蹄类动物
则：该动物是长颈鹿

规则 12：

如果：该动物有黑色条纹，且是蹄类动物

则：该动物是斑马

规则13：

如果：该动物有长腿，且有长脖子，且是黑、白两色，且是鸟，且不会飞

则：该动物是鸵鸟

规则14：

如果：该动物是鸟，且不会飞，且会游泳，且是黑、白两色

则：该动物是企鹅

规则15：

如果：该动物是鸟，且善飞

则：该动物是信天翁

3. 数据库的建立

专家系统的数据库又称为综合数据库、事实库。它是在计算机中留出一些存储空间，以存放已知事实、反应系统当前状态的事实、用户回答的事实和由推理而得的事实。数据库的内容是不断更新变化的。

建立动物识别专家系统的数据库的代码如下：

```
char*str[]={"",
        "反刍动物"   /*  1*/, "蹄类动物"  /*2*/, "哺乳动物"   /*3*/,
        "眼盯前方"   /*  4*/, "有爪子"    /*5*/, "有犬齿"     /*6*/,
        "吃肉"       /*  7*/, "下蛋"      /*8*/, "会飞"       /*9*/,
        "有羽毛"     /*10*/,  "有蹄"     /*11*/,"肉食动物"   /*12*/,
        "鸟类"       /*13*/,  "产奶"     /*14*/, "有毛发"    /*15*/,
        "善飞"       /*16*/,  "黑白色"   /*17*/, "会游泳"    /*18*/,
        "长腿"       /*19*/,  "长脖子"   /*20*/,"有黑色条纹"/*21*/,
        "有暗斑点"   /*22*/,  "黄褐色"   /*23*/, "信天翁"    /*24*/,
        "企鹅"       /*25*/,  "鸵鸟"     /*26*/, "斑马"      /*27*/,
        "长颈鹿"     /*28*/,  "虎"       /*29*/, "金钱豹"    /*30*/,
        "\0"};
int rulep[][6]={{22,23,12,3,0,0},{21,23,12,3,0,0},  {22,19,20,11,0,0},
            {21,11,0,0,0,0},   {17,19,20,13,-9,0},{17,18,13,-9,0,0},
            {16,13,0,0,0,0},{15,0,0,0,0,0},       {14,0,0,0,0,0},
            {10,0,0,0,0,0},  {8,7,0,0,0,0},       {7,0,0,0,0,0},
            {4,5,6,0,0,0},   {2,3,0,0,0,0},       {1,3,0,0,0,0}};
int rulec[]={      30,              29,             28,
                   27,              26,             25,
                   24,               3,              3,
                   13,              13,             12,
                   12,              11,             11};
```

4. 推理机构

1）推理机

推理机是实施问题求解的核心执行机构，它是对知识进行解释的程序，根据知识的语义，对按照一定策略找到的知识进行解释和执行，并把结果记录到数据库的适当空间中去。

本案例的推理机是一组函数，既有正向推理机又有反向推理机，都采用确定性推理。

2）推理网络

本案例识别7种动物的推理网络如图4-9所示。

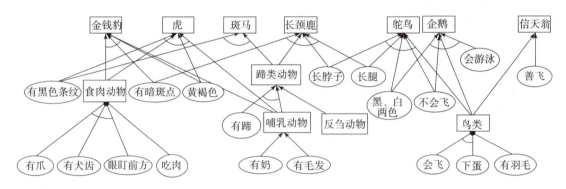

图4-9 本案例识别7种动物的推理网络

3）正向推理的基本思想

（1）用户首先提供一批初始事实，存放到数据库中。如本案例中将初始事实——动物有暗斑点、长脖子、长腿、产奶、有蹄，存入数据库。

（2）推理机用这批事实与知识库中规则的前提进行匹配。

（3）把匹配成功的规则的结论部分作为新的事实加入数据库。

（4）用更新后的数据库中的所有事实，重复上述（2）、（3）步，直到得出结论或不再有新的事实加入数据库为止。

动物识别专家系统的正向推理的过程如图4-10所示。

4）反向推理的基本思想

（1）由用户或系统首先提出一些假设。

（2）判断假设是否包含在数据库中，若包含在数据库中则假设成立，推理结束或进行下一个假设的验证，否则进行下一步。

（3）判断这些假设是否是证据节点，若是证据节点则系统提问用户，否则进行下一步。

（4）找出结论部分包含此假设的相关规则，把这些规则的所有前提作为新的假设。

（5）重复（2）、（3）、（4）步。

动物识别专家系统的反向推理过程如图4-11所示。

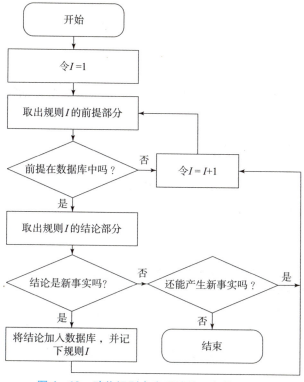

图 4-10 动物识别专家系统的正向推理过程

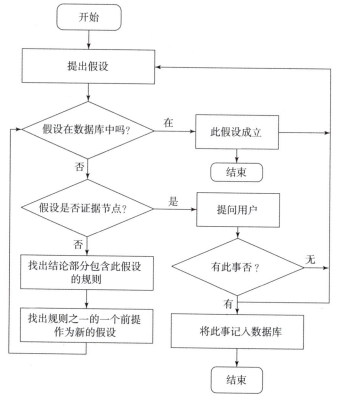

图 4-11 动物识别专家系统的反向推理过程

4.3.4 算法实现

1. 算法功能

识别虎、金钱豹、斑马、长颈鹿、鸵鸟、企鹅、信天翁等7种动物。

2. 实现代码

```python
# -*- coding:utf-8 -*-
import sys
from PyQt5 import QtGui,QtCore,QtWidgets
import index,alert,bye
def get_relus():
    """
    获取规则库,并将结论和前提分开存储
    :return:P:存储前提
            Q:存储结论
    """
    RD = open("data\RD.txt","r")        # 打开规则库
    P = []          # 存储前提
    Q = []          # 存储结论
    for line in RD:         # 按行读取文件
        line = line.strip("\n")     # 删除每行开头或结尾的换行
        if line == '':              # 跳过空行
            continue
        line = line.split(' ')      # 把每一行按照空格切片
        Q.append(line[line.__len__()-1])   # 把除了最后一个元素以外的其他元素添加到前提数组中
        del line[line.__len__()-1]          # 删除前提
        P.append(line)
    RD.close()      # 关闭文件
    return P,Q

def ListInSet(li,se):
    """
    判断前提是否在输入事实的set中
    :param li:前提的列表
    :param se:输入事实的集合
```

```python
        :return:
        """
        for i in li:
            if i not in se:
                return False
        return True

# 设置退出界面
class Bye_ui(QtWidgets.QMainWindow,bye.Ui_MainWindow):
    def __init__(self):
        QtWidgets.QMainWindow.__init__(self)        # 创建主界面对象
        bye.Ui_MainWindow.__init__(self)            # 主界面对象初始化
        self.setupUi(self)                          # 配置主界面对象
        self.pushButton.clicked.connect(self.no)
    def no(self):    # 关闭窗口
        self.close()


# 设置提示界面
class Alert_ui(QtWidgets.QMainWindow,alert.Ui_MainWindow):
    def __init__(self):
        QtWidgets.QMainWindow.__init__(self)
        alert.Ui_MainWindow.__init__(self)
        self.setupUi(self)


# 设置主界面
class Index_ui(QtWidgets.QMainWindow,index.Ui_MainWindow):
    def __init__(self):
        QtWidgets.QMainWindow.__init__(self)
        index.Ui_MainWindow.__init__(self)
        self.setupUi(self)
        self.pushButton.clicked.connect(self.add_rule)       # 添加规则
        self.pushButton_2.clicked.connect(self.inference)    # 进行推理
        self.alert_window = Alert_ui()
        for line in open("data/RD.txt",'r'):
```

```python
            self.textBrowser.append(line)    # 将规则库放入显示框
        self.pushButton_3.clicked.connect(self.close_window)      # 退出系统

    def add_rule(self):
        """
        添加新规则
        :return:
        """
        new_rule = self.lineEdit.text()    # 获取添加规则输入框的内容
        if new_rule != " ":
            self.textBrowser.append(new_rule)
            RD = open('data/RD.txt','a')
            RD.write(new_rule)
            RD.write('\n')
            RD.close()

    def close_window(self):
        """
        关闭窗口
        :return:
        """
        self.bye_window = Bye_ui()
        self.bye_window.show()
        self.alert_window = Alert_ui()
        self.alert_window.close()
        self.close()
        # self.bye_window.pushButton.clicked.connect(self.bye_window.close())

    def inference(self):
        """
        推理函数
        :return:
        """
        input = self.textEdit.toPlainText()   # 获取输入的事实
        input = input.split('\n')    # 按照回车符进行切片
        DB = set(input)       # 将切片的事实存放到集合中
```

```
        [P,Q] = get_relus()      # 获取规则库中的前提和结论
        self.process = ''         # 存储推理过程
        self.animal = ''          # 存储推理结果
        # 开始推理
        flag = 0      # 设置一个标识,判断能否退出结论,若能推出结论,则置为1
        for premise in P:   # 遍历规则库的前提
            if ListInSet(premise,DB):   # 判断前提是否在输入事实的集合中
                DB.add(Q[P.index(premise)])# 将前提对应的结论添加到事实集合中
                self.animal = Q[P.index(premise)]   # 更新推理结果
                self.process += "% s -- >% s" % (premise,Q[P.index(premise)])   # 更新推理过程
                flag = 1

        if flag == 0:   # 若一个结论推不出来,则弹出提示窗口,询问是否进行补充
            self.alert_window.show()
            self.alert_window.pushButton.clicked.connect(self.alert_window.close)# 若单击"是"按钮,则返回主页面
            self.alert_window.pushButton_2.clicked.connect(self.close_window)# 若单击"否"按钮,则关闭系统

        else:   # 若推出结论,则显示推理过程以及结论
            self.textEdit_2.setText(self.process)
            self.lineEdit_2.setText(self.animal)

if __name__ == '__main__':
    app = QtWidgets.QApplication(sys.argv)       # 新建窗体
    index_window = Index_ui()     # 创建系统首页的窗口对象
    index_window.show()      # 显示首页
    sys.exit(app.exec_())    # 保持显示
```

3. 动物识别专家系统运行结果

动物识别专家系统的运行结果如图4-12所示。

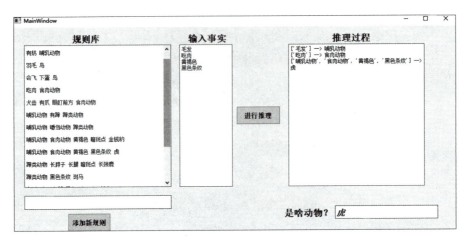

图 4-12 动物识别专家系统的运行结果

单元小结

专家系统是集知识表示与推理为一体，以规则为基础对用户提供的事实进行推理而得出结论的一种产生式系统。

专家系统具有专家水平的专业知识，能进行有效的推理，具有启发性、灵活性、透明性、交互性等特点。

专家系统一般由知识库、推理机、数据库、人机接口、知识获取机构、解释机构等部分组成，其中，知识库和推理机是专家系统的核心。

动物识别专家系统是人工智能中一个比较基础的规则演绎系统。设计时需要先建立待识别动物的产生式规则的知识库，再建立用于存放已知事实、系统当前状态、用户回答的事实和中间推理得出的事实的综合数据库，最后进行推理机设计。

动物识别专家系统的推理机是既有正向推理又有反向推理的确定性推理的一组函数，能够识别金钱豹、虎、斑马、长颈鹿、鸵鸟、企鹅、信天翁等 7 种动物。

练习思考

填空题

1. 专家系统是运用知识和_____模拟领域专家决策的智能_____系统。
2. 专家系统一般由_____库、_____机构、数据库、人机接口、知识获取机构、解释机构等部分组成，其中，_____库和_____机是专家系统的核心。
3. 专家系统的数据库用于存放_____数据及问题描述和系统运行过程中的_____、_____等。
4. 推理机就是_____，其功能是模拟领域专家运用_____的知识，根据当前输入的数据，按照一定_____逐步推理直到得出相应的结论。
5. 专家系统的解释机构的主要功能是_____，向_____解释系统的推理过程。

4.4 人脸表情识别

微课4.4 基于深度学习的人脸表情识别系统的算法及实现

4.4.1 案例简介

人脸表情识别技术是人脸识别技术的一个分支,随着人工智能技术和计算机技术的发展,人脸表情识别技术可通过在静态图像或动态视频序列中分离出特定的表情状态,确定被识别对象的心理情绪。人脸表情识别可以改变人与计算机的关系,使计算机可以更好地为人类服务,达到更好的人机交互的效果。

人脸表情识别技术在心理学、智能机器人、智能监控、虚拟现实及合成动画等领域有很大的潜在应用价值。例如,在零售行业可通过识别顾客的表情,获取其对商品的喜好,或者通过表情识别智能推荐合适的产品,实现精准营销;在游戏方面,可通过识别用户的表情提升人机交互体验;在教学方面,可通过识别学生的表情监测学生的上课情况等。随着人脸表情识别技术的发展和应用,人脸表情识别技术在未来还会有更多应用场景,带来更多有价值的应用。

人脸表情识别与人脸识别类似,也需要经过人脸图像的获取与预处理、表情特征提取和表情分类、表情识别3个步骤。

4.4.2 相关技术

1. 人脸表情识别技术的提出

人脸表情识别技术源于1971年心理学家保罗·艾克曼(Paul Ekman)和弗里森(Friesen)的一项研究,他们提出人类主要有6种基本情感,每种情感以唯一的表情来反映当时的心理活动。这6种情感分别是愤怒(anger)、高兴(happiness)、悲伤(sadness)、惊讶(surprise)、厌恶(disgust)和恐惧(fear)。

2. 人脸表情识别方法

1)稀疏表示法

稀疏表示法是对样本库进行描述,建立超完备子空间,重构并观察残差,最后通过稀疏系数进行分类。

该方法的优点是操作简单,可以做前期的基础试验,有一定的鲁棒性。

该方法的缺点是描述的对象必须是稀疏的,降低了实用价值,对样本要求也比较高。

2)Gabor变换法

Gabor变换法通过定义不同的核频率、带宽和方向对图像进行多分辨率分析,能有效、稳定地提取不同方向、不同细节程度的图像特征,常与ANN或SVM分类器结合使用,以提高人脸表情识别的准确率。

该方法的优点是在频域和空间域都有较好的分辨能力,有明显的方向选择性和频率选择性。

该方法的缺点是作为低层次的特征，不易直接用于匹配和识别，识别准确率也不是很高，在样本较少的条件下识别准确率较低。

3）主成分分析和线性判别法

主成分分析和线性判别法尽可能多地保留原始人脸表情图像中的信息，并允许分类器发现表情图像中的相关特性，通过对整幅人脸表情图像进行变换，获取特征进行识别。

该方法的优点是具有较好的可重建性。

该方法的缺点是可分性较差，外来因素的干扰（光照、角度、复杂背景等）将导致识别率下降。

4）支持向量机法

支持向量机是人脸表情识别分类器，在人脸表情识别时一般和 Gabor 滤波器一起使用构成分类器。

该方法的优点是小样本下的识别效果较为理想，可进行实时人脸表情识别。

该方法的缺点是样本较大时，计算量和存储量都很大，识别器的学习也很复杂。

5）光流法

光流法是将运动图像函数 $f(x, y, t)$ 作为基本函数，根据图像强度守恒原理建立光流约束方程，通过求解光流约束方程，计算运动参数。

该方法的优点是能够反映人脸表情变化的实际规律，受外界环境的影响小，比如光照条件变化时，识别率不会有太大变化。

该方法的缺点是识别模型和算法比较复杂，计算量大。

6）图像匹配法

图像匹配法是通过弹性图匹配的方法将标记图和输入人脸表情图像进行匹配。

该方法的优点是允许人脸旋转，能够实时处理。

该方法的缺点是会受其他部位特征的影响，如眼镜、头发等。

7）隐马尔可夫模型

隐马尔可夫模型是由观察人脸表情序列及模型计算观察人脸表情序列的概率，选用最佳准则决定状态的转移，根据观察人脸表情序列计算给定的模型参数。

该方法的优点是识别准确率平均在 97% 以上。

该方法的缺点是对前期观察人脸表情序列模型要求较高，对人脸表情识别算法的准确率影响也较大。

8）矩阵分解法

以 NMF（非负矩阵分解）为例，分解后的基图像矩阵和系数矩阵中的元素均是非负的，将表征人脸各部分的基图像进行线性组合从而表征整个人脸表情图像。

该方法的优点是需要的样本较少，在无遮挡时识别准确率达 90% 以上。

该方法的缺点是受外界环境影响较大，识别准确率在嘴巴受遮挡时只有 80% 左右。

4.4.3 算法思想

1. MTCNN

多任务卷积神经网络（Multi-Task Convolutional Neural Network，MTCNN），是将人脸区

域检测与人脸关键点检测放在一起，其主题框架类似 cascade。

MTCNN 为了兼顾性能和准确率，避免滑动窗口加分类器等传统思路带来的巨大的性能消耗，先使用小模型生成有一定可能性的目标区域候选框，然后在使用更复杂的模型进行细分类和更高精度的边框回归，并且递归执行此步骤。根据这一思想构成 3 层网络，分别为建议网络（Proposal Network，P – Net）、强化网络（Refine Network，R – Net）和输出网络（Output Network，O – Net），以实现快速高效的人脸表情检测。在输入层使用图像金字塔进行初始图像的尺度变换，并使用 P – Net 生成大量的候选目标区域框，之后使用 R – Net 对这些目标区域框进行第一次精选和边框回归，排除大部分负例，然后用更复杂的、精度更高的 O – Net 对剩余的目标区域框进行判别和边框回归。

MTCNN 实现过程如下。

1）构建图像金字塔

对图像进行不同尺度的变换，构建图像金字塔，以适应不同大小的人脸表情检测。

2）P – Net

P – Net 是一个人脸区域的区域建议网络。其基本构造是一个全卷积网络。该网络将上一步构建完成的图像金字塔，通过一个 FCN 进行初步特征提取与边框标定，将特征输入 3 个卷积计算层之后，通过一个人脸分类器判断该区域是否是人脸，同时使用边框回归和一个人脸关键点的定位器来进行人脸区域的初步提议，最终输出很多张可能存在人脸的人脸区域，并将这些人脸区域输入 R – Net 进行进一步处理。P – Net 架构如图 4 – 13 所示。

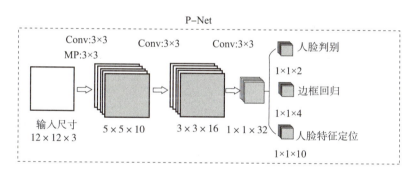

图 4 – 13　P – Net 架构

3）R – Net

R – Net 的基本构造是一个卷积神经网络。相对于第一层的 P – Net，R – Net 增加了一个全连接层，因此对输入数据的筛选更加严格。图片经过 P – Net 后，会留下许多预测窗口，将所有预测窗口送入 R – Net，滤除大量效果比较差的候选框，最后对选定的候选框进行边框回归和非极大值抑制（NMS）等进一步优化。R – Net 利用下采样过程的所有信息，使用远程残差连接来实现高分辨率的预测。

因为 P – Net 的输出只是具有一定可信度的可能的人脸区域，所以 R – Net 将对输入进行细化选择，舍去大部分错误输入，然后再次进行人脸区域的边框回归和人脸特征定位，最后输出较为可信的人脸区域，供 O – Net 使用。对比 P – Net 使用全卷积输出的 1×1×32 的特征,R-Net 在最后一个卷积计算层后使用了一个 128 的全连接层,保留了更多的图像特征,准确度优于 P-Net。

因此,R-Net 就是使用一个相对于 P-Net 更复杂的网络结构对 P-Net 生成的可能是人脸区域的窗口进行进一步选择和调整,从而达到高精度过滤和人脸区域优化的效果。

R-Net 架构如图 4-14 所示。

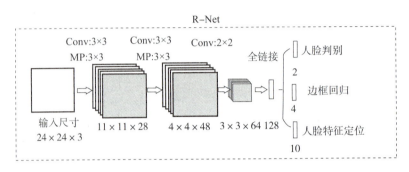

图 4-14　R-Net 架构

4) O-Net

O-Net 是一个拥有特征更多的输入和更复杂的卷积神经网络,具有更好的性能,其输出作为最终的网络模型输出。

O-Net 相对于 R-Net 又多了一个卷积计算层。O-Net 与 R-Net 的区别在于该层结构会通过更多的图像特征进行人脸判别、边框回归和人脸特征定位,最终输出人脸区域的左上角坐标、右下角坐标与人脸区域的 5 个面部特征点。

O-Net 架构如图 4-15 所示。

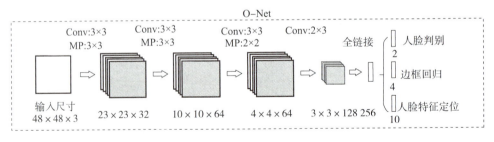

图 4-15　O-Net 架构

MTCNN 的执行效果如图 4-16 所示。

2. 算法结构

本案例人脸表情识别的卷积神经网络架构如图 4-17 所示。

用卷积核逐个与图像各区域进行卷积,从而创建一组要素图,并在其后通过池化操作来降维,如图 4-18 所示。

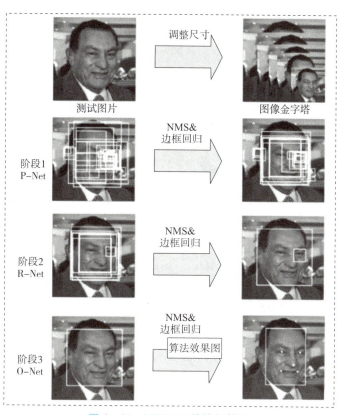

图 4-16 MTCNN 的执行效果

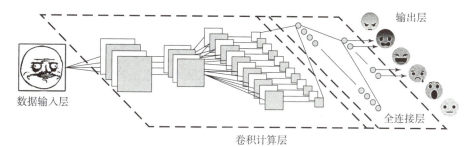

图 4-17 本案例人脸表情识别卷积神经网络架构

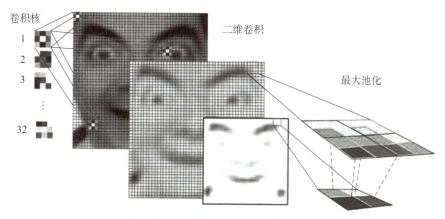

图 4-18 人脸表情识别中的卷积池化

4.4.4 算法实现

1. 网络设计

本案例使用经典的卷积神经网络，模型构建主要参考 2018 年 CVPR 的相关论文以及谷歌公司的 Going Deeper 设计。人脸表情识别系统的卷积神经网络结构如图 4-19 所示。

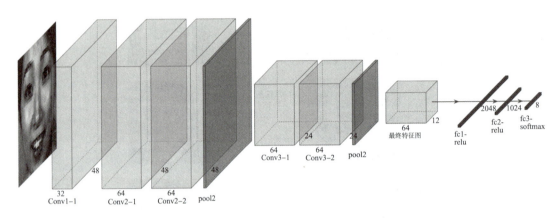

图 4-19 人脸表情识别系统的卷积神经网络结构

在数据输入层后加入（1，1）卷积计算层以增加非线性表示，减少层深和参数。

人脸表情识别系统的卷积神经网络布局见表 4-2。

表 4-2 人脸表情识别系统的卷积神经网络布局

层名称	卷积核数	卷积核大小	步长	填充	丢弃	特征图尺寸
数据输入	0	0	—	—	0	(48, 48, 1)
Conv1-1	32	1×1	1	0	0	(48, 48, 32)
Conv2-1	64	3×3	1	1	0	(48, 48, 64)
Conv2-2	64	5×5	1	2	0	(48, 48, 64)
pool2	0	2×2	2	0	0	(24, 24, 64)
Conv3-1	64	3×3	1	1	0	(24, 24, 64)
Conv3-2	64	5×5	1	2	0	(24, 24, 64)
pool3	0	2×2	2	0	0	(12, 12, 64)
fc1	—	—	—	—	50%	(1, 1, 2048)
fc2	—	—	—	—	50%	(1, 1, 1024)
输出	—	—	—	0	0	(1, 1, 8)

2. 模型训练

本案例主要在 fer2013、jaffe、ck + 上进行训练。基于对 JAFFE 给出的半身图进行人脸检测结果，用爬虫采集的数据集，在 FER2013 上进行 Pub Test 和 Pri Test，因存在标签错误、水印、动画图片等问题，测试结果的准确率均为 67% 左右。将在实验室中采集的数据集用在 jaffe 和 ck+ 上进行 5 折交叉验证均达到 99% 左右的准确率。

执行命令"python src/train.py −− dataset fer2013 − epochs 300 −− batch_size 32"，将在指定的数据集 fer2013、jaffe、ck+ 上按照指定的 batch_size（每批数据量的大小）训练指定的轮次。图 4−20 所示是在 3 个数据集上训练过程的共同绘图。

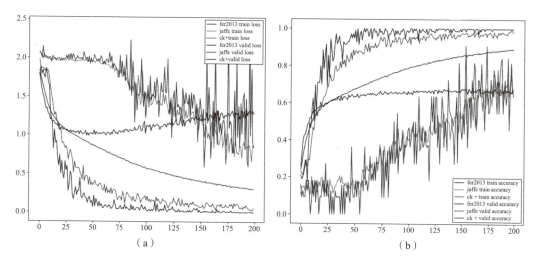

图 4−20　人脸表情识别模型在 fer2013、jaffe、ck+ 上的训练结果
（a）模型训练的 loss 曲线；（b）模型训练的 accuracy 曲线

3. 数据准备

数据集和预训练模型已存放在"人脸表情识别"文件夹中的"相关数据集"中的子文件夹中。将"model.zip"移动到根目录下的"models"文件夹下并解压得到一个"*.h5"的模型参数文件，将"data.zip"移动到根目录下的"dataset"文件夹下并解压得到包含多个数据集的压缩文件，解压后可得到包含图像的数据集，其中以 rar 为后缀的为原始 jaffe 数据集。

4. 环境部署

TensorFlow − gpu == 2.3.1
NumPy
opencv − Python
pandas
scipy
tqdm
Matplotlib
pillow
pyqt5
sklearn
scikit − image
dlib == 19.6.1

jupyter

5. 关键代码

1) 模型层代码

```python
from TensorFlow.keras.layers import Input,Conv2D,MaxPooling2D,Dropout,
    BatchNormalization,Flatten,Dense,AveragePooling2D
from TensorFlow.keras.models import Model
from TensorFlow.keras.layers import PReLU
def CNN1(input_shape=(48,48,1),n_classes=8):
    """
    参考VGG思路设计的第一个模型,主要注意点是感受野不能太大,以免获得很多噪声信息
    :param input_shape:输入图片的尺寸
    :param n_classes:目标类别数目
    :return:
    """
    # input
    input_layer = Input(shape=input_shape)
    # block1
    x = Conv2D(32,kernel_size=(3,3),strides=1,padding='same',activation='relu')(input_layer)
    x = Conv2D(32,kernel_size=(3,3),strides=1,padding='same',activation='relu')(x)
    x = MaxPooling2D(pool_size=(2,2),strides=(2,2))(x)
    x = Dropout(0.5)(x)
    # block2
    x = Conv2D(64,kernel_size=(3,3),strides=1,padding='same',activation='relu')(x)
    x = Conv2D(64,kernel_size=(3,3),strides=1,padding='same',activation='relu')(x)
    x = MaxPooling2D(pool_size=(2,2),strides=(2,2))(x)
    x = Dropout(0.5)(x)
    # block3
    x = Conv2D(128,kernel_size=(3,3),strides=1,padding='same',activation='relu')(x)
    x = Conv2D(128,kernel_size=(3,3),strides=1,padding='same',activation='relu')(x)
    x = MaxPooling2D(pool_size=(2,2),strides=(2,2))(x)
```

```python
    x = Dropout(0.5)(x)
    # fc
    x = Flatten()(x)
    x = Dense(1024, activation='relu')(x)
    x = Dropout(0.5)(x)
    x = Dense(128, activation='relu')(x)
    output_layer = Dense(n_classes, activation='softmax')(x)
    model = Model(inputs=input_layer, outputs=output_layer)
    return model

def CNN2(input_shape=(48,48,1), n_classes=8):
    """
    参考论文 Going deeper with convolutions 在输入层后加一个 1*1 的卷积计算层以增加非线性表示

    :param input_shape:
    :param n_classes:
    :return:
    """
    # input
    input_layer = Input(shape=input_shape)
    # block1
    x = Conv2D(32, (1,1), strides=1, padding='same', activation='relu')(input_layer)
    x = Conv2D(32, (5,5), strides=1, padding='same', activation='relu')(x)
    x = MaxPooling2D(pool_size=(2,2), strides=2)(x)
    # block2
    x = Conv2D(32, (3,3), padding='same', activation='relu')(x)
    x = MaxPooling2D(pool_size=(2,2), strides=2)(x)
    # block3
    x = Conv2D(64, (5,5), padding='same', activation='relu')(x)
    x = MaxPooling2D(pool_size=(2,2), strides=2)(x)
    # fc
    x = Flatten()(x)
    x = Dense(2048, activation='relu')(x)
    x = Dropout(0.5)(x)
    x = Dense(1024, activation='relu')(x)
```

```python
        x = Dropout(0.5)(x)
        x = Dense(n_classes, activation='softmax')(x)

        model = Model(inputs=input_layer, outputs=x)
        return model

    def CNN3(input_shape=(48,48,1), n_classes=8):
        """
        参考论文实现
        A Compact Deep Learning Model for Robust Facial Expression Recognition
        :param input_shape:
        :param n_classes:
        :return:
        """
        # input
        input_layer = Input(shape=input_shape)
        x = Conv2D(32,(1,1),strides=1,padding='same',activation='relu')(input_layer)
        # block1
        x = Conv2D(64,(3,3),strides=1,padding='same')(x)
        x = PReLU()(x)
        x = Conv2D(64,(5,5),strides=1,padding='same')(x)
        x = PReLU()(x)
        x = MaxPooling2D(pool_size=(2,2),strides=2)(x)
        # block2
        x = Conv2D(64,(3,3),strides=1,padding='same')(x)
        x = PReLU()(x)
        x = Conv2D(64,(5,5),strides=1,padding='same')(x)
        x = PReLU()(x)
        x = MaxPooling2D(pool_size=(2,2),strides=2)(x)
        # fc
        x = Flatten()(x)
        x = Dense(2048,activation='relu')(x)
        x = Dropout(0.5)(x)
        x = Dense(1024,activation='relu')(x)
        x = Dropout(0.5)(x)
        x = Dense(n_classes,activation='softmax')(x)
```

```python
    model = Model(inputs = input_layer, outputs = x)
    return model
```

2）人脸表情预测处理代码

```python
import os
import cv2
import numpy as np
from utils import index2emotion, expression_analysis, cv2_img_add_text


def face_detect(img_path):
    """
    检测测试图片中的人脸
    :param img_path:图片的完整路径
    :return:
    """

    face_cascade = cv2.CascadeClassifier('./dataset/params/haarcascade_frontalface_alt.xml')
    img = cv2.imread(img_path)

    img_gray = cv2.cvtColor(img, cv2.COLOR_BGR2GRAY)
    faces = face_cascade.detectMultiScale(
        img_gray,
        scaleFactor = 1.1,
        minNeighbors = 1,
        minSize = (30, 30)
    )
    return img, img_gray, faces


def generate_faces(face_img, img_size = 48):
    """
    将探测到的人脸进行增广
    :param face_img:灰度化的单个人脸图
    :param img_size:目标图片大小
    :return:
    """
    face_img = face_img/255.
```

```python
            face_img = cv2.resize(face_img,(img_size,img_size),interpolation = cv2.INTER_LINEAR)
        resized_images = list()
        resized_images.append(face_img[:,:])
        resized_images.append(face_img[2:45,:])
        resized_images.append(cv2.flip(face_img[:,:],1))
        # resized_images.append(cv2.flip(face_img[2],1))
        # resized_images.append(cv2.flip(face_img[3],1))
        # resized_images.append(cv2.flip(face_img[4],1))
        resized_images.append(face_img[0:45,0:45])
        resized_images.append(face_img[2:47,0:45])
        resized_images.append(face_img[2:47,2:47])

        for i in range(len(resized_images)):
            resized_images[i] = cv2.resize(resized_images[i],(img_size,img_size))
            resized_images[i] = np.expand_dims(resized_images[i],axis = -1)
        resized_images = np.array(resized_images)
        return resized_images

    def predict_expression(img_path,model):
        """
        对图中n个人脸进行表情预测
        :param img_path:
        :return:
        """

        border_color = (0,0,0)    # 黑框框
        font_color = (255,255,255)    # 白字字

        img,img_gray,faces = face_detect(img_path)
        if len(faces) == 0:
            return 'no',[0,0,0,0,0,0,0]
        # 遍历每一个脸
        emotions = []
        result_possibilitys = []
        for(x,y,w,h) in faces:
```

```
        face_img_gray = img_gray[y:y + h + 10,x:x + w + 10]
        faces_img_gray = generate_faces(face_img_gray)
        # 预测结果线性加权
        results = model.predict(faces_img_gray)
        result_sum = np.sum(results,axis = 0).reshape( -1)
        label_index = np.argmax(result_sum,axis = 0)
        emotion = index2emotion(label_index,'en')
        cv2.rectangle(img,(x - 10,y - 10),(x + w + 10,y + h + 10),border_color,thickness = 2)
        img = cv2_img_add_text(img,emotion,x + 30,y + 30,font_color,20)
        emotions.append(emotion)
        result_possibilitys.append(result_sum)
    if not os.path.exists("./output"):
        os.makedirs("./output")
    cv2.imwrite('./output/rst.png',img)
    return emotions[0],result_possibilitys[0]

if __name__ == '__main__':
    from model import CNN3
    model = CNN3()
    model.load_weights('../models/cnn3_best_model_weights.h5')
    predict_expression('../data/test/happy2.png',model)
```

6. 运行结果

人脸表情识别系统运行结果截图如图 4 – 21 所示。

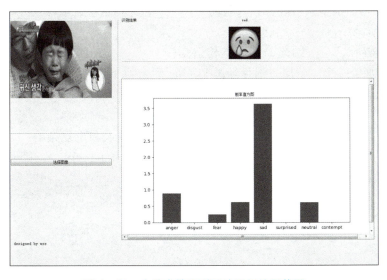

图 4 – 21　人脸表情识别系统运行结果截图

单元小结

人脸表情识别技术是人脸识别技术的一个分支，可通过在静态图像或动态视频序列中分离出特定的表情状态，确定被识别对象的心理情绪。

人脸表情识别与人脸识别类似，也需要经过人脸图像的获取与预处理、表情特征提取和表情分类、表情识别3个步骤。

人脸表情识别方法主要有稀疏表示法、Gabor变换法、主成分分析和线性判别法、支持向量机法、光流法、图像匹配法、隐马尔可夫模型、矩阵分解法。

人脸表情识别案例的关键技术是MTCNN，并采用P‐Net、R‐Net、O‐Net三层网络，实现快速高效的人脸检测。

本案例模型主要在fer2013、jaffe、ck+上进行训练，均取得了较高的准确率。

练习思考

填空题

1. 人脸表情识别技术可通过在静态图像或动态视频序列中分离出特定的_____状态，确定被识别对象的_____。

2. 人脸表情识别与人脸识别类似，也需要经过人脸图像的_____、表情_____和表情_____、表情_____3个步骤。

3. MTCNN是将人脸_____检测与人脸_____检测放在一起的多任务卷积神经网络。

4. P‐Net是一个人脸区域的_____网络，其基本构造是一个_____网络。该网络将通过一个FCN进行初步特征提取与_____，将特征输入3个卷积计算层之后，通过一个人脸分类器判断_____，同时使用_____和一个面部关键点的定位器来进行人脸_____，最终输出很多张可能存在人脸的_____，并将这些区域输入_____进行进一步处理。

5. R‐Net是_____网络，其基本构造是一个_____网络。相对于第一层的P‐Net，R‐Net增加了一个____层。图片经过P‐Net后会留下许多_____窗口，R‐Net要滤除大量效果比较差的_____框，最后对选定的_____进行_____回归和NMS等进一步优化。

6. O‐Net为_____网络，是一个拥有特征更多的输入和更复杂的_____网络。其输出作为最终的网络模型输出。O‐Net相对于R‐Net又多了一个_____，其与R‐Net的区别在于该层结构会通过更多的图像特征进行人脸判别、_____回归和人脸特征定位，最终输出人脸区域的左上角坐标、_____坐标与人脸区域的_____个面部特征点。

参 考 文 献

[1] 王万良. 人工智能导论（第 4 版）[M]. 北京：高等教育出版社，2017.
[2] 王万良. 人工智能通识教程［M］. 北京：清华大学出版社，2020.
[3] 肖正兴，聂哲. 人工智能应用基础［M］. 北京：高等教育出版社，2019.
[4] 张明，何艳珊，杜永文. 人工智能原理与实践［M］. 北京：人民邮电出版社，2019.
[5] 余玉梅，段鹏. 人工智能原理及应用［M］. 上海：上海交通大学出版社，2018.
[6] 韩雁泽，刘洪涛. 人工智能基础与应用［M］. 北京：人民邮电出版社，2021.
[7] 宋楚平，陈正东. 人工智能基础与应用［M］. 北京：人民邮电出版社，2021.
[8] 李铮，黄源，蒋文豪. 人工智能导论［M］. 北京：人民邮电出版社，2021.
[9] 吕鉴涛. 人工智能算法 Python 案例实战［M］. 北京：人民邮电出版社，2021.
[10] 韦玮. Python 基础实例教程［M］. 北京：人民邮电出版社，2018.
[11] 吕云翔. Python 基础实例教程：第一门编程语言［M］. 北京：人民邮电出版社，2018.
[12] 莫宏伟. 人工智能导论［M］. 北京：人民邮电出版社，2020.

彩 插

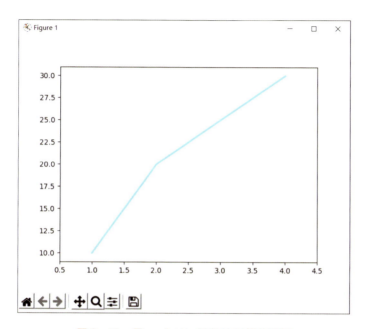

图 3-55　用 pyplot( ) 函数绘制简单图形

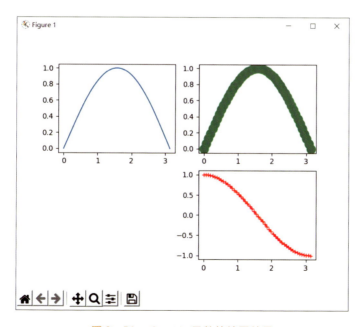

图 3-56　plot( ) 函数的绘图结果

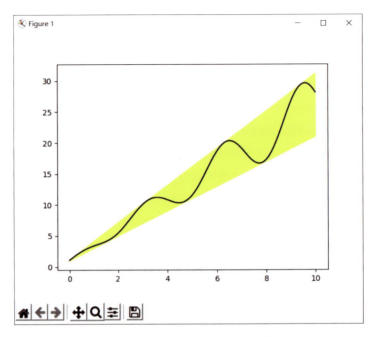

图 3-57 关键字参数方式的绘图结果

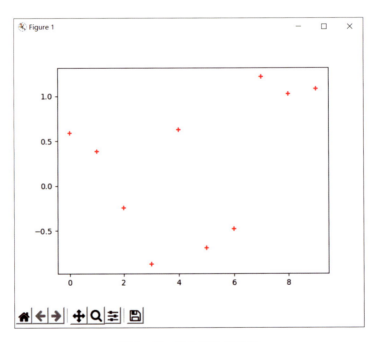

图 3-58 散点图绘制结果

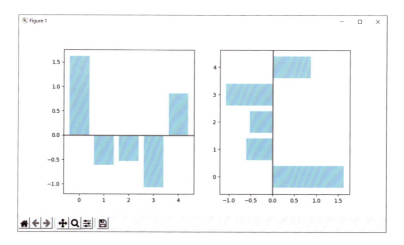

图 3-59　条形图绘制结果

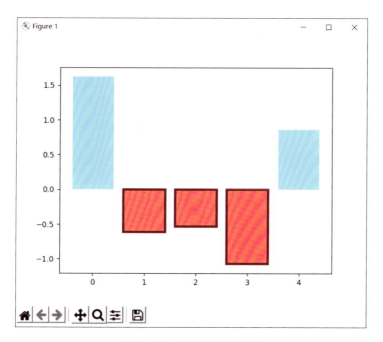

图 3-60　条形图编辑结果

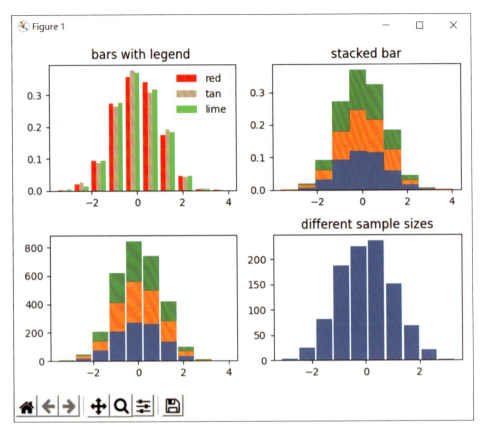

图 3-61 直方图绘制结果(从左至右、从上至下分别为子图 1、2、3、4)

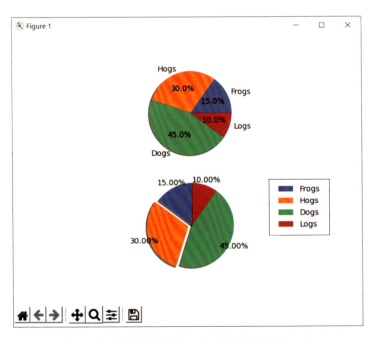

图 3-62 饼图绘制结果(从上至下为子图 1、2)